深度学习与目标检测

杜鹏 苏统华 王波 谌明◎编著

DEEP LEARNING AND
OBJECT DETECTION

（第2版）

电子工业出版社·
Publishing House of Electronics Industry
北京·BEIJING

内 容 简 介

本书的写作初衷是，从学者的角度，用一种通俗易懂的方式，将基于深度学习的目标检测的相关论文中的理论和方法呈现给读者，同时针对作者在深度学习教学过程中遇到的难点，进行深入的分析和讲解。

本书侧重对卷积神经网络的介绍，而深度学习的内容不止于此。所以，作者将深度学习分为有监督学习、无监督学习和强化学习三类，将图像分类、目标检测、人脸识别、语音识别、双向生成对抗网络和 AlphaGo 等应用场景归入不同的类别，并分别对其原理进行了概括性的讲解。

本书适合有一定深度学习或目标检测学习基础的学生、研究者、从业者阅读。

图书在版编目（CIP）数据

深度学习与目标检测 / 杜鹏等编著. —2 版. —北京：电子工业出版社，2022.12
ISBN 978-7-121-44442-5

Ⅰ．①深… Ⅱ．①杜… Ⅲ．①机器学习 Ⅳ．①TP181

中国版本图书馆 CIP 数据核字（2022）第 197954 号

责任编辑：潘　昕
印　　刷：北京缤索印刷有限公司
装　　订：北京缤索印刷有限公司
出版发行：电子工业出版社
　　　　　北京市海淀区万寿路 173 信箱　　邮编 100036
开　　本：720×1000　1/16　　印张：18　　字数：321 千字
版　　次：2020 年 3 月第 1 版
　　　　　2022 年 12 月第 2 版
印　　次：2022 年 12 月第 1 次印刷
定　　价：118.00 元

凡所购买电子工业出版社图书有缺损问题，请向购买书店调换。若书店售缺，请与本社发行部联系，联系及邮购电话：（010）88254888，88258888。

质量投诉请发邮件至 zlts@phei.com.cn，盗版侵权举报请发邮件至 dbqq@phei.com.cn。

本书咨询联系方式：（010）51260888-819，faq@phei.com.cn。

第1版序

深度学习自 2006 年被正式提出后，经过 10 余年的发展，已经在很多领域取得了突破性的进展。2015 年，深度学习在著名的图像分类数据集 ImageNet 上成功超越了人类的分类准确率。2016 年，深度学习应用于强化学习领域，在围棋项目上击败了最优秀的人类棋手。2019 年，在《星际争霸 II》这样复杂的游戏项目中，深度学习同样击败了人类职业选手。

尽管深度学习让人工智能的实现变得似乎不再那么遥不可及，但是在目标检测领域，深度学习还没能让计算机超越人类。因此，系统性地整理这个领域的研究成果并成书，让更多的人参与进来，对推动深度学习在目标检测领域的研究具有积极的意义。

本书从深度学习的发展历史开始，为读者介绍了机器学习的各个流派在深度学习出现后的代表性研究成果，然后，介绍了成熟的深度学习方法和技术，以及两阶段和单阶段的基于深度学习的目标检测方法。本书内容由浅入深，适合不同层次的读者阅读，我本人读后也收获颇丰，感觉大有裨益。

本书不仅梳理了在目标检测领域应用深度学习之后出现的主流方法，还讲解了具体的训练过程，为读者学习深度学习的参数调节打下了基础，使读者能更加全面地了解相关算法，在真正进入这个领域时更容易上手。对于已经熟悉这个领域的读者，通过反复研读本书的内容，可以使自己对调参的理解更加透彻。

除了以上内容，本书还介绍了目标检测算法在一些实际问题中的应用案例。应用案例覆盖面广，并涉及当下热门的人工智能创业场景——智慧医疗和智慧交通。对每个案例，都介绍了国内外的研究现状，给出了解决方案，并详细描述了预处理、算法实现细节和实验结果。这些内容，不仅是深度学习在不同目标检测领域得以成功应用的关键，而且能帮助读者提高解决实际问题的能力。

　　我期待这本书能帮助更多的读者了解深度学习和目标检测领域的前沿知识，更期待这本书的读者将来能让计算机拥有超越人类的目标检测能力。

何晓飞[①]

---

① 何晓飞，机器学习领域的世界顶级科学家，浙江大学教授、博士生导师，国家杰出青年基金获得者，首届中组部青年拔尖人才支持计划入选者，国际模式识别学会会士（IAPR Fellow）。

前　言

从 2018 年 3 月开始组织素材，到 2020 年 3 月本书第 1 版出版，再到如今本书第 2 版即将面世，已经过去了四年多的时间。

笔者写作本书的初衷是希望从学者的角度，用一种通俗易懂的方式，将基于深度学习的目标检测的相关论文中的理论和方法呈现给读者。因此，本书选取了 R-CNN、SPP-Net、Fast R-CNN、Faster R-CNN、R-FCN、SSD、RetinaNet、RefineDet、YOLO 等典型的目标检测网络及 U-Net、SegNet、Mask R-CNN 等实例分割网络进行介绍，同时针对各位作者在深度学习教学过程中遇到的难点进行了深入的分析和讲解。此外，结合各位作者的研究成果，给出了目标检测在医疗、交通等领域的深度学习应用案例。

本书分为 3 篇，第 1 章~第 3 章为基础篇，第 4 章和第 5 章为进阶篇，第 6 章~第 10 章为应用篇。

- 第 1 章介绍了深度学习的发展史、基本概念和典型应用。
- 第 2 章介绍了深度神经网络的基础知识。
- 第 3 章介绍了卷积神经网络的基础知识，以及典型的卷积神经网络。
- 第 4 章介绍了两阶段目标检测方法及相应的分割算法。
- 第 5 章介绍了单阶段目标检测方法。
- 第 6 章给出了肋骨骨折检测的应用案例。
- 第 7 章给出了肺结节检测的应用案例。
- 第 8 章给出了车道线检测的应用案例。
- 第 9 章给出了交通视频分析的应用案例。
- 第 10 章给出了道路坑洞检测的应用案例。

本书的主要编著者为杜鹏、苏统华、王波、谌明。本书第 6 章~第 10 章的实验部分由汪纯、许卫东、金弘晟、李松泽、孙黎完成。罗同桉、张栋、胡明玥、陈希坚等同学参与了本书的编写。金耀博士参与了本书的审校。对此，我们表示衷心的感谢。

感谢读者朋友和电子工业出版社的编辑潘昕对本书第 1 版提出的宝贵意见。

书中提到的参考链接列表，请读者根据封底提示扫描二维码获取。

本书的不足之处，恳请各位读者批评、指正。

杜鹏　苏统华　王波　谌明

2022 年 8 月

目　录

基　础　篇

进　阶　篇

应　用　篇

基础篇

本篇首先介绍深度学习的基本概念、历史发展、分类和主要应用领域，然后介绍深度神经网络和卷积神经网络的概念，最后介绍一些具有代表性的卷积神经网络。

本篇的主要目的是帮助读者了解深度学习的基本概念和原理，以及与基于深度学习的目标检测算法有关的基础知识。

第1章 深度学习概述

建立能够模拟人类大脑进行分析和学习的神经网络，从而达到模仿人类大脑处理图像、声音、文本的目的——这就是深度学习的缘起。

深度学习的核心是深度神经网络。深度神经网络是一种模仿神经网络进行信息分布式并行处理的数学模型。神经网络是机器学习的一个重要分支，深度学习是近年来深度神经网络的重要突破之一。深度学习只需要简单的网络结构，就能够实现对复杂函数的逼近，同时，由于网络较深，多个隐层能够非常好地表达数据的特征。深度学习已被广泛应用于语音识别、图像分类、自然语言处理等领域，尤其是谷歌旗下的深度思考（DeepMind）公司开发的人工智能围棋软件——阿尔法围棋（AlphaGo），先后击败李世石、柯洁等世界围棋名将，引起了人们对"人工智能是否能够取代人类"的大讨论。人工智能凭借深度学习的兴起，已然成为计算机领域炙手可热的研究方向。

1.1 深度学习发展简史

1. 1958 年—1986 年

1958 年，Rosenblatt 发明了用于对输入的多维数据进行二分类且能够使用梯度下降法从训练样本中自动更新权值的感知机。不过，1969 年，美国数学家及人工智能先驱马文·明斯基（Marvin Lee Minsky）在其著作中证明：感知机只能处理线性分类问题，其本质就是一种线性模型，甚至不能成功解决异或分类问题。

直到 1986 年，"深度学习之父"杰弗里·辛顿（Geoffrey Hinton）才第一次打破神经网络的非线性"诅咒"。Hinton 发明了适用于多层感知机（multi-layer perceptron，MLP）的反向传播（back propagation，BP）算法，并使用 sigmoid 函数进行非线性映射，从而有效地解决了非线性分类和学习问题。然而，由于神经网络算法一直缺少严格的数学理论支持，且 BP 算法被指出存在梯度消失问题，神经网络热潮渐渐消退。

2. 1998 年—2015 年

1998 年，LeCun 提出了用于解决手写体数字识别问题的 LeNet，使深度学习重新进入了人们的视野。

进入 21 世纪，一系列能够抑制梯度消失（例如预训练、ReLU 函数、跳层连接）和消除过拟合（例如正则化、dropout）的方法被提出。

2011 年，微软首次将深度学习应用在语音识别领域并取得了重大突破。

2012 年是深度学习大放异彩的一年。Hinton 课题组首次参加 ImageNet 大型图像识别挑战赛（ImageNet Large Scale Visual Recognition Competition，ILSVRC），以卷积神经网络 AlexNet 一举夺冠，并在分类性能上"碾压"第二名 SVM 方法，真正掀起了学术界研究深度学习的热潮。显卡巨头 NVIDIA 将 AlexNet 移植到 GPU 平台上，使其性能得到了几何级数的提升。

2014 年，NVIDIA 发布了 cuDNN 深度学习算子库。同年，贾扬清在 GitHub 上开源了基于 GPU 的深度学习框架 Caffe，使 NVIDIA 的 GPU 从图形渲染领域无缝接入以深度学习为代表的人工智能领域。GPU 可以缩短训练时长和推理时延，使利用大数据集提升训练精度、将深度学习应用部署在安防等对实时性要求非常高的场合成为可能。

3. 2016 年以后

2016 年，谷歌开发的 AlphaGo 战胜了围棋世界冠军李世石，使深度学习的影响力从学术界迅速扩展到工业界和整个人类社会，人们开始讨论"人类是否会被人工智能取代"这样的话题。同年，NVIDIA 发布首款面向深度学习推理的终端芯片 Jetson TK1 和推理工具 TensorRT，使深度学习能更好地适配低功耗、低延时的应用场景。

深度学习逐渐被应用到多个领域。例如，用于图像生成、增强、风格化的生成对抗网络（generative adversarial networks，GAN），用于游戏对战、网络结构搜索的强化学习网络，用于图像分类、检测、跟踪、分割、重识别的卷积神经网络，用于自然语言处理、手写体数字识别的循环神经网络（甚至可以作为一个中间环节完成摄像机标定、人体模型参数化等工作）。

同时，值得我们注意的是：训练样本数量达到一定规模以后，模型的精度不会随着样本数量的增加而提高；在一些应用中，我们可以获取的训练样本数量很少且难以标注，或者样本数量庞大（大到无法进行人工标注）。从 2019 年国际计算机视觉与模式识别会议（Conference on Computer Vision and Pattern Recognition，CVPR）录用的文章中我们可以发现，为了解决上述问题，迁移学习、元学习、小样本学习、在线学习已经成为新的研究热点。

1.2　有监督学习

深度学习分为三个流派，分别是有监督学习（supervised learning）、无监督学习（unsupervised learning）和强化学习（reinforcement learning）。本节介绍深度学习在有监督学习中的相关概念和主要应用。

现假设一个数据集中有 n 个数据，m 个标签，由其组成的集合称为有标签数据集 $L = \{x_i, y_j\}$（x 表示数据，y 表示标签，$0 < i \leqslant n$，$0 < j \leqslant m$）。有监督学习通过对有标签数据集的学习，学到或建立一个模型，输出这个数据的标签 y_j'，并把 y_j' 与对应的 y_j 进行比对，根据差异对模型进行调整，以提高其精度，最终通过学到或建立的模型进行数据标签预测，即输入数据，通过模型将该数据可能的标签输出。

下面分别介绍深度学习在有监督学习领域的四个典型应用：图像分类；目标检测；人脸识别；语音识别。

1.2.1　图像分类

图像分类是指根据图像的语义信息将不同类别的图像区分开来。图像分类既是计算机视觉的基础问题，也是图像分割、目标检测、目标跟踪、行为分析等高层视觉任务的基础。

图像分类在很多领域都有应用，包括安防领域的人脸识别和智能视频分析、交通领域的交通场景识别、互联网领域的基于内容的图像检索、医学领域的图像识别等。本节将重点围绕 ILSVRC 的图像分类项目介绍图像分类的发展过程。可以说，ILSVRC 见证了深度学习从崭露头角到大爆发的全过程。

ILSVRC 是一项基于 ImageNet 数据集的国际计算机视觉识别竞赛。ILSVRC 自 2010 年开始举办，谷歌、微软、脸书等业界巨头及世界知名高校、研究单位多次参加该竞赛。ILSVRC 的主办方会在每年的国际顶级计算机视觉大会——欧洲计算机视觉国际会议（European Conference on Computer Vision，ECCV）、国际计算机视觉大会（IEEE International Conference on Computer Vision，ICCV）——上举办专题论坛，交流和分享参赛经验。ILSVRC 包括图像分类、目标检测、场景分类等多个项目。

2012 年以前，在图像分类项目中流行的都是机器学习的方法，即先从图像中提取特征，对特征进行编码，再使用机器学习方法进行分类。2012 年，Hinton 的课题组为了证明深度学习的潜力，首次参加 ILSVRC 的图像分类项目。他们通过构建卷积神经网络（convolutional neural networks，CNN）取得了 TOP-5 错误率[①]16.4%的好成绩，一举夺冠，并且比之前成绩最好的方法的错误率降低了 9.4%。此后，卷积神经网络和深度学习风靡全球计算机科学界——这个卷积神经网络就是 AlexNet[1]，它以 Hinton 的学生 Alex Krizhevsky 的名字命名，可以说是现代卷积神经网络的奠基之作。2013 年，Matthew Zeiler 和 Rob Fergus 在 AlexNet 框架的基础上进行了一些改动，提出了 ZFNet[2]，将 TOP-5 错误率降至 11.7%，获得了当年 ILSVRC 图像分类项目的第一名。ZFNet 在网络结构上没有破，其论文的最大贡献在于解释了卷积神经网络为什么有效，并通过可视化技术展示了神经网络各层所起的作用。

在 2014 年的 ILSVRC 中，诞生了两个经典的卷积神经网络结构——GoogLeNet[3]和 VGGNet[4]，它们分别以 TOP-5 错误率 6.7% 和 7.3% 的成绩在图像分类项目中获得了冠军和亚军。

GoogLeNet 中的“LeNet”是为了致敬 1998 年提出的用于识别手写体数字的卷积神经网络模型 LeNet。GoogLeNet 在 2014 年的 ILSVRC 中以较大优势取得了图像分类项目的第一名，其 TOP-5 错误率为 6.7%——还不到 AlexNet 的一半。GoogLeNet 有 22 层网络，深度超过之前所有的模型。由于网络中充满了 inception 结构，“GoogLeNet”也被称作“Inception Net”。其名称与克里斯托弗·诺兰的电影 *Inception*（中译名为《盗梦空间》）相同，不仅因为其践行了电影中的经典台词“we need to go deeper”，还因为其从“network in network”的工作中获得了启发，打造的模型呼应了“梦中梦”。

VGGNet 是牛津大学视觉几何组（visual geometry group，VGG）的 Karen Simonyan 和 Andrew Zisserman 在于 2014 年撰写的论文中提出的卷积神经网络结

---

① TOP-5 错误率是指对每幅图像同时用 5 个类别标签进行预测：如果其中任何一次预测的结果正确，就认为预测正确；如果 5 次预测的结果都错了，才认为预测错误，这时的分类错误率就是 TOP-5 错误率。

构。VGGNet 建立了一个 19 层的深度网络，在 2014 年的 ILSVRC 中取得了目标定位第一名、图像分类第二名（TOP-5 错误率 7.3%）的成绩。虽然 VGGNet 模型在分类成功率方面与 GoogLeNet 相比稍稍逊色，但 VGGNet 对其他数据集有很强的泛化能力，因此在多个迁移学习任务中的表现要优于 GoogLeNet。一般来说，对于从图像中提取卷积神经网络特征的工作，VGGNet 是首选。VGGNet 遵循相同的设计原则，配置了一系列不同深度的网络，例如 VGG11、VGG13、VGG16、VGG19。VGGNet 的结构相对简单且有顺序，其 3×3 的卷积成为后来卷积神经网络结构的标配。VGGNet 中的 VGG16 和 VGG19 更成为后来各种计算机视觉任务的基本模型。

在 2015 年的 ILSVRC 上，出现了一个深度空前的卷积神经网络模型——ResNet[5]，其深度达到了惊人的 152 层（在此之前，最深的网络 GoogLeNet 仅有 22 层）。更令人惊讶的是，其 TOP-5 错误率仅为 3.57%，而这已经超过了人类大脑 TOP-5 错误率 5.1% 的成绩。ResNet 是由前微软研究院的何凯明等四名华人提出的。能实现如此之深的网络，关键在于使用残差模块解决了网络加深所导致的梯度消失问题。

2016 年，公安部第三研究所物联网中心选派的"搜神"代表队，使用集成学习的方法，将 Inception-v3、Inception-v4、ResNet、Inception-ResNet-v2 和 WRN（wide ResNet，宽残差网络）模型融合，在 ILSVRC 中以 2.99% 的 TOP-5 错误率夺得了图像分类项目的冠军。

2017 年的 ILSVRC 是最后一届，图像分类项目的冠军属于来自自动驾驶创业公司 Momenta 的 Jie Hu 和来自牛津大学的 Li Shen、Gang Sun 提出的 SENet[6]（squeeze-and-excitation networks）模型——其 TOP-5 错误率仅为 2.25%。SENet 的作者团队在空间编码之外研究了通道编码，通过特征重标定对通道关系进行建模，进一步增强了卷积神经网络的表达能力。

八年的 ILSVRC 已经落下帷幕。在图像分类领域，TOP-5 错误率从 2010 年的 28% 降至 2017 年的 2.25%，这样的成果令人赞叹。ILSVRC 取得的惊人成就还在于引导并见证了深度学习热潮的爆发。

1.2.2　目标检测

如图 1.1 所示，可以将目标检测理解为针对多个目标的目标定位和图像分类。在目标定位中，通常只有一个或数量固定的目标，而目标检测图像中出现的目标，种类和数量都不是固定的。因此，目标检测比目标定位具有更大的挑战性。

图 1.1　目标检测结果示例

2013 年以前，目标检测大都基于手工提取特征的方法，人们大多通过在低层特征表达的基础上构建复杂的模型及多模型集成来缓慢地提升检测精度。当 CNN 在 2012 年的 ILSVRC 图像分类项目中大放异彩时，研究人员注意到，CNN 能够学习鲁棒性非常强且具有一定表达能力的特征表示。于是，在 2014 年，Girshick 等人提出了区域卷积神经网络目标检测（regions with CNN features，R-CNN）模型[7]。从此，目标检测研究开始以前所未有的速度发展。

R-CNN 首先在图像中选择候选区域，接着将每个候选区域送入 CNN 来提取特征，使用 SVM 将得到的特征分类，最后进行边界框的回归预测。R-CNN 的重要贡献在于，将深度学习引入目标检测，并将 Pascal VOC 2007 数据集上的 mAP[①]由之前最好的 35.1% 提升至 66.0%。

但是，R-CNN 将候选区域送入 CNN 时，由于卷积层后全连接层的输入的尺寸和输出的尺寸是固定的，所以 CNN 也需要固定尺寸的输入，这就导致输入图像的大小不能任意调节。此外，由于候选区域可能经常重叠，所以将所有候选区域都送入 CNN 会造成大量的重复计算。针对这两个问题，何凯明等人在 2014 年提出了 SPP-Net（spatial pyramid pooling networks，空间金字塔池化网络）模型[8]。SPP 层的每个池化（pooling）过滤器都会根据输入的内容调整自身的大小，而 SPP 层的输出的尺寸是固定的，这样就解决了图像大小不能调节的问题。同时，SPP-Net 只对原图进行一系列卷积操作，从而得到整幅图的特征图，然后找到每个

---

① 在多类别物体的检测中，对每个类别，都可以以召回率作为横轴、以准确率作为纵轴绘制一条曲线，AP（average precision）就是该曲线下方的面积。mAP（mean average precision）是多个类别的 AP 的平均值。

候选框在特征图上的映射区域，将此区域作为对应候选框的卷积特征并输入 SPP 层和之后的层，节省了大量的计算时间。

2015 年，Girshick 等人在 R-CNN 的基础上提出了进阶版的 Fast R-CNN[9]。Fast R-CNN 使用与 SPP 层类似的 RoI（region of interest，感兴趣区域）池化层，通过将提取特征之后的分类步骤和边界框回归步骤添加到深度网络中来进行同步训练。与 R-CNN 的多阶段训练相比，Fast R-CNN 的训练更加简洁、省时间、省空间。Fast R-CNN 的训练速度是 R-CNN 的 9 倍，检测速度是 R-CNN 的 200 倍。Fast R-CNN 在 Pascal VOC 2007 数据集中，将 mAP 由 R-CNN 的 66.0% 提升至 70.0%。

虽然 Fast R-CNN 在速度与精度上都有显著的提升，但它还需要事先使用外部算法来提取目标候选框。所以，Fast R-CNN 被提出后不久，Shaoqing Ren 等人提出了 Faster R-CNN 模型[10]，将提取目标候选框的步骤整合到深度网络中。Faster R-CNN 是第一个真正意义上的端到端的深度学习目标检测算法，也是第一个准实时的深度学习目标检测算法。在 Pascal VOC 2007 数据集中，Faster R-CNN 将 mAP 由 Fast R-CNN 的 70.0% 提升至 78.8%。

Faster R-CNN 最大的创新在于设计了区域候选网络（region proposal network，RPN）。2016 年，Jifeng Dai 等人提出了 R-FCN（region based fully convolutional networks，基于区域的全卷积网络）模型[11]，旨在引入位置敏感的 RoI 池化，从而进一步提高检测精度。

从 R-CNN 到 R-FCN，都是目标检测中基于候选区域的检测方法。实现基于候选区域的目标检测算法通常需要两步，第一步是从图像中提取深度特征并计算候选区域，第二步是对每个候选区域进行定位（包括分类和回归），因此又称两阶段目标检测方法。虽然其检测准确度较高，但在速度上与实时仍有差距。

为了使目标检测满足实时性要求，研究人员提出了单阶段目标检测方法。在单阶段目标检测方法中，不再使用候选区域进行"粗检测+精修"，而采用"锚点+修正"的方法（这类方法只进行一次前馈网络计算，速度非常快，能实现实时的效果）。YOLO 是第一个单阶段目标检测方法，也是第一个实现了实时的目标检测方法。

2015 年，Joseph 和 Girshick 等人提出了一个仅通过一次前向传导的目标检测模型，名为 YOLO[12]（you only look once）。YOLO 的出现让人们对基于深度学习的目标检测方法的速度有了新的认识——能达到 45 帧/秒。但是，其局限性也非常明显，主要表现为网络能够检测的目标数目固定、小目标检测效果较差。

Wei Liu 等人在 2015 年提出了 SSD[13]。SSD 吸收了 YOLO 的快速检测思想，结合了 Faster R-CNN 中 RPN 的优点，并改善了多尺寸目标的处理方式。由于不同卷积层所包含特征的尺寸不同，SSD 可以通过综合多个卷积层的检测结果来检测不同尺寸的目标。SSD 使用 3×3 的卷积取代 YOLO 中的全连接层，对不同尺寸和长宽比的 default box 进行目标分类与边界框回归。SSD 取得了比 YOLO 快的（58 帧/秒）、接近 Faster R-CNN 的检测性能。

2016 年年底，Tsung-Yi Lin 等人提出了 FPN[14]（feature pyramid networks，特征金字塔网络）。此前的方法，大都是取语义信息丰富的高层卷积特征来做预测的，但高层特征会导致损失一些细节信息，且目标位置不够明确。FPN 融合多层特征，综合高层、低分辨率、强语义信息及低层、高分辨率、弱语义信息，提高了网络对小目标的处理能力。此外，FPN 和 SSD 一样，可以在不同的层中独立进行预测。但 FPN 与 SSD 相比，多了一个上采样过程，这使得高层特征能与低层特征融合。FPN 既可以与单阶段目标检测方法结合，也可以与两阶段目标检测方法结合。FPN 与 Faster R-CNN 结合后，在基本不增加原有模型计算量的情况下，大幅提高了对小目标的检测性能。

同样在 2016 年年底，YOLO 推出了升级版——YOLO v2[15]。在 YOLO v2 中，每个卷积层后添加了批标准化（batch normalization）层以提高收敛速度，同时去掉了网络中的全连接层。

一直以来，虽然单阶段目标检测方法在检测速度上明显高于两阶段目标检测方法，但在检测精度上，单阶段目标检测方法一直略逊于两阶段目标检测方法。Tsung-Yi Lin 等人对其中的原因进行了研究，并于 2017 年提出了 RetinaNet[16]。Tsung-Yi Lin 等人认为，单阶段目标检测方法的性能通常不如两阶段目标检测方法的原因是，前者会面临极端不平衡的目标—背景数据分布。两阶段目标检测方法可以通过候选区域过滤大部分背景区域，但单阶段目标检测方法需要直接面对类别的不平衡。RetinaNet 通过改进经典的交叉熵损失函数，提出了聚焦损失（focal loss）函数，降低了网络训练过程中简单背景样本的学习权重。RetinaNet 可以实现对困难样本的"聚焦"和对网络学习能力的重新分配，从而使单阶段目标检测模型的检测速度和精度全面超越两阶段目标检测模型。

2017 年年底，Shifeng Zhang 等人提出了 RefineDet[17]。RefineDet 针对作为单阶段目标检测方法使用的 SSD 中存在的不平衡的目标—背景数据分布问题，结合两阶段目标检测方法能够过滤背景区域的优点，提出了锚框改进模块（anchor refinement module，ARM）和目标检测模块（object detection module，ODM），以及用于串联二者的转换连接模块（transfer connection block，TCB）。

2018 年年初，YOLO 再次迎来改进版本——YOLO v3[18]。YOLO v3 用多个独立的分类器代替 softmax 函数，用类似特征金字塔网络的方法进行多尺寸预测。在此之前，各种目标检测方法都被一个问题困扰——如何检测两个距离很近的物体。绝大多数算法会将传入的数据调整到一个较低的分辨率，对这种情况给出一个目标框（因为它们的特征提取或者回归过程会把这个目标框当作一个物体）。YOLO v3 使用 sigmoid 函数代替 softmax 函数作为分类器，主要考虑的因素就是，softmax 函数会给每个边界框分配一个类别，而使用多个独立的分类器可以针对同一个边界框预测多个类别。

1.2.3　人脸识别

早在 20 世纪 50 年代，就出现了利用人脸的几何结构，通过分析人脸器官特征点及其之间的拓扑关系实现的人脸识别方法。虽然这种方法简单、直观，但是，一旦人脸的姿态、表情发生变化，其精度就会严重下降。进入 21 世纪，随着机器学习理论的发展，许多机器学习方法都被应用到人脸识别上，基于局部描述算子进行特征提取的方法取得了当时最好的识别效果。同时，研究者的关注点开始从受限场景下的人脸识别转移到无约束自然场景下的人脸识别，LFW（labeled faces in the wild home，无约束自然场景人脸识别数据集）人脸识别公开竞赛在此背景下开始流行。

LFW 是人脸识别领域最权威的数据集之一。该数据集由 13000 多张自然场景中不同朝向、不同表情和不同光照条件的人脸图片组成，共有 5000 多人的人脸图片，其中有 1680 人有 2 张或 2 张以上的人脸图片，每张人脸图片都由唯一的姓名 ID 和序号加以区分。

2014 年前后，随着大数据和深度学习的发展，神经网络重新受到关注，并在图像分类、手写体数字识别、语音识别等应用中获得了远超经典方法的结果。尤其是卷积神经网络被应用到人脸识别上，在 LFW 上第一次得到了超过人类水平的识别精度，成为人脸识别发展历史上的里程碑。此后，研究者们不断改进网络结构，同时扩大训练样本规模，将在 LFW 上的识别率提高到 99.5% 以上。

FaceNet[19] 是谷歌团队发表的人脸识别算法，其在 LFW 数据集上取得了识别率 99.63% 的好成绩。FaceNet 通过 CNN 将人脸映射到欧氏空间的特征向量上，计算不同图片中人脸特征之间的距离，通过相同个体人脸特征之间的距离总是小于不同个体人脸特征之间的距离这一先验知识来训练网络。在测试时，只需提取任意两张人脸照片的特征，然后计算特征之间的距离，即可使用一个阈值来判断这两张人脸照片是否属于同一个人。

如图 1.2 所示，每一列中的两张人脸照片属于同一个人，而每一行中的两张人脸照片属于不同的人，每两张人脸照片之间的数值即为特征之间的距离。对这四张照片来说，同一列中的两张照片之间的距离都小于 1.1，而同一行中的两张照片之间的距离都大于 1.1，因此，将阈值设为 1.1，即可区分两张人脸照片是否属于同一个人。

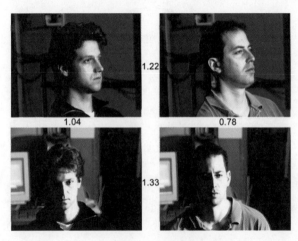

图 1.2　基于 FaceNet 的人脸识别

FaceNet 的总体流程，如图 1.3 所示。在深度神经网络部分，FaceNet 可根据不同的需要选择不同的 CNN 模型。例如，在服务器上可选择 VGGNet、Inception、ResNet 等精度高、计算量大的模型，在移动设备上可使用 MobileNet 等体积小、精度略低的模型。使用 CNN 提取特征之后，紧接着的 L2 归一化和嵌入层会将特征映射到一个 128 维的欧氏空间中。对于维度选择问题：维度越小，计算速度就越快，但区分不同的图片越困难；维度越大，区分不同的图片就越容易，但训练模型时不易收敛、测试耗时长、占用空间大。笔者通过实验证实，128 维的特征能够较好地平衡这个问题。将特征向量以三元组损失（triplet loss）为监督信号，就可以获得网络的损失和梯度。

图 1.3　FaceNet 的总体流程

　　三元组损失是 FaceNet 的核心，它是由三幅图片组成的三元组计算得到的损失。三元组由锚点（anchor）、反例（negative）和正例（positive）组成，任意一幅图片都可以作为一个锚点，与它属于同一个人的图片就是正例，与它属于不同的人的图片就是反例。三元组的学习目标就是将原本锚点距离正例远、距离反例近的情况变为距离正例近、距离反例远，如图 1.4 所示。

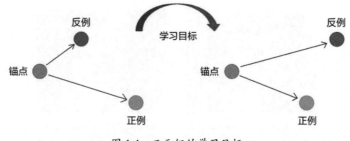

图 1.4　三元组的学习目标

　　FaceNet 会直接学习特征之间的可分性，使同一类特征之间的距离小于不同类特征之间的距离，因此，三元组的选择对模型训练的收敛和模型的效果来说是非常重要的。为了保证训练收敛速度最快、模型效果最好，在理论上，需要选择 hard positive（与锚点距离最远的正例）和 hard negative（与锚点距离最近的反例）组成三元组进行训练。但是，在使用这样的方法进行训练时，选择三元组的过程耗时非常长，甚至会超过训练的时长，同时，容易受不好的数据的影响，造成局部极值，使网络无法收敛至最优值。因此，在实际训练中应使用 semi-hard negative（满足距离锚点比正例近即可的反例）。

　　目前，人脸识别技术已经相对成熟，许多基于深度学习的人脸识别方法的精确度已经达到甚至超过了人类的水平。随着这些方法对复杂环境的适应能力不断提高，刷脸门禁、刷脸支付等应用层出不穷。

1.2.4　语音识别

语音识别是深度学习的一个重要的应用方向。语音识别是指能够让计算机识别语音中携带的信息的技术。循环神经网络（recurrent neural network，RNN）给处于瓶颈期的 HMM-GMM 模型（hidden Markov model - Gaussian mixture model）注入新鲜血液，将语音识别的准确率提升到一个新高度。在微软、谷歌、苹果的产品中，都能见到语音识别技术的使用。

1. 语音识别框架

语音识别框架，如图 1.5 所示。在识别之前：一边是声学模型训练，即根据数据库中已经存在的数据训练声学模型；另一边是语言模型训练。语言模型能够结合所使用语言的语法和语义知识，描述不同的词的内在关系，达到缩小总体搜索范围、提高识别准确率的目的。

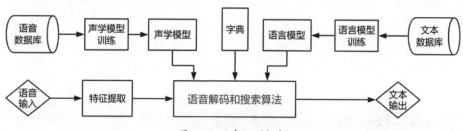

图 1.5　语音识别框架

图 1.5 的下方展示了语音识别的流程。将一段语音输入计算机后，先要对原始的语音信息进行处理，例如过滤背景噪声、变换等。然后，使用算法提取这段语音信息的特征，即用一个长度固定的帧来分割语音波形，并从每一帧中提取梅尔频率倒谱系数（Mel frequency cepstrum coefficient，MFCC）特征，将其作为一个特征向量。最后，结合声学模型和语言模型，对特征向量进行识别并转换成文本输出。

2. 隐马尔可夫模型

当待解决的问题需要根据已经观测到的数据序列来推测无法观测到的数据序列（隐藏序列）时，可以使用隐马尔可夫模型（hidden Markov model，HMM）。例如，将一周的天气状况作为 HMM 的隐藏序列，现在只有某个人在这一周内的行为这一观察序列，而这个人在不同天气状况下的行为是不同的，我们需要根据这一观察序列来推断一周的天气状况这个隐藏序列，就要使用 HMM。

再举一个更常见的例子来说明 HMM。假设有三个骰子，如图 1.6 所示。第一个骰子是常见的骰子（称为 D6），有 6 个面，每个面出现的概率是 $\frac{1}{6}$。第二个骰子是个四面体（称为 D4），每个面出现的概率是 $\frac{1}{4}$。第三个骰子有 8 个面（称为 D8），每个面出现的概率是 $\frac{1}{8}$。

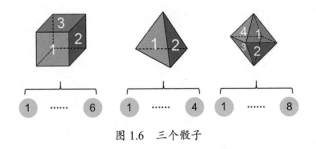

图 1.6　三个骰子

接下来，开始投掷骰子。每次随机从三个骰子里挑选一个，因此挑选到每个骰子的概率均是 $\frac{1}{3}$。

多次重复上述过程，我们可能会得到一个随机的数字序列"1、6、3、5、2、7、5、2、4"，如图 1.7 所示。

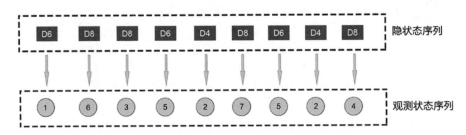

图 1.7　骰子投掷过程

假如投掷过程对我们是不可见的，我们只能看到每次投掷后得到的数字，那么这串输出的数字就称为可见状态链（我们可以直接观测）。在投掷骰子的过程中，虽然每次选择的骰子是不可见的，但是它们确实对应于输出结果并形成了一个序列，这个序列就称为隐含状态链。

此时，我们知道每个骰子之间状态改变的概率，也知道每个骰子输出值的概率，以及第一次选择某个骰子的概率（都是 $\frac{1}{3}$），这样就构成了一个隐马尔可夫模型。建立这个模型后，我们就可以根据输出序列来推测最可能的隐藏状态序列了，这在语音识别中有重要作用。

HMM-GMM 的整体结构主要由观察序列和隐藏序列组成，如图 1.8 所示。这里举一个识别少量单词的例子。假设我们要识别 apple、banana、peach、orange 四个单词，那么我们可以为每个单词建立四个对应的 HMM。HMM 包括：转移概率矩阵 A；观测概率序列矩阵 B；初始状态 Π。

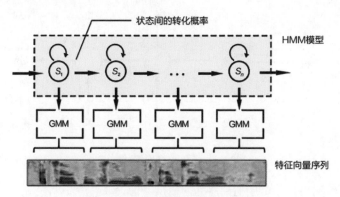

图 1.8　HMM-GMM 的整体结构

我们使用高斯混合模型（Gaussian mixture model，GMM）来描述观测概率序列矩阵 B。多个高斯分布函数的线性组合构成了 GMM。理论上，GMM 可以拟合出任意类型的分布。因此，在语音识别领域，我们可以通过输入的观测序列（经过 MFCC 提取的特征向量）对 HMM-GMM 进行训练，不断纠正其输出，从而达到建立正确的语音模型的目的。

回到识别单词的问题上。此时，我们已经有了 apple、banana、peach、orange 四个训练好的 HMM-GMM。我们把一段输入的语音转换成特征向量序列 L，然后，用事先训练好的 GMM 代替 HMM 中的观测概率序列矩阵 B，对这个特征向量序列计算 HMM 的概率，得出 L 对于这个模型的概率。根据这个思路，我们可以分别得到 L 对于这四个单词的语音模型的概率，即 $P\{L|\text{apple}\}$、$P\{L|\text{banana}\}$、$P\{L|\text{peach}\}$、$P\{L|\text{orange}\}$，把最大概率值所对应的单词作为识别结果输出。

3. 循环神经网络

接下来，我们介绍如何使用循环神经网络代替 HMM-GMM，得到更高的识别精度。

（1）循环神经网络概述

循环神经网络的结构，如图 1.9 所示。其中，每个圆圈可以看作一个单元，每个单元做的事情是一样的，因此可以折叠成左半部分的样子。用一句话解释循环神经网络，就是"一个单元结构的重复使用"。

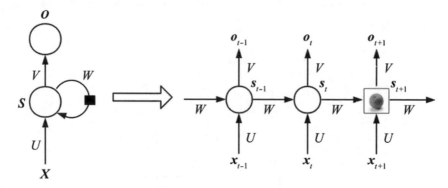

图 1.9　循环神经网络的结构

循环神经网络是一个序列到序列的模型。假设 x_{t-2}、x_{t-1}、x_t、x_{t+1} 是一个输入 "This is an orange"，那么 o_{t-1}、o_t、o_{t+1} 就分别对应于 "is" "an" "orange"。因此，可以有这样的定义：x_t 表示 t 时刻的输入，o_t 表示 t 时刻的输出，s_t 表示 t 时刻的记忆。当前时刻的输出是由记忆和当前时刻的输入决定的。就好像你现在读大四，你掌握的知识是你在大四学到的知识（当前时刻的输入）和你在大三及大三以前学到的知识（记忆）的组合，循环神经网络在这一点上与此类似。神经网络擅长通过一系列参数把很多内容整合到一起，然后学习这个参数，因此定义了循环神经网络：

$$s_t = f(Ux_t + Ws_{t-1} + V)$$

其中，U、W 代表权重，V 代表偏移量，f 代表激活函数。

在这里，我们通常采用连接时序分类（connectionist temporal classification，CTC）算法对语音进行解码并计算损失。该方法会在 9.3.2 节详细介绍。

（2）长短时记忆网络概述

因为循环神经网络只能通过之前出现的词加强对当前词的理解，所以，它只能解决短期记忆问题，对长期记忆问题则无能为力。例如，在判别 "This is an..." 时，"orange" "peach" "apple" "banana" 似乎都说得通，但如果将这句话改成 "I take my family to an orange garden... This is an..."，那么 "orange" 在句末出现的概率就要比其他三个词大得多了。

长短时记忆（long short-term memory，LSTM）网络就是为解决长时间记忆问题而设计的。LSTM 网络主要包括单元和门两部分。门让信息有选择地影响循环神经网络中每个时刻的状态。门结构将 sigmoid 激活操作的结果与输入数据按位相乘。sigmoid 激活操作会输出一个 0 到 1 之间的数值，以描述当前输入的信息量中有多少可以通过这个结构。

如图 1.10 所示，长短时记忆网络有三种基本的门结构，即输入门、遗忘门和输出门。输入门 $i \cdot z$ 会根据当前的输入 x_t 和上一时刻的输出 h_{t-1}，得到输入状态值 $z = \tanh(W_z[h_{t-1}, x_t] + b_z)$，再通过 $i = \mathrm{sigmoid}(W_i[h_{t-1}, x_t] + b_i)$ 决定将哪些信息加入状态 c_{t-1}，生成新状态 c_t。

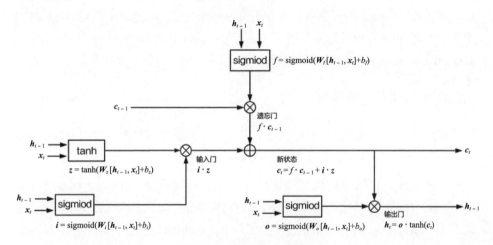

图 1.10　长短时记忆网络

遗忘门 $f \cdot c_{t-1}$ 的作用是让循环神经网络忘记之前那些无用的信息。其中，$f = \mathrm{sigmoid}(W_f[h_{t-1}, x_t] + b_f)$。新状态 c_t 可以通过 $c_t = f \cdot c_{t-1} + i \cdot z$ 得到。得到新状态后，输出门负责产生当前时刻的输出 $h_t = o \cdot \tanh(c_t)$。其中，$o = \mathrm{sigmoid}(W_o[h_{t-1}, x_t] + b_o)$，$W_z$、$W_i$、$W_f$、$W_o$ 分别代表参数矩阵，b_z、b_i、b_f、b_o 分别代表偏移量。

1.3　无监督学习

在有监督学习中，对数据进行划分的行为称为分类。在无监督学习中，将数据划分到不同集合的行为称为聚类。无监督学习所用的数据集有数据特征，但没有标签。

1.3.1　无监督学习概述

无监督学习会从大量的训练数据中分析出具有相似类别或结构的数据（即数据的相似性），并把它们进行归类，划分成不同的集合。这就好比我们对乐曲进行分类，或许我们并不清楚自己听到的乐曲是什么类型、什么流派的，但是通过不断欣赏，我们能够发现不同乐曲中相似的曲调等，并在此基础上将它们划分为抒情的、欢快的或悲伤的。

无监督学习为深度学习乃至人工智能的训练都提供了很大的帮助。专业的带标签数据既稀少又昂贵，有时还不那么可靠。在这种情况下，无标签数据学习展现了自己的价值——不仅量多、便宜，甚至可能挖掘出我们未曾想到的数据特征或关联，而这将使无监督学习的潜在价值更具探索性。不过，无监督学习的成功案例比有监督学习的成功案例少很多，下面以双向生成对抗网络（bidirectional generative adversarial networks，BiGAN）为例来说明。

1.3.2　双向生成对抗网络

双向生成对抗网络的目的是通过无监督学习，学习到对图像数据而言更好的特征表示，也是一种表征学习（representation learning）。

双向生成对抗网络的模型结构借鉴了生成对抗网络（generative adversarial networks，GAN）的模型结构。GAN 只包含从特征空间到真实图像空间的一个生成器 G（Generator），而 BiGAN 增加了一个从真实图像空间到特征空间的生成器 E（Encoder），这就形成了一个双向的结构，目的是在没有监督的情况下利用生成器 E 来提取图像数据特征。

我们先来认识一下 GAN。2014 年，Ian J. Goodfellow 等人提出了基于对抗形成的"生成模型"的框架：模型 G 负责生成数据，模型 D 负责判断获取的数据源于模型 G 的概率，然后根据结果更新网络权重；重复这个过程，直至达到目的。这个过程好比一个人造假，另一个人验伪——造假人不断提升自己的造假技术，试图以假乱真；验伪人则不断提高自己的眼力，尽可能辨别真伪。下面用一个生活化的例子来帮助大家理解 GAN。

村西有个新手陶艺家，想要做一些优秀的陶艺作品并拿到陶艺展上去展示，但由于水平有限，他没办法做出好的陶艺作品。村东恰好有个新手鉴赏家，想要成为出色的陶艺鉴赏家，却一直为自己的鉴赏能力不足而苦恼。村长为了帮助他们实现愿望，给他们出了个主意。

新手陶艺家仿造村长提供的陶艺名品。仿品由村长混入真品，拿给新手鉴赏家鉴赏。新手鉴赏家根据自己现有的基础来判断陶艺作品是否是真品。然后，村长会告诉新手鉴赏家，这些陶艺作品里哪些是真品、哪些是村西新手陶艺家制作的仿品。同时，村长让他们共用一个得分指标（损失函数）：新手鉴赏家鉴赏得越准确，得分就越高；反之，新手鉴赏家越难判断陶艺作品的真伪，得分就越低。新手鉴赏家的目的只有一个——不断提升鉴赏能力，提高得分。新手陶艺家的目的也只有一个——不断提高自己的制作能力，让新手鉴赏家难以分辨真伪，从而降低新手鉴赏家的得分。

一开始，当新手陶艺家的仿品被混入真品中时，新手鉴赏家很难辨别真伪，所以得分很低。好在有村长相助，指明作品的真伪，新手鉴赏家便加倍努力，不断提升自己的鉴赏能力，得分逐渐提高。新手陶艺家一看新手鉴赏家的得分提高了，就知道自己的仿品已经能被分辨出来了，自己的陶艺水平还不足以以假乱真，于是也加倍努力，仿造出比上一批更好的陶艺作品，让村长混入真品中，给新手鉴赏家鉴赏……如此反复，新手陶艺家和新手鉴赏家都在对抗竞争中提升了自己的能力。

GAN 也是这样的。新手陶艺家就是生成模型 G（generative model），用于生成陶艺仿品。将仿品和真品混合在一起，交给新手鉴赏家来判断真伪。新手鉴赏家就是判别模型 D（discriminative model）。判别模型 D 会给出真伪判断结果，同时更新得分指标。生成模型 G 不断降低得分指标，判别模型 D 不断提升得分指标，就形成了对抗。如图 1.11 所示，对抗过程可以归纳为以下五步。

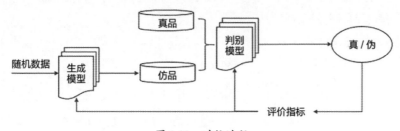

图 1.11　对抗过程

① 生成模型根据随机产生的数据生成伪造数据（仿品）。

② 人工为真实数据（真品）和伪造数据打标签 {真,伪}（或者 {1,0}），形成有标签的数据集。

③ 将两个数据集混合后，交给判别模型进行有监督训练，由判别模型对输入的数据进行真伪判断。

④ 判断结果将影响评价指标，从而促使模型更新参数，再次改变指标。

⑤ 重复①~④，直至达到最大迭代次数或者目标效果。

真实数据（真品）x 符合概率分布 P_{data} 且不变，伪造数据（仿品）$G(z)$ 符合概率分布 P_g。GAN 在这个过程中所做的事情就是训练概率分布 P_g，使 P_g 尽可能收敛于 P_{data}，此时生成模型生成的伪造数据与真实数据就难以区分了。其总损失函数如下式所示。

$$\min_G \max_D V(D,G) = E_{\boldsymbol{x} \sim P_{\text{data}}(\boldsymbol{x})}[\log D(x)] + E_{\boldsymbol{z} \sim P_z(\boldsymbol{z})}[\log(1 - D(G(\boldsymbol{z})))]$$

初始化输入噪声数据 $\boldsymbol{z} \sim P_z(\boldsymbol{z})$ 被定义为先验概率分布（例如高斯分布或者均匀分布），它将被输入生成模型 $G(\boldsymbol{z})$，生成伪造数据。伪造数据符合分布 P_g。真实数据 $\boldsymbol{x}$ 将由判别模型 $D(\boldsymbol{z})$ 进行判别，输出数据为"真"的概率，其值属于 $[0,1]$。同样，$\boldsymbol{x}$ 符合分布 $\boldsymbol{x} \sim P_{\text{data}}(\boldsymbol{x})$。

在对抗训练中，GAN 采用评价函数 $V(D,G)$ 来评价当前模型的训练程度，这也是两个模型对抗的着力点。对于生成模型，生成数据被判真的概率越大越好，即 $D(G(\boldsymbol{z}))$ 越大越好。判别模型希望尽可能正确地辨别真伪，使 $D(\boldsymbol{x})$ 越准确越好。但是，判别模型不希望 $D(G(\boldsymbol{z}))$ 取 1（在公式中体现为 $1 - D(G(\boldsymbol{x}))$ 取 0），原因在于这种情况表示判别函数无法判别真伪，判别能力有待提高。同时，$D(\boldsymbol{x})$ 不能是 0，因为这种情况表示判别模型稚嫩，"真实"的数据都被当成"伪造"的数据了。

在实际训练过程中，两个模型不是同时训练和更新的，而是分开训练和更新的——有点回合制拔河的意思。

对于判别模型，G 不变，$\max_D V(D,G)$ 表示使 $V(D,G)$ 最大化。损失函数的公式如下，此处的 G 就是"伪造"的数据。

$$\max_D V(D,G) = E_{\boldsymbol{x} \sim P_{\text{data}}(\boldsymbol{x})}[\log D(\boldsymbol{x})] + E_{\boldsymbol{z} \sim P_z(\boldsymbol{z})}[\log(1 - D(G(\boldsymbol{z})))]$$

$D(\boldsymbol{x})$ 最好能取 1，而 $1 - D(G)$ 也最好能够取 1（此时 $D(G)$ 取 0，伪造数据被准确判伪），此时 $V(D,G)$ 最大。可以看出，无论是真实数据被误判为伪造数据（$D(x) = 0$），还是伪造数据被误判为真实数据（$1 - D(G) = 0$），都会使 log 函数的结果趋向于负无穷。因此，要想优化判别模型，必须使评价函数最大化。

对于生成模型，D 不变，$\min_G V(D,G)$ 要使 $V(D,G)$ 最小。损失函数的公式如下。

$$\min_G V(D, G) = E_{\boldsymbol{x} \sim P_{\text{data}}(\boldsymbol{x})}[\log D(\boldsymbol{x})] + E_{\boldsymbol{z} \sim P_z(\boldsymbol{z})}[\log(1 - D(G(\boldsymbol{z})))]$$

上式的第一项中不含 G，因此可以忽略它的影响。若 $1 - D(G(\boldsymbol{z})) = 0$（即 $D(G(\boldsymbol{z})) = 1$），伪造数据被判真，那么对数的影响会使整个函数的值趋向于最小，从而达到目的。

$\min_G V(D, G)$ 要让 $V(D, G)$ 最小化，而 $\max_D V(D, G)$ 要让 $V(D, G)$ 最大化。两者相互作用，形成对抗，但不是同时对抗，而是在对方当前实力的基础上自我增强后进行对抗，这便是生成对抗网络。

双向生成对抗网络的详细结构，如图 1.12 所示，包含生成器 G、编码器 E 和辨别器 D。编码器 E 用于提取真实数据的特征，得到 $E(\boldsymbol{x})$。相应的判别器不再是只鉴别真实数据 $\boldsymbol{x}$ 和伪造数据 $G(\boldsymbol{z})$，而是增加了真实数据编码 $E(\boldsymbol{x})$ 和随机编码 $\boldsymbol{z}$，变成了鉴别数据对 $(\boldsymbol{x}, E(\boldsymbol{x}))$ 和 $(G(\boldsymbol{z}), \boldsymbol{z})$。同时，优化目标变为如下公式。

$$\min_{G,E} \max_D V(D, G, E)$$
$$= E_{\boldsymbol{x} \sim P_{\text{data}}(\boldsymbol{x})}[\log D(\boldsymbol{x}, E(\boldsymbol{x}))] + E_{\boldsymbol{z} \sim P_z(\boldsymbol{z})}[\log(1 - D(G(\boldsymbol{z}), \boldsymbol{z}))]$$

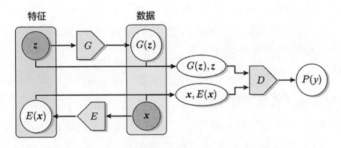

图 1.12　双向生成对抗网络的详细结构

整个网络模型的训练只需要原始图像即可完成。以无监督形式得到的编码器可用来提取数据表征，它可以用在许多下游任务中，例如分类模型。

1.4　强化学习

尽管强化学习是针对没有标注的数据集而言的，但我们还是有办法来判断是否越来越接近目标（reward function，回报函数）。

经典的儿童游戏 *Hotter or Colder* 就是这个概念的一个很好的例证。你的任务是找到一个隐藏的目标物件，而你的朋友会告诉你，你是越来越接近（hotter）目标物件，还是越来越远离（colder）目标物件。hotter 和 colder 就是回报函数，而算法的目标就是最大化回报函数。你可以把回报函数当成一种延迟和稀疏的标签数据形式，而不是在每个数据点获得特定的答案（right 或者 wrong）。你会得到一个延迟的反应，而它只会提示你是否在朝着目标方向前进[①]。

1.4.1 AlphaGo

下面介绍一个有监督学习的典型案例——AlphaGo。

AlphaGo 是于 2014 年开始由位于英国伦敦的谷歌旗下的 DeepMind 团队开发的人工智能围棋软件，自"出道"以来就不停地找人类对局，并借此增强自身实力。2015 年 10 月，AlphaGo 击败樊麾，成为第一个无须让子就可以在 19 路棋盘上击败围棋职业棋士的计算机围棋程序。在通过自我对弈数万盘进行练习和强化后，2016 年 3 月，AlphaGo 在一场五番棋比赛中以 4 比 1 的总比分击败了顶尖职业棋手李世石，成为第一个不借助让子击败围棋职业九段棋士的计算机围棋程序，树立了里程碑。2016 年 12 月 29 日至 2017 年 1 月 4 日，再度强化的 AlphaGo 以"Master"为账号，在未公开真实身份的情况下，通过非正式的网络快棋对战进行测试，挑战中、韩、日的一流围棋高手，测试结束时 60 战全胜。2017 年 5 月 23 日至 27 日，在中国乌镇围棋峰会上，新的强化版 AlphaGo 和"世界第一棋士"柯洁对局，取得了全胜的战绩。

要了解 AlphaGo，先要知道下围棋的思路——面对一盘棋，分析当前的局势，思考如何落子才能够获得更高的胜率，然后根据思考结果落子。之所以说"胜率"，是因为"对手"也会思考，"对手"的落子同样会给棋局带来影响。将己方落子与对方落子同时考虑并进行推演的过程，称为落子推演。对人类而言，难点就在于推演的分支数量庞大、数据复杂，很难覆盖所有的落子情况。

AlphaGo 对围棋问题进行了量化。围棋的棋盘上有 $19 \times 19 = 361$ 个点可以落子，每个点有三个状态，无子为 0，白子为 1，黑子为 -1。对于整盘棋，用一个向量 $\vec{s}$（即 state）来保存棋盘状态。

$$\vec{s} = \underbrace{(0, 1, -1, \cdots)}_{361}$$

整盘棋用 361 维向量 $\vec{a}$ 来表示，对应的落子用 1×361 维的向量来表示。

---

① 参考链接 1-1。请访问本书前言中提到的页面下载参考链接列表。

$$\vec{a} = \underbrace{(0, 0, -1, \cdots, 0, 0)}_{361}$$

注意：要将落子向量 $\vec{a}$ 中的 0 与棋盘状态 $\vec{s}$ 中的 0 区分开。落子向量 $\vec{a}$ 中只有 1 或 −1（暂不考虑不能落子的情况）。如果 $\vec{a}$ 中的第 20 位为 −1，就表示在棋盘的第 2 行第 1 列处落黑子（围棋棋盘的每一行和每一列都有 19 条线，因此，第 20 位就表示第 2 行的第 1 列）。

AlphaGo 的算法流程可以分为如下四步。

① 由策略网络得出落子概率分布。

② 由评估网络对每个可落子点进行快速评估，筛选出值得推演的落子。

③ 由落子推演得出落子点的模拟赢棋概率。

④ 综合策略网络和落子推演的结果进行落子选择，在胜率最高的点落子。

策略网络用于进行落子预测。DeepMind 团队采用深度卷积神经网络，依据输入的棋盘状态 $\vec{s}$ 计算输出对应落子的向量 $\vec{a}$ 的概率分布，从中选出概率最大的落子点进行落子，以此模拟人类的下棋方式，如图 1.13 所示。AlphaGo 的 "老师" 其实是人类，因为训练使用的数据 $(\vec{s}, \vec{a})$ 就源于围棋对战平台 KGS 上人类的围棋对弈棋谱。

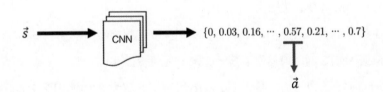

图 1.13　策略网络得出的落子概率分布

评估网络用于评估当前局势状态 $\vec{s}$ 下己方的获胜概率。它的作用在于能够快速筛选 "死局"，不再花时间进行 "死局" 的落子推演，把推演重心放到能够带来胜率的落子点上。这样做能极大提升 AlphaGo 的整体运算速度。

该深度神经网络的训练过程如同人类累积经验的过程，让 AlphaGo 用已经训练好的评估网络来预测落子点，"双手互搏"，直到每局终了，得到胜者 r。随着对局数的增加（包括与人类的对局），AlphaGo 能持续完善评估网络，"积累" 更多的 "经验"。

落子推演采用蒙特卡罗树搜索（Monte Carlo tree search，MCTS）的方法进行。每次推演都从经过评估网络筛选的落子点着手，假如已经选择了该落子点

（并未真正落子），则更改"角色"，利用策略网络继续推演落子，并使用评估网络进行评估，直到推演出胜者，返回赢棋概率。

AlphaGo 最终的落子选择依赖于策略网络预测落子概率分布及落子推演所得落子胜率的加权求和的结果。仅由 $f(\vec{s})$ 预测得到的落子点不一定是最佳落子点，尤其是在某一落子点被反复预测到的时候。此时，需要降低其权重，主要依赖落子推演来模拟得到的赢棋概率。

AlphaGo 对每个经由评估网络筛选得到的落子点都进行以上计算，得到每个可落子点的落子概率，从中选择概率较高者进行落子。

1.4.2　AlphaGo Zero

AlphaGo 的后续版本 AlphaGo Zero，在 AlphaGo 的基础上进行了改进，训练数据不再源于人类，而是通过自我对弈进行提升。AlphaGo Zero 在 3 天内以 100 比 0 的战绩战胜了 AlphaGo Lee，花 21 天达到了 AlphaGo Master 的水平，用 40 天超越了之前的所有版本。而之前版本的 AlphaGo 的棋力获得这样的进步，花了两年左右的时间。

AlphaGo Zero 的算法流程大体可以分为以下三步。

① 将神经网络参数初始化为 θ_0。

② 在状态 $\vec{s}$ 下，执行 MCTS 网络，利用深度卷积神经网络 f_θ 来模拟落子。

③ 根据 MCTS 网络的返回值落子，同时更新参数 θ。

与 AlphaGo 不同的是，AlphaGo Zero 采用了参数为 θ 的神经网络 f_θ。该神经网络输入棋盘状态 $\vec{s}$ 和 7 步历史落子记录，输出落子概率分布 $\vec{P}$ 与评估值 ν。$\vec{P}$ 用于给出最佳落子点分布，ν 用于评估当前状态下己方获胜的概率，如图 1.14 所示。

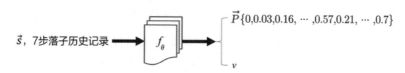

图 1.14　深度卷积神经网络 f_θ 的输入与输出

DeepMind 团队采用随机方式对参数 θ 进行初始化，在不断对弈中进行调整。MCTS 网络返回的是各落子点的赢棋概率 $\vec{\pi}$，在 AlphaGo Zero 中则直接将其作为落子概率。AlphaGo Zero 用一个神经网络 f_θ 代替 AlphaGo 中的两个神经网络，用落子概率分布 $\vec{P}$ 代替策略网络来指导 MCTS 网络落子，用评估值 ν 代替评估网络来评估棋局。

在每次对弈中，AlphaGo Zero 先根据棋盘状态，利用深度神经网络 f_θ 得出落子概率分布 $\vec{P}$ 和评估值 ν。若评估值较低，则说明已经处于败局，不再进行后续对弈。反之，就利用 MCTS 网络对由 $\vec{P}$ 得出的落子点进行推演。此时已经能判断出胜者，AlphaGo Zero 会记录当前胜者 z。

模拟落子并返回结果后，记录当前数据 $\{\vec{s}, \vec{\pi}, z\}$。其中，$\vec{s}$ 作为数据，$\vec{\pi}$ 和 z 作为标签，用于训练神经网络 f_θ。将 $\vec{\pi}$ 和 z 与落子概率分布 $\vec{P}$ 和评估值 ν 进行比对，尽可能最大化 $\vec{P}$ 与 $\vec{\pi}$ 的相似度，最小化 ν 预测的胜者和局终胜者 z 的误差，以此更新神经网络的参数 θ。同时，根据返回的 $\vec{\pi}$ 选择最佳落子点进行落子，然后轮换到对手回合。每次落子后都对参数 θ 进行更新，使当前的 f_θ 比前一次落子时所用的 f_θ 更为精确、有效。这就是 AlphaGo Zero 无师自通、越战越强的原因。

在机器学习领域，还有一种半监督学习方法，介于有监督学习和无监督学习之间，既有带标签的数据集 $L = \{(x_i, y_i)\}$（x_i 是数据，y_i 是数据 x_i 所对应的标签），也有不带标签的数据集 $U = \{x_j\}$，且数据集 L 的数据量远小于数据集 U 的数据量。其目的是：通过训练得到一个学习机，即函数 $f(x_i) \to y_i$，使其对每个数据 x_i 都能尽可能准确地预测出标签 y_i。但是，在深度学习中，半监督学习的成功案例几乎没有。

1.5　小结

本章从深度学习的概念入手，介绍了深度学习的发展历史及各时期的代表性研究成果，并按照有监督学习、无监督学习和强化学习三个流派，对深度学习的应用进行了详细的阐述。

参考资料

[1]　A. KRIZHEVSKY, I. SUTSKEVER, G. E. HINTON. ImageNet classification with deep convolutional neural networks. International Conference on Neural Information Processing Systems, 2012: 1097-1105.

[2] M. D. ZEILER, R. FERGUS. Visualizing and understanding convolutional networks. European Conference on Computer Vision (ECCV), 2014: 818-833.

[3] C. SZEGEDY, W. LIU, Y. JIA, et al. Going deeper with convolutions. arXiv: 1409.4842, 2014.

[4] K. SIMONYAN, A. ZISSERMAN. Very deep convolutional networks for large-scale image recognition. arXiv: 1409.1556, 2015.

[5] K. HE, X. ZHANG, S. REN, et al. Deep residual learning for image recognition. IEEE Conference on Computer Vision and Pattern Recognition (CVPR), 2016: 770-778.

[6] J. HU, L. SHEN, G. SUN. Squeeze-and-excitation networks. arXiv: 1709.01507, 2017.

[7] R. GIRSHICK, J. DONAHUE, T. DARRELL, et al. Rich feature hierarchies for accurate object detection and semantic segmentation. IEEE Conference on Computer Vision and Pattern Recognition (CVPR), 2014.

[8] K. HE, X. ZHANG, S. REN, et al. Spatial pyramid pooling in deep convolutional networks for visual recognition. IEEE Transactions on Pattern Analysis & Machine Intelligence, 2015, 37(9): 1904-1916.

[9] R. GIRSHICK. Fast R-CNN. IEEE International Conference on Computer Vision (ICCV), 2015.

[10] S. REN, K. HE, R. GIRSHICK, et al. Faster R-CNN: Towards real-time object detection with region proposal networks. Annual Conference on Neural Information Processing Systems (NIPS), 2015.

[11] J. DAI, Y. LI, K. HE, et al. R-FCN: Object detection via region-based fully convolutional networks. Annual Conference on Neural Information Processing Systems (NIPS), 2016.

[12] J. REDMON, S. DIVVALA, R. GIRSHICK, et al. You only look once: Unified, real-time object detection. IEEE Conference on Computer Vision and Pattern Recognition (CVPR), 2016.

[13] W. LIU, D. ANGUELOV, D. ERHAN, et al. SSD: Single shot multibox detector. European Conference on Computer Vision (ECCV), 2016.

[14] T. Y. LIN, P. Dollár, R. GIRSHICK, et al. Feature pyramid networks for object detection. arXiv: 1612.03144, 2016.

[15] J. REDMON, A. FARHADI. YOLO9000: Better, faster, stronger. IEEE Conference on Computer Vision and Pattern Recognition (CVPR), 2017.

[16] T. LIN, P. GOYAL, R. GIRSHICK, et al. DOLLAR. Focal loss for dense object detection. arXiv: 1708.02002v2, 2018.

[17] S. ZHANG, L. WEN, X. BIAN, et al. Single-shot refinement neural network for object detection. arXiv: 1711.06897, 2018.

[18] J. REDMON, A. FARHADI. YOLOv3: An incremental improvement. arXiv: 1804.02767, 2018.

[19] F. SCHROFF, D. KALENICHENKO, J. PHILBIN. FaceNet: A unified embedding for face recognition and clustering. IEEE Conference on Computer Vision and Pattern Recognition (CVPR), 2015: 815-823.

第 2 章　深度神经网络

深度神经网络是含有多个隐层的神经网络。常见的神经网络结构，如图 2.1 所示。Layer 1 是输入层；Layer 2 和 Layer 3 是中间的计算层，也称"隐层"；Layer 4 是输出层。+1 是每一层的偏置值。$h_{w,b}(\boldsymbol{x})$ 是输出值，它是权重和偏置值的函数，在后面会详细介绍。靠近左侧输入层的特征层称为"低层"；靠近右侧输出层的特征层称为"高层"。在通常情况下，由低层到高层，神经网络表达的特征越来越抽象。

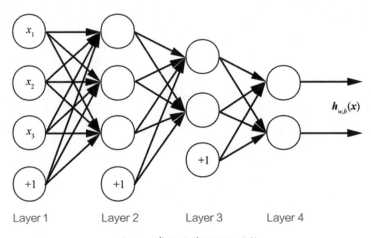

图 2.1　常见的神经网络结构

本章以神经元、感知机为切入点，介绍神经网络的前向传递、激活函数、损失函数、后向传递和一些防止过拟合的常用方法。就让我们从图 2.1 中的这些圆圈节点——神经元开始吧。

2.1　神经元

神经网络是指从人类大脑神经元的研究中获取灵感，通过模拟大脑神经元的功能和网络结构去完成认知任务的一种机器学习算法体系。早在 1904 年，就有生物学家发现了人类大脑神经元的结构，如图 2.2 所示。

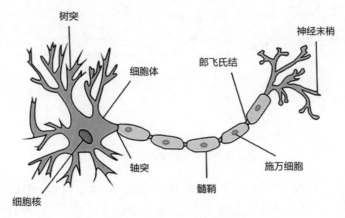

图 2.2　人类大脑神经元的结构

左侧结构看上去比右侧粗大，因为较粗大的左侧结构是细胞核的所在。此外，在左侧结构中有很多枝杈，这些小的枝杈就是树突，而从中间到右侧较纤细的这一条就是轴突。在生物学中，一个神经元通常有多个树突，主要用于接收信息，而轴突只有一个。在轴突的尾端有许多神经末梢，用于向其他神经元传递信息。某个神经元的轴突的末端与其他神经元的某个树突连接的位置叫作突触。突触就是发生信号传递的位置。

总的来说，生物神经元的工作机制是：当人的感官受到刺激，会激活相应的大脑神经元细胞；神经元细胞感受到"兴奋"后，会向其他神经元传递化学物质；这些化学物质会引发神经元的电位变化，然后在细胞核处进行电位整合，判断是否超过阈值；若超过阈值，这个神经元就会被激活，继续向其他神经元细胞传递"兴奋"的信号。

深度学习中的神经元模型就是对生物神经元的抽象和模仿，如图 2.3 所示。该模型是 1943 年由心理学家 McCulloch 和数学家 Pitts 参考生物神经元的结构发表的抽象神经元模型，简称"MP 模型"。在该模型中，输入 1、输入 2 和输入 3 相当于神经元的树突，中间的权值求和及非线性函数相当于神经元的细胞核，输出相当于神经元的轴突。在这里要注意，该模型中的箭头都是有方向的，每个箭头都代表一个连接。这些有向箭头意味着，在输入一个数值时会乘以相应连接的权值。这就是神经元模型的加权传递。

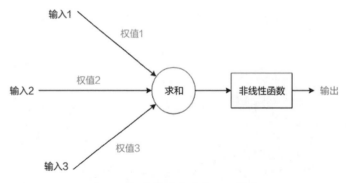

图 2.3　深度学习中的神经元模型

　　我们将三个输入、三个权值及输出换成字母。a 表示输入，w 表示权重。在输入区，a 是传递信号的初始值，经过中间的有向箭头进行加权传递，信号会变成 $a \cdot w$。然后，对收到的不同加权信号进行求和运算。最后，进行一次 sgn 函数（符号函数，函数值大于 0 时取 1，函数值小于或等于 0 时取 0）运算。这个过程相当于神经元进行阈值判断，以决定是否继续传递"兴奋"的信号。输出的信号是 z。

　　在神经元模型中，最后一步判断阈值所使用的 sgn 函数也称为"激活函数"。从字面意思看，该函数就是用于判断神经元是否被激活的函数。激活函数是深度学习中神经元的重要组成部分，有多种形式，可以满足我们对输出层的不同要求。

　　接下来，我们将神经元模型中的求和及函数运算当成一个整体，作为神经元的内部计算部分，如图 2.4 所示。由于神经元的输入、计算和输出都是有向的，可以将单个神经元作为一个节点，神经网络就是由多个神经元节点连接而成的。

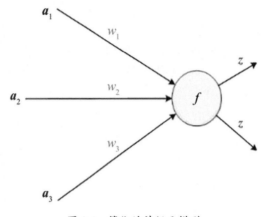

图 2.4　简化的神经元模型

2.2　感知机

在本节中，我们将介绍一种简单的神经网络——感知机。早在 1958 年，科学家 Frank Rosenblatt 在《神经动力学原理：感知机和大脑机制的理论》（*Principles of Neurodynamics: Perceptrons and the Theory of Brain Mechanisms*）一书中首次提出了"感知机"这个名词，这在当时可以说是里程碑式的开端。在这一著作中，感知机是一个由两层神经元组成的神经网络，尽管结构简洁，但效果突出。感知机的结构，如图 2.5 所示，输入层中是我们选取的输入值 $x_1, x_2, x_3, \cdots, x_n$，它们会分别乘以一系列初始权值，在加权传递后求和，得到的值会与某个阈值进行比较，若大于这个阈值就输出 1，否则输出 0。这个过程想必读者十分熟悉——与 2.1 节所述的神经元模型相似。但在那个时代，这种能够完成基本逻辑判断的感知机已经很不一般了。

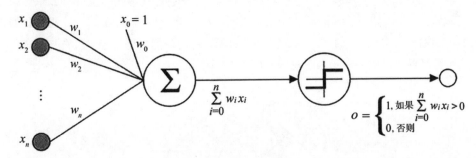

图 2.5　感知机的结构

感知机的训练方法也很明确：人工选取 N 组样本，将样本中的输出与实际的输出进行对比；若相同，则说明权值符合当前模型；若不同，就需要对当前权值进行调整和优化。例如，输出为 1 但样本为 0，就将当前权重加上输入值作为新的权值，继续训练；同理，输出为 0 但样本为 1，就将当前权重减去输入值作为新的权值，继续训练。经过大量样本的训练，模型被不断优化，偏差次数越来越小，最终符合所有的样本。

从上述对感知机学习方式的介绍中可以知道，感知机对线性可分问题有很好的效果，可以通过大量的训练得到一个精准的模型。抽象一点，我们可以想象：在一个二维坐标平面上随意画一条线，然后在线的两侧随机取无数个点，这些点的坐标就是我们的训练样本；假设在线上方的点输出 1，在线下方的点输出 −1，那么，感知机最终可以通过这些点拟合出这条线；此后，任意给出平面上的一个点，就可以判断其位于线的哪一侧了。

然而，人们在随后更加深入的研究中发现，感知机也有一些不足：一是感知机的训练样本是手动输入的，需要事先进行提取；二是感知机不能解决非线性分类问题，例如我们熟悉的异或问题。

针对感知机无法处理非线性分类这一问题，早在 20 世纪 70 年代，科学家 Paul Werbos 就在他的博士毕业论文中进行了论证：将感知机叠加，组成多层神经网络，就可以解决非线性不可分的问题。他还提出了可以提高神经网络预测精度的后向传递训练方法。

一个可用于解决异或问题的神经网络，如图 2.6 所示。激活函数使用 sigmoid 函数，加权和大于 0 时取 1，其他情况下取 0。将异或的几组样本的值分别带入，计算预测值 $\hat{y}$ 是否与真实值相等。假设 $x_1 = 0$、$x_2 = 0$，经过第一层运算，$x_3 = 0$、$x_4 = 0$，再进行最后一层运算，得到 $\hat{y} = 0$——与真实值 y 相等。换一组数据进行计算，令 $x_1 = 0$、$x_2 = 1$，经过第一层运算，$x_3 = 0$、$x_4 = 1$，再进行最后一层运算，得到 $\hat{y} = 1$——与真实值 y 相等。对剩余的数据，读者可自行验证。这个神经网络可以完美地拟合异或问题。

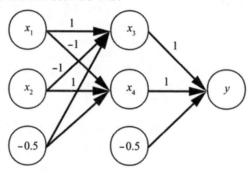

图 2.6　可用于解决异或问题的神经网络

可见，当感知机不再只有一个计算层，而变成多个计算层后，将形成多层神经网络，也就是我们常说的深度神经网络（deep neural network，DNN）。对非线性问题，DNN 可以经过大量样本训练得到一个较为精准的拟合结果。

2.3　前向传递

前向传递，顾名思义，就是从神经网络的输入层开始，一层一层向输出层传递。这也是神经网络的一个常见的训练过程。

本节将阐述前向传递的流程，介绍常见的激活函数、损失函数，以及 dropout 的相关概念、神经网络的训练模式等。

2.3.1　前向传递的流程

我们以一个常见的三层神经网络为例解释前向传递的流程。如图 2.7 所示，左边是输入层，中间是隐层，右边是输出层。这样的结构是不是眼熟？在 2.2 节中介绍深度神经网络可以解决感知机不能解决的异或问题时，就给出了类似的例子。只不过，在这里神经元的数量变多了，需要我们通过大量不同的特征值去预测需要的目标值，而且，在很多时候，在最终的输出层中有不止一个神经元。

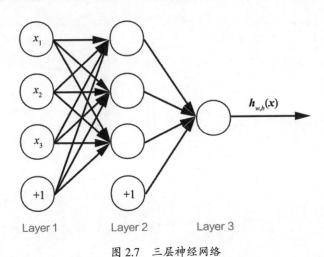

图 2.7　三层神经网络

在前向传递中，最主要的过程就是神经元节点的权值运算。若使用 x_j^l 表示第 l 层的第 j 个神经元的输入，则 y_j^l 表示第 l 层的第 j 个神经元的输出，w_{jk}^l 表示第 $l-1$ 层的第 k 个神经元指向第 l 层的第 j 个神经元的权值，b_j^l 表示第 l 层的第 j 个神经元的偏移量，激活函数为 σ。第 l 层的输入与输出之间存在如下关系。

$$x_j^l = \sum_k w_{jk}^l y_k^{l-1} + b_j^l$$

$$y_j^l = \sigma(x_j^l)$$

前向传递的思路和感知机类似，从输入层到输出层逐层计算，最后通过损失函数计算拟合误差。从整体看，前向传递的训练过程非常简单，只需要选定合适的激活函数和损失函数就可以完成。

2.3.2　激活函数

在 2.1 节和 2.2 节中都提到过激活函数，它的主要作用是使神经元的输出通过一个非线性函数实现，这样整个神经网络模型就不是线性的了。这个非线性函数就是激活函数。

本节将介绍几种常见的激活函数。在介绍之前要声明一下，激活函数是没有好坏之分的，要根据具体的问题选择合适的激活函数。

1. sigmoid 函数

sigmoid 函数的数学公式为 $y = \frac{1}{1+e^{-x}}$，其函数图像如图 2.8 所示。

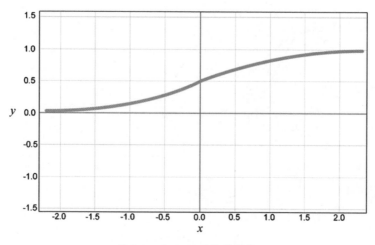

图 2.8　sigmoid 函数的图像

从 sigmoid 函数的图像中我们可以知道，其输出在 $(0,1)$ 这个开区间内。这一点很有意思，我们可以由此联想到概率。但是从严格意义上讲，不要把它当成概率。可以将它想象成一个神经元的放电率，中间斜率比较大的地方就是神经元的敏感区，两边比较平缓的地方就是神经元的抑制区。sigmoid 函数曾是一个常用函数，而现在它已经不太受欢迎且很少被使用了，这主要由它的两个缺点所致。

（1）sigmoid 函数饱和导致梯度消失

sigmoid 神经元在函数的两端值为 0 或 1 时接近饱和，这些区域的梯度几乎为 0。在后向传递中，这个局部梯度会与整个代价函数关于该单元输出的梯度相乘，结果也会接近 0。因此，几乎没有信号通过神经元传到权重，再递归到数据了，这时的梯度对模型的更新没有任何贡献。

除此之外，为了防止饱和，应该特别留意权重矩阵的初始化。如果初始化权重过大，那么大多数神经元将会饱和，而这会导致神经网络几乎不学习。

（2）sigmoid 函数不是关于原点中心对称的

这个缺点会导致网络层的输入不是以数值 0 为中心的，进而影响梯度下降的运行。如果输入的都是正数，那么关于 w 的梯度在后向传递的过程中，要么全是正数，要么全是负数，而这将导致梯度下降及在更新权重时出现"Z"字形的下降。当然，如果按 batch（批）去训练，那么每个 batch 可能会得到不同的信号（将整个 batch 的梯度加起来，就可以缓解这个问题）。该问题与前面的神经元饱和问题相比，只是个小麻烦。

2. tanh 函数

tanh 函数的数学公式为 $\tanh(x) = \frac{e^x - e^{-x}}{e^x + e^{-x}}$，其函数图像如图 2.9 所示。

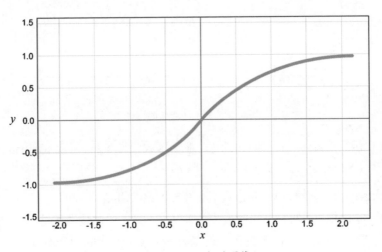

图 2.9　tanh 函数的图像

tanh 是双曲正切函数。tanh 函数和 sigmoid 函数的曲线相似，但 tanh 函数的图像不像 sigmoid 函数的图像那样平缓。在输入很大或很小的时候，这两个函数的输出曲线都几乎是平滑的，梯度很小，不利于权重的更新。不过，这两个函数的输出区间不同，tanh 函数的输出区间是 $(-1, 1)$，而且整个函数是以 0 为中心的（这一点要比 sigmoid 函数有优势）。

在一般的二分类问题中，隐层会使用 tanh 函数，输出层会使用 sigmoid 函数。但是，这些并不是一成不变的，不仅要根据具体的问题来选择激活函数，而且要进一步进行调试。

3. ReLU 函数

ReLU（rectified linear unit，修正线性单元）函数的数学公式为 $y = \begin{cases} x, & x > 0 \\ 0, & 其他 \end{cases}$，其函数图像如图 2.10 所示。

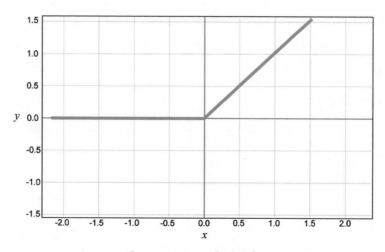

图 2.10　ReLU 函数的图像

ReLU 函数是近年来比较热门的一个激活函数，与 sigmoid 函数和 tanh 函数相比，它有以下优点。

- 当输入为正数时，ReLU 函数不存在梯度饱和问题。
- 由于 ReLU 函数只有线性关系，所以，不管是前向传递还是后向传递，其计算速度比 sigmoid 函数和 tanh 函数都快很多（sigmoid 函数和 tanh 函数需要进行计算指数，计算速度会比较慢）。

当然，ReLU 函数也有缺点。当输入为负数时，ReLU 函数不会被激活，这表示一旦输入的是负数，ReLU 函数就会"死掉"。这种情况对前向传递的影响不大，因为有的区域是敏感的，有的区域是不敏感的。但是，在后向传递中，如果输入的是负数，梯度就为 0 了（在这一点上，sigmoid 函数和 tanh 函数有同样的问题）。另外，ReLU 函数不是以 0 为中心的函数。

4. maxout 函数

maxout 函数在深度神经网络的学习过程中增加了一个含有 k 个神经元的激活函数层，在多个输出值中取最大值。

需要注意的是，每个神经元的激活值仍然是由神经元决定的。如图 2.11 所示，在这个网络的第 i 层中有 3 个用红色圆形表示的神经元，在第 $i+1$ 层中有 4 个用不同颜色的圆形表示的神经元，在第 $i+1$ 层中使用了 $k=3$ 的 maxout 激活函数。根据连线颜色的不同可以知道，第 $i+1$ 层中的每个神经元都有 3 个激活值，其中最大的值才是该神经元的最终输出激活值。

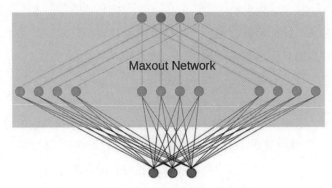

图 2.11 maxout 函数示意

maxout 函数的优点是可以在一定程度上避免梯度消失的发生，与 ReLU 函数相比不会出现"死掉"的现象。但是，maxout 函数的缺点也很明显，从上述例子中可以看出，它不仅直接将参数量扩大了好几倍，而且需要很大的计算量。

5. softmax 函数

softmax 函数的数学公式为

$$y_j = \frac{e^{z_j}}{\sum_{t=1}^{k} e^{z_t}} (j = 1, 2, \cdots, K)$$

softmax 函数一般用在分类问题的输出层中，可以保证所有的输出神经元之和为 1，每个输出所对应的 $[0, 1]$ 区间内的数值就是输出的概率，取概率最大的作为预测值输出。也可以这样理解：当某个样本通过输出层使用 softmax 函数的神经网络进行分类时，在输出层的每个节点上输出的值均小于等于 1，这些值分别代表它属于这些分类的概率。

2.3.3　损失函数

损失函数（loss function）用于估算模型的预测值与真实值的不一致程度。损失函数的值越小，模型的鲁棒性就越强。

1. 均方误差损失函数

在介绍损失函数之前，要介绍一个概念——目标函数。目标函数用于衡量什么样的拟合结果才是最适合用来预测未知数据集的，从而进一步帮助神经网络拟合出更加精准的结果。其实，目标函数是一个比较宽泛的概念，因为有时实际情况与预测的差距并不是越小越好。

举一个常见的目标函数的例子。在均方误差目标函数中，N 为总体样本数，y_i 为实际的输出值，$\hat{y}_i$ 为预测的输出值，公式如下。

$$\text{Loss} = \frac{1}{2N}\sum_{i=1}^{N}(y_i - \hat{y}_i)^2$$

可以看出，这个函数是用于计算方差均值的，这时显然函数值越小越好（模型的误差越小，损失就越小），所以该函数也称作"均方误差损失函数"。当然，在很多情况下，需要根据模型的特点和设立的目标来选择合适的损失函数。在大多数情况下，我们所说的目标函数就是损失函数，但也存在一些特殊情况。从上述例子中就能看出，损失函数在一定程度上可以帮助我们找出拟合度最高的模型，但是，如果出现过拟合的情况，损失函数的判定方法就不那么合适了。过拟合的出现说明模型过于复杂，不适合进行预测，这时需要进行正则化处理。

目标函数就是这个两方面的结合，它不仅要使拟合损失尽可能低，还要避免出现类似过拟合这样的干扰判断的情况，然后，通过综合考量，得出一个最好的结果。

2. 交叉熵损失函数

除了均方误差损失函数，还有很多损失函数。在这里介绍一下交叉熵损失函数。同样，设 N 为总体样本数，y_i 为实际的输出值，$\hat{y}_i$ 为预测的输出值，计算公式如下。

$$\text{Loss} = \sum_{i=1}^{N} y_i \log(\hat{y}_i)$$

我们都知道，要根据实际问题来选择合适的损失函数。例如，在处理多类别分类问题时，交叉熵损失函数要比均方误差损失函数有优势。那么，什么样的问题可以称为多分类问题呢？在这里举一个简单的例子：我们要对动物照片进行分类，有猫、狗、鸡、鸭、鱼等 N 种动物，那么输出就有 N 维，在输入一幅图片进行分类判断时，每个输出维度都代表该图片与某种动物的符合程度的得分，数值大的自然符合程度高。

其实，多分类问题倾向于输出不同类别的概率，因此，这类问题的激活函数往往是 softmax。softmax 函数可以使输出变成概率的形式，并使所有输出的和为 1。之所以选择交叉熵函数作为损失函数，是因为它的偏导数形式简洁——这将使网络的训练过程变得简单。

交叉熵损失函数的偏导数公式如下。

$$\frac{\partial \text{Loss}}{\partial z_i} = \frac{\partial \text{Loss}}{\partial \hat{y}_i} \cdot \frac{\partial \hat{y}_i}{\partial z_i} = \hat{y}_i - y_i$$

其中，z_i 表示第 i 层的输出值，$\hat{y}_i$ 表示预测的输出值，y_i 表示实际的输出值。下面我们介绍公式的推导过程[①]。

为了方便起见，我们用 $\hat{y}_i$ 替换 2.3.2 节中 softmax 函数的数学公式 y_j，可以得到下式。

$$\hat{y}_i = \frac{e^{z_i}}{\sum_{t=1}^{k} e^{z_t}} \ (i = 1, 2, \cdots, K)$$

我们需要求出 Loss 对输出值 z_i 的梯度。结合交叉熵损失函数，根据复合函数的链式求导法则，得到下式。

$$\frac{\partial \text{Loss}}{\partial z_i} = \frac{\partial \text{Loss}}{\partial \hat{y}_l} \cdot \frac{\partial \hat{y}_l}{\partial z_i}$$

这里不是 $\hat{y}_i$，而是 $\hat{y}_l$，主要是 softmax 函数的特性所致。由于 softmax 函数公式的分母包含所有神经元的输出，当然也包含 z_i，所以，对其求偏导可分为 $i = l$ 和 $i \neq l$ 两种情况，且计算结果不同。直接理解有一定难度，将其代入推导过程将有助于我们思考。

将上式等号右边的式子分成两部分进行推导。先推导乘号左边的部分。方便起见，假设对数函数的底为 e，那么 $\log(\hat{y}_l)$ 就变成了 $\ln(\hat{y}_l)$。

---

① 参考链接 2-1。

$$\frac{\partial \text{Loss}}{\partial \hat{y}_l} = \frac{\partial \left(-\sum_{i=1}^{N} y_i \ln(\hat{y}_l)\right)}{\partial \hat{y}_l}$$

$$= -\sum_{i=1}^{N} y_i \frac{1}{\hat{y}_l}$$

接着推导 $\frac{\partial \hat{y}_l}{\partial z_i}$，分为两种情况。

若 $i = l$，$\frac{\partial \hat{y}_l}{\partial z_i} = \frac{\partial \hat{y}_i}{\partial z_i}$，则

$$\frac{\partial \hat{y}_i}{\partial z_i} = \frac{\partial \left(\frac{e^{z_i}}{\sum_{t=1}^{k} e^{z_t}}\right)}{\partial z_i} = \frac{\sum_{t=1}^{k} e^{z_t} e^{z_i} - (e^{z_i})^2}{\left(\sum_{t=1}^{k} e^{z_t}\right)^2}$$

$$= \left(\frac{e^{z_i}}{\sum_{t=1}^{k} e^{z_t}}\right)\left(1 - \frac{e^{z_i}}{\sum_{t=1}^{k} e^{z_t}}\right)$$

$$= \hat{y}_i(1 - \hat{y}_i)$$

若 $i \neq l$，则

$$\frac{\partial \hat{y}_l}{\partial z_i} = \frac{\partial \left(\frac{e^{z_l}}{\sum_{t=1}^{k} e^{z_t}}\right)}{\partial z_i}$$

$$= \frac{-e^{z_i} e^{z_l}}{\left(\sum_{t=1}^{k} e^{z_t}\right)^2} = -\left(\frac{e^{z_i}}{\sum_{t=1}^{k} e^{z_t}}\right)\left(\frac{e^{z_l}}{\sum_{t=1}^{k} e^{z_t}}\right)$$

$$= -\hat{y}_i \hat{y}_l$$

结合上面三个公式的推导，得到下式。

$$\frac{\partial \text{Loss}}{\partial z_i} = \frac{\partial \text{Loss}}{\partial \hat{y}_l} \cdot \frac{\partial \hat{y}_l}{\partial z_i} = \left(-\sum_{i=1}^{N} y_i \frac{1}{\hat{y}_l}\right)\frac{\partial \hat{y}_l}{\partial z_i}$$

$$= -\frac{y_i}{\hat{y}_i}\hat{y}_i(1 - \hat{y}_i) + \hat{y}_i \hat{y}_l \sum_{i \neq l}^{N} y_i \frac{1}{\hat{y}_l}$$

$$= -y_i + y_i\hat{y}_i + \hat{y}_i \sum_{i \neq l}^{N} y_i$$

$$= -y_i + \hat{y}_i \sum_{i=1}^{N} y_i$$

对分类问题而言，最终 y_i 只会有一个类别，即 1，其余的全是 0。因此，上式可化简为

$$\frac{\partial \text{Loss}}{\partial z_i} = \hat{y}_i - y_i$$

　　但是，因为前向传递必然会产生一定的误差，在实际训练中，预测的输出值可能与实际的输出值差距很大（此时损失函数的值也比较大），所以，需要使用更好的训练方法来降低误差——这就是 2.4 节将要介绍的后向传递。

2.4　后向传递

　　后向传递的核心思路是：从目标函数值开始，从输出层回溯到输入层，根据不同参数的影响更新神经网络的参数值，最终实现误差值最小化。这里的参数就是 2.3 节中提到的权重和偏移量。此时，这个问题就被转换为优化问题——如何计算不同参数对模型的影响，以及怎样尽可能降低它们的影响？一个常用的方法是将求导与梯度下降算法相结合。

　　梯度下降算法每次都在当前的梯度计算参数，然后让参数向着梯度的反方向前进一段距离，不断重复，直到梯度接近 0 时停止。此时，所有的参数恰好使损失函数达到极小值状态。

2.4.1　后向传递的流程

　　后向传递算法可以理解为：梯度的计算顺序是从后往前的。它利用深度神经网络的结构进行计算，并不是一次计算所有参数的梯度，而是从后往前，首先计算输出层的梯度，接着计算第二个权重组的梯度，然后计算中间层的梯度，再计算第一个权重组的梯度，最后计算输入层的梯度。各层的计算结束后，就可以求出需要的路径的梯度了。这个过程相当于对链式求导法则求导。要想知道损失值对某个神经元的梯度，只要看看有几条路径通向这个神经元，然后将这些路径的梯度相加即可。

2.4.2　梯度下降

　　梯度是指标量场中某一点的梯度指向在这一点的标量场中增长最快的方向，它是一个矢量。梯度下降法是最常用的神经网络模型训练优化算法。深度学习模型大都采用梯度下降法进行优化训练。下面通过一个实例简要介绍梯度下降。

　　我们以对一个简单的一元函数 $f(x) = x^2 + 5$ 求极值问题为例。由于不知道该函数的极值，我们先随机取一个点 $(x_0, x_0^2 + 5)$，假设这个点是 $(5, 30)$，显然我们可以判断这个点不是我们想要的极值点。然后，采取分别向该点两边取点的方法，即判断哪边的函数值更小，往值更小的那一边取点。取 $x_1 = 4$ 和 $x_2 = 6$ 两个点，函数值分别为 21 和 41，显然，应该向 $x_1 = 4$ 的方向继续取点。

但是，每次向两边取多少个值才合适呢？总不能每次取相同的跨度吧（这样做会有永远取不到极值的可能）。这时，我们应该灵活地改变取值的跨度，使用下式来更新取值。

$$x_{i+1} = x_i - \eta \frac{\mathrm{d}f(x)}{\mathrm{d}x}$$

在这里，η 是学习率，也可以理解为步长。该值越大，每次移动的"步子"就越大；该值越小，每次移动的"步子"就越小。学习率是一个重要的参数，在网络训练中控制着通过对权值的更新使得误差降到最低的速度。大多数优化算法都会使用学习率。为了提升梯度下降算法的性能，需要把学习率的值设定在合适的范围内，这是因为学习率过大或过小都对整个网络不利。如果学习率过大，很可能会跳过最优值；如果学习率过小，网络优化的时间会非常长，效率也会非常低，导致长时间无法收敛。

然而，我们根据损失函数和训练的整体需求选择了合适的学习率，就一定不会出问题了吗？答案是否定的。在实际训练过程中很可能出现这样的情况：训练集的损失下降到一定程度就不再下降了，有可能在两个值之间振荡。此时，很多人会想到要降低学习率，但学习率的降低势必会使训练时间变长。在这里提出一个可以平衡二者矛盾的解决方案——学习率衰减（learning rate decay）。它的基本思想是让学习率随训练的进行而衰减，有两种基本实现方法，分别是线性衰减和指数衰减。

介绍了学习率之后，继续解释之前的更新公式。这也是一个迭代的过程。

$\frac{\mathrm{d}f(x)}{\mathrm{d}x}$ 是函数在该点的导数，靠近极值时，导数值会变小，因此更新的差值也会变小。扩展到二元乃至多元函数，更新的维度变多了，不止有一个方向会对极值点的选取产生影响。以二元函数 $f(x,y)$ 为例，更新公式就变成了以下两个：

$$x_{i+1} = x_i - \eta \frac{\partial f(x,y)}{\partial x}$$
$$y_{i+1} = y_i - \eta \frac{\partial f(x,y)}{\partial y}$$

在这里，$\frac{\partial f(x,y)}{\partial x}$ 为函数 $f(x,y)$ 关于 x 的偏导数，分别求不同方向的切线的斜率。类比一元函数的例子我们应该可以理解：任取一个初始值，然后从两个方向同时进行更新，直至 $f(x,y)$ 收敛到极值。

如果有多个变量，就更容易理解了。假设某函数有 k 个 w 变量，分别对每个 w 进行更新，w^n 代表第 n 个 w 变量，i 和 $i+1$ 表示更新的次数，更新后的公式为

$$w_{i+1}^n = w_i^n - \eta \frac{\partial f(w^i)}{\partial w^i}$$

不难发现，求梯度就是对每个自变量求偏导数，然后将其偏导数作为自变量方向的坐标。

梯度下降法是一种迭代算法，经常用于求凸函数的极小值。由于其计算效率高，在机器学习中经常使用。与其对应的有用于求极大值的梯度上升（gradient ascent）法。这两种算法的原理相同，只是计算过程中的正负号不同。

在神经网络训练过程中使用梯度下降法时，只要结合高等数学中的链式求导法则，分别对训练模型中的每个参数求偏导数，不断地更新参数（参数的更新过程会在 2.4.3 节具体说明），就能得到一组参数，使模型的损失降到最小。

2.4.3　参数修正

本节以一个三层神经网络来具体说明后向传递中参数的更新过程[①]。

x_j^l 表示第 l 层的第 j 个神经元的输入，y_j^l 表示第 l 层的第 j 个神经元的输出，w_{jk}^l 表示第 $l-1$ 层的第 k 个神经元指向第 l 层的第 j 个神经元的权值，b_j^l 表示第 l 层的第 j 个神经元的偏移量，激活函数为 σ，损失函数为 C。在同一层的输入与输出之间，存在如下关系。

$$x_j^l = \sum_k w_{jk}^l y_k^{l-1} + b_j^l$$
$$y_j^l = \sigma(x_j^l)$$

在后向传递算法中，我们需要求出损失函数对每个参数的偏导数。但是，我们并不是直接求偏导数的，而是定义一个损失 $\delta_j^l = \frac{\partial C}{\partial x_j^l}$ 来代表第 l 层的第 j 个神经元产生的误差，先逐层向后传播，得到每层神经元节点的损失，再通过每个节点的损失求该节点的参数的偏导数的。

首先求出最后一层神经元产生的损失 $\delta_j^L = \frac{\partial C}{\partial x_j^L} = \frac{\partial C}{\partial y_j^L} \cdot \frac{\partial y_j^L}{\partial x_j^L}$，然后将其向量化，公式为

---

① 参考链接 2-2。

$$\boldsymbol{\delta}^L = \begin{pmatrix} \delta_1^L \\ \vdots \\ \delta_j^L \\ \vdots \\ \delta_n^L \end{pmatrix} = \begin{pmatrix} \dfrac{\partial C}{\partial y_1^L} \cdot \acute{\sigma}(x_1^L) \\ \vdots \\ \dfrac{\partial C}{\partial y_j^L} \cdot \acute{\sigma}(x_j^L) \\ \vdots \\ \dfrac{\partial C}{\partial y_n^L} \cdot \acute{\sigma}(x_n^L) \end{pmatrix} = \begin{pmatrix} \dfrac{\partial C}{\partial y_1^L} \\ \vdots \\ \dfrac{\partial C}{\partial y_j^L} \\ \vdots \\ \dfrac{\partial C}{\partial y_n^L} \end{pmatrix} \odot \begin{pmatrix} \acute{\sigma}(x_1^L) \\ \vdots \\ \acute{\sigma}(x_j^L) \\ \vdots \\ \acute{\sigma}(x_n^L) \end{pmatrix} = \nabla_y C \odot \acute{\sigma}(\boldsymbol{x}^L)$$

从后往前计算每一层神经元产生的损失，公式为

$$\delta_j^{l-1} = \frac{\partial C}{\partial x_j^{l-1}} = \sum_k \frac{\partial C}{\partial x_k^l} \cdot \frac{\partial x_k^l}{\partial y_j^{l-1}} \cdot \frac{\partial y_j^{l-1}}{\partial x_j^{l-1}} = \sum_k \delta_k^l \cdot \frac{\partial x_k^l}{\partial y_j^{l-1}} \cdot \acute{\sigma}(x_j^{l-1})$$

在这一步，$\frac{\partial C}{\partial x_j^{l-1}} = \sum_k \frac{\partial C}{\partial x_k^l} \cdot \frac{\partial x_k^l}{\partial y_j^{l-1}} \cdot \frac{\partial y_j^{l-1}}{\partial x_j^{l-1}}$ 中对 k 的求和符号的含义是进一步推导公式。同时，添加了第 l 层全部神经元的输入值，即 x_k^l。k 在这里只代表其中的一个神经元，但我们需要考虑第 l 层的所有神经元。

因为 $x_k^l = \sum_j w_{kj}^l y_j^{l-1} + b_k^l$，所以 $\frac{\partial x_k^l}{\partial y_j^{l-1}} = w_{kj}^l$。在这里要说明一下为什么求导之后就没有求和符号了。虽然第 $l-1$ 层的每个输出神经元对第 l 层的第 k 个神经元的输入值 x_k^l 都有影响，但是我们目前只关心第 $l-1$ 层的第 j 个神经元对第 l 层各神经元的输入值产生了多大的影响，所以，对 y_j^{l-1} 求导之后，就不需要使用求和符号了。化简后，得到下式。

$$\delta_j^{l-1} = \sum_k \delta_k^l \cdot w_{kj}^l \cdot \acute{\sigma}(x_j^{l-1})$$

将上式向量化，公式为

$$\boldsymbol{\delta}^{l-1} = \begin{pmatrix} \delta_1^{l-1} \\ \vdots \\ \delta_j^{l-1} \\ \vdots \\ \delta_n^{l-1} \end{pmatrix} = \begin{pmatrix} \sum_k \delta_k^l \cdot w_{k1}^l \cdot \acute{\sigma}(x_1^{l-1}) \\ \vdots \\ \sum_k \delta_k^l \cdot w_{kj}^l \cdot \acute{\sigma}(x_j^{l-1}) \\ \vdots \\ \sum_k \delta_k^l \cdot w_{kn}^l \cdot \acute{\sigma}(x_n^{l-1}) \end{pmatrix}$$

$$= \begin{pmatrix} w_{11}^l \cdots w_{k1}^l \cdots w_{n1}^l \\ \vdots \quad\quad \vdots \quad\quad \vdots \\ w_{1j}^l \cdots w_{kj}^l \cdots w_{nj}^l \\ \vdots \quad\quad \vdots \quad\quad \vdots \\ w_{1n}^l \cdots w_{kn}^l \cdots w_{nn}^l \end{pmatrix} \begin{pmatrix} \delta_1^l \\ \vdots \\ \delta_k^l \\ \vdots \\ \delta_n^l \end{pmatrix} \odot \begin{pmatrix} \acute{\sigma}(x_1^{l-1}) \\ \vdots \\ \acute{\sigma}(x_j^{l-1}) \\ \vdots \\ \acute{\sigma}(x_n^{l-1}) \end{pmatrix}$$

令 $l-1$ 为 l，则上式中的 l 变为 $l+1$ 后得到公式

$$\boldsymbol{\delta}^l = ((\boldsymbol{w}^{l+1})^{\mathrm{T}}\boldsymbol{\delta}^{l+1}) \odot \acute{\sigma}(\boldsymbol{x}^l)$$

接下来，求权值和偏置值的梯度。

求权值的梯度，公式如下。

$$\frac{\partial C}{\partial w_{jk}^l} = \frac{\partial C}{\partial x_j^l} \cdot \frac{\partial x_j^l}{\partial w_{jk}^l} = \delta_j^l \cdot \frac{\partial(w_{jk}^l y_k^{l-1} + b_j^l)}{\partial w_{jk}^l} = y_k^{l-1}\delta_j^l$$

求偏置值的梯度，公式如下。

$$\frac{\partial C}{\partial b_j^l} = \frac{\partial C}{\partial x_j^l} \cdot \frac{\partial x_j^l}{\partial b_j^l} = \delta_j^l \cdot \frac{\partial(w_{jk}^l y_k^{l-1} + b_j^l)}{\partial b_j^l} = \delta_j^l$$

综上所述，深度神经网络的参数修正流程如下。

① 对样本进行前向传递，得到预测的输出值。

$$\boldsymbol{x}^l = \boldsymbol{w}^l\boldsymbol{y}^{l-1} + \boldsymbol{b}^l$$

$$\boldsymbol{y}^l = \sigma(\boldsymbol{x}^l)$$

② 计算最后的输出层产生的误差。

$$\boldsymbol{\delta}^L = \nabla_y C \odot \acute{\sigma}(\boldsymbol{x}^L)$$

③ 进行后向传递，得到每一层的误差。

$$\boldsymbol{\delta}^l = ((\boldsymbol{w}^{l+1})^{\mathrm{T}}\boldsymbol{\delta}^{l+1}) \odot \acute{\sigma}(\boldsymbol{x}^l)$$

④ 根据产生的误差得到相应的梯度，进而进行参数的修正。

$$\acute{\boldsymbol{w}}^l = \boldsymbol{w}^l - \eta\boldsymbol{\delta}^l \times (\boldsymbol{y}^{l-1})^{\mathrm{T}}$$

$$\acute{\boldsymbol{b}}^l = \boldsymbol{b}^l - \eta\boldsymbol{\delta}^l$$

2.5　防止过拟合

所谓过拟合（over-fitting），其实就是所构建的机器学习模型或者深度学习模型在训练样本中表现得过于优秀，导致模型在验证数据集和测试数据集中表现不佳。在深度神经网络的训练过程中，过拟合的情况时常发生，因此，尽量避免过拟合就成为我们需要解决的问题。

本节将介绍防止过拟合的两种常用技术——dropout 和正则化。

2.5.1　dropout

本章描述的神经网络的训练流程是：先将输入通过网络进行前向传递，再通过对误差进行后向传递来更新参数。dropout 针对这一过程，随机将隐层的部分神经元置零，再进行上述训练。通过 dropout 可以有效减少某些特征在其他特征存在时才有效果的情况，从而减轻不同特征的协同效应（这样做可以有效避免过拟合的发生，增强泛化能力）。

2.5.2　正则化

深度神经网络中的正则化，其实可以参照机器学习中的正则化来理解。它和 dropout 一样，是用来防止过拟合的方法之一。

防止过拟合的思路有两种：一是增加训练样本的数量（但我们都知道，有时样本的数量是有限的，不能轻易地增加或减少）；二是降低训练模型的复杂度（这相对比较容易实现，因为正则化的原理就是通过在损失函数中增加正则化项来降低训练模型的复杂度）。

在这里，我们可以将正则化项理解为复杂度，总体要求是损失越小越好。因此，加在损失函数中的正则项也要尽量小，以降低模型的复杂度，避免过拟合的产生。

常见的正则化方法有 L1 正则化和 L2 正则化，下面对这两种正则化方法进行介绍[①]。

L1 正则项如下式所示。其中，λ 是正则项的系数，n 表示样本集的大小，$\boldsymbol{w}$ 表示权重。

$$\frac{\lambda}{n}\sum_i |w_i|$$

将该正则项添加到原损失函数 C_0 中，得到如下损失函数。

$$C = C_0 + \frac{\lambda}{n}\sum_i |w_i|$$

为了更好地理解，下面用带有 L1 正则项的损失函数 C 对 w_i 求偏导，得到参数更新依据。在下式中，η 是学习率。

---

① 参考链接 2-3。

$$\frac{\partial C}{\partial w_i} = \frac{\partial C_0}{\partial w_i} + \frac{\lambda}{n} \text{sgn}(w_i)$$

$$w_i \rightarrow \acute{w}_i = w_i - \eta \frac{\partial C_0}{\partial w_i} - \eta \frac{\lambda}{n} \text{sgn}(w_i)$$

式子 $\eta \frac{\lambda}{n} > 0$。若 $w_i > 0$，则 $\text{sgn}(w_i) > 0$，上式中的减法使得 $w_i \rightarrow 0^+$；若 $w_i < 0$，则 $\text{sgn}(w_i) < 0$，上式中的减法使得 $w_i \rightarrow 0^-$。最终结果都是 $w_i \rightarrow 0$，降低了模型的复杂度。

L2 正则项与 L1 正则项相似，如下式所示。但是，L2 正则项使用平方项代替绝对值，其中的 $\frac{1}{2}$ 只是为了在求偏导时与平方项求偏导后的系数进行约分，使得式子更加简明而使用的。

$$C = C_0 + \frac{\lambda}{2n} \sum_i w_i^2$$

$$\frac{\partial C}{\partial w_i} = \frac{\partial C_0}{\partial w_i} + \frac{\lambda}{n} w_i$$

在下式中，更新参数时，因为 $\eta \frac{\lambda}{n} > 0$，所以要求 $(1 - \eta \frac{\lambda}{n}) < 1$，达到了缩小 w_i，从而降低模型复杂度的目的。

$$w_i \rightarrow \acute{w}_i = w_i - \eta \frac{\partial C_0}{\partial w_i} - \eta \frac{\lambda}{n} w_i = \left(1 - \eta \frac{\lambda}{n}\right) w_i - \eta \frac{\partial C_0}{\partial w_i}$$

2.6　小结

本章介绍了神经元、感知机，以及神经网络的前向传递、激活函数、损失函数等概念，重点介绍了后向传递中参数修正的推导过程，并介绍了 dropout 和正则化两种防止过拟合的方法。当然，更加简单实用的方法是增加训练样本的数量和丰富训练样本的类别，在第 6 章中我们会进一步讨论。

第 3 章 卷积神经网络

卷积神经网络被广泛用于处理图像识别和分类问题，在大型图像的处理方面有出色的表现。与全连接神经网络和循环神经网络相比，卷积神经网络使用卷积运算代替一般的矩阵乘法运算，因此在图像数据处理领域更具优势。

在第 2 章中，我们介绍了全连接神经网络，如图 3.1 所示。在本章中，我们将介绍卷积神经网络，如图 3.2 所示。在本质上，全连接神经网络和卷积神经网络的结构相似，都是由相邻的层构成的，且相邻的层内的神经元节点都相连。它们的不同之处在于：在全连接网络中，前一层的每个节点都会与后一层的所有节点相连；在卷积神经网络中，相邻的层之间只有部分节点相连。

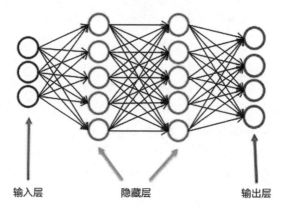

输入层　　　　　　　隐藏层　　　　　　　输出层

图 3.1　全连接神经网络

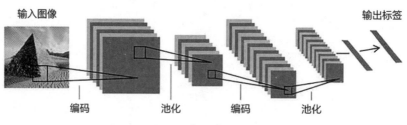

输入图像　　　　　　　　　　　　　　　　　　　　输出标签

编码　　　　　池化　　　　　编码　　　　　池化

图 3.2　卷积神经网络

在处理图像时使用卷积神经网络的原因，也恰恰在于卷积神经网络中只有部分节点相连。如果使用全连接网络对图像进行处理，就会因为参数过多而出现计算速度慢、过拟合等问题。例如，第一个隐层中有 400 个节点，图像的大小为 $32 \times 32 \times 3$（3 表示每个像素有 R、G、B 三个通道），仅输入就有 3072 个，而网格结构是全连接的，因此，在第一个隐层中有 $3072 \times 400 + 400 = 1229200$ 个参数——运算量巨大。

卷积神经网络是通过卷积来模拟特征，然后通过卷积的权值共享及池化操作来降低网络参数的数量级的。一个完整的卷积神经网络，通常包含输入层、卷积层、激活层、池化层和全连接层，针对图像分割和图像增强等应用，还可能包含反卷积层。在第 2 章中，已经对激活函数和全连接等操作进行了详细介绍。在本章中，将主要介绍卷积、池化、反卷积及典型的卷积神经网络实例。

3.1　卷积层

卷积运算是卷积神经网络最重要的操作，也是"卷积神经网络"这个名字的由来。卷积包含两个关键操作：局部关联，就是将卷积核看作滤波器；窗口滑动，就是利用滤波器对局部数据进行计算。

卷积层涉及三个概念：步长（stride）；扩充值（padding）；深度（depth）。

- 步长是指卷积核在原始图像上滑动时间隔的像素数量。
- 扩充值是指当原始图像的像素数量不足以进行卷积训练时，人为对原始图像进行扩充。例如，对一幅 3×3 的原始图像，需要将其扩充为 7×7，然后进行卷积运算，那么此时的扩充值就是 2，相当于在原始图像的基础上向外扩充了 4 个维度。在扩充的维度内，默认每个像素块的数值均为 0。
- 深度是指原始图像拥有的通道数量。在学习卷积的过程中一般不强调深度的概念，但大家要知道，图像不止有平面的两个维度，还有一个维度，就是这里所说的深度。

卷积通常分为三种：valid 卷积；full 卷积；same 卷积。下面分别对这三种卷积进行详细的介绍。

3.1.1　valid 卷积

本节介绍一种最常用的下采样卷积——valid 卷积。如图 3.3 所示，左侧表示特征图的深度（在这里为 3）；右侧表示卷积层的深度，其中一个圆圈代表一个神经元，有多少个神经元，深度就是多少（显然，在这里卷积层的深度为 5）。

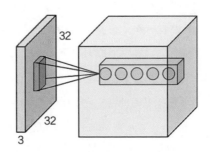

图 3.3　valid 卷积核示意

valid 卷积是卷积神经网络的核心运算。valid 卷积的特点是卷积核不能超出特征图的范围。在不增加扩充值的情况下，这是一个下采样过程。如图 3.4 所示，上一层特征图中的一个子矩阵，通过卷积核的运算，转换成一个长和宽均为 1 但不限深度的节点矩阵。在卷积层中，卷积核的常见尺寸为 3×3 或者 5×5（因为较小的尺寸通常能够更好地表达图像的特征），卷积核单元的深度要与上一层传递过来的矩阵的深度相同（但卷积层的深度是由卷积核的个数决定的）。具体的卷积操作就是将两个矩阵的对应部分相乘后全部相加。在如图 3.4 所示的 valid 卷积运算中，特征图的大小是 5×5，卷积核的大小为 3×3，步长为 1，扩充值为 0，最后得到的输出的大小也是 3×3。

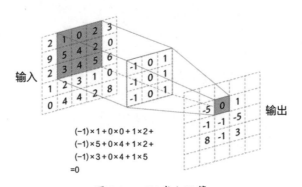

图 3.4　valid 卷积运算

在这里，每一层卷积的结果与步长、扩充值、卷积核的大小及该层输入的特征图的大小有一定的线性关系，具体输出维度 D_{output} 通常使用式 3.1 计算（上述例子也可以用该公式进行验证）。

$$D_{\text{output}} = \frac{D_{\text{input}} - D_{\text{kernel}} + 2\text{Padding}}{S_{\text{kernel}}} + 1 \qquad\qquad (\text{式 } 3.1)$$

其中，S_{kernel} 代表卷积核的步长，D_{kernel} 代表卷积核的维度，Padding 代表扩充值的维度。

这个过程可以理解为：有一个滑动窗口，对图像进行卷积操作，对卷积核与输入的特征图做乘法运算后求和，得到 3×3 的卷积结果。也就是说，使用卷积核这个过滤器来过滤图像中的每个小区域，从而得到这些小区域的特征值。整个卷积层的前向传播，就是指这个卷积核从输入矩阵的左上角移动至右下角，在移动过程中通过计算生成输出矩阵的过程。

3.1.2　full 卷积

与下采样卷积对应的是上采样卷积。本节将介绍 full 卷积这种典型的上采样卷积。

full 卷积的特点是卷积核可以超出特征图的范围，但是卷积核的边缘要与特征图的边缘有交点。如图 3.5 所示，蓝色部分为原图像，灰色部分为卷积核，白色部分为对应卷积所增加的值为 0 的扩充，绿色部分为卷积后的图像。从卷积核右下角与图片左上角的重叠部分开始进行卷积操作，步长为 1，卷积核的中心要与卷积后的图像像素点对应。可以看到，卷积后的图像是 4×4 的，比原来扩大了 1 倍（输入的图像是 2×2 的，卷积核的大小为 3×3，卷积后的图像是 4×4 的）。其实，这才是完整的卷积计算（其他比它小的卷积结果都省去了对部分像素的卷积）。在这里，输出维度仍可以使用式 3.1 计算得出。

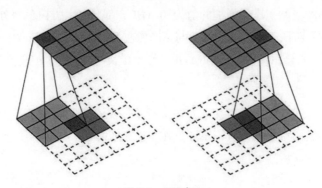

图 3.5　full 卷积

如图 3.5 所示，滑动步长为 1，扩充值为 2，原始图像大小为 2×2，卷积核大

小为 3×3，卷积后图像的维度为 $(\frac{2+2\times2-3}{1}+1) \times (\frac{2+2\times2-3}{1}+1) = 4 \times 4$。

在深度神经网络的具体应用中，往往有多个卷积核。我们可以认为，每个卷积核代表了一种图像模式。如果某个图像块与此卷积核进行卷积后输出的值很大，则认为此图像块十分接近此卷积核。在实际训练中，卷积核的值是在学习过程中学到的。

3.1.3 same 卷积

前面介绍了 valid 卷积与 full 卷积，我们不妨将二者的输入、输出做个比对。valid 卷积会将输入尺寸卷积成小尺寸来输出，也就是将原图像的尺寸缩小。full 卷积会将输入尺寸卷积成大尺寸来输出，也就是将原图像的尺寸放大。本节要介绍的 same 卷积则正好处于二者之间——保持特征图尺寸在卷积前后不变。

same 卷积的卷积操作与上述两种卷积操作无异，不同点在于扩充值的选择。我们从式 3.1 着手理解。假设输入特征图的尺寸为 $n \times n$，我们用 n 替换式 3.1 中的 D_{input} 和 D_{output}，得到式 3.2，就达到了"输入尺寸等于输出尺寸"的目的。

$$n = \frac{n - D_{\text{kernel}} + 2\text{Padding}}{S_{\text{kernel}}} + 1 \qquad (式\ 3.2)$$

对式 3.2 做变换，着重体现卷积核维度 D_{kernel} 与扩充值维度 Padding 的关系，得到式 3.3。所以，不同于 valid 卷积和 full 卷积，same 卷积的扩充值必须通过计算来指定。

$$\text{Padding} = \frac{1}{2}\left(\frac{n-1}{S_{\text{kernel}}} - n + D_{\text{kernel}}\right) \qquad (式\ 3.3)$$

在 same 卷积中，如图 3.6 所示。绿色部分是原图像，蓝色部分是卷积核，下方白色部分为对应卷积操作增加的值为 0 的扩充部分，上方白色部分是卷积后的特征图。在初始阶段，卷积核的中心与原图像左下角的像素对应。对一个 6×6 的输入，用 3×3 的卷积核进行 same 卷积，滑动步长为 1，那么扩充值就是 $\frac{1}{2}(\frac{6-1}{1} - 6 + 3) = 1$。

综上所述，三种卷积既有相同点，又有不同点：相同点在于卷积核的中心与生成的特征图上的单元相对应；不同点在于扩充值的选取。在本质上，valid 卷积和 full 卷积是一回事。

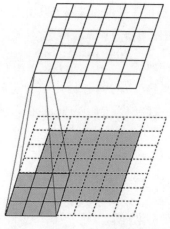

图 3.6　same 卷积

3.2　池化层

在池化层中主要进行的是池化（pooling）操作。池化层其实是下采样的一种实现方式。例如，输入 20×20 的特征图，对其进行池化操作，采样窗口大小为 10×10，对其进行下采样，最终生成 2×2 的特征图。之所以引入池化层，是因为卷积核一般比较小，即使做完卷积，图像尺寸仍然很大。为了降低数据的维度，需要继续进行下采样。在卷积层之间添加池化层，可以降低特征图的维度，从而减少最后输送至全连接层的参数的数量，在提高运算速度的同时避免出现过拟合。

在实际应用中，池化操作根据下采样方法的不同，可以分为最大值下采样（max-pooling）和平均值下采样（mean-pooling），下面分别进行简要说明。

一个最大池化层的操作过程，如图 3.7 所示。

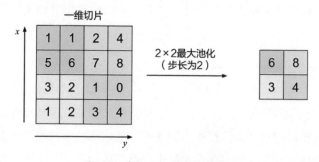

图 3.7　最大池化层的操作过程

该过程采用 2×2 的过滤器，输出的维度可以用式 3.4 计算。池化层使用的过滤器需要在每个通道的特征图上横向和纵向移动。

$$D_{\text{output}} = \frac{D_{\text{input}} - D_{\text{filter}} + 2\text{Padding}}{S_{\text{filter}}} + 1 \qquad \text{（式 3.4）}$$

如图 3.8 所示，原本是维度为 224×224、深度为 64 的特征图，经过池化处理，维度变为 112×112，深度仍为 64。由此可知，池化操作是在各层独立进行的，不会改变深度。

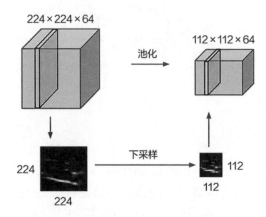

图 3.8　池化操作中维度的改变

常用的池化操作，除了最大池化操作，还有平均池化操作。平均池化层与最大池化层的唯一区别是平均池化层取过滤器内所有值的平均值输出。

3.3　反卷积

反卷积作为一种常用的上采样方法，被广泛应用于图像分割与增强。尽管反卷积常用于将图像尺寸恢复到进行卷积操作前的尺寸，但反卷积操作不是卷积操作的逆过程。根据卷积操作的尺寸计算公式，可以得到反卷积操作的尺寸计算公式，见式 3.5。

$$D_{\text{output}} = S_{\text{kernel}} \times (D_{\text{input}} - 1) + D_{\text{kernel}} - 2 \times \text{Padding} + \text{offset} \quad \text{（式 3.5）}$$

其中，$\text{offset} = (D_{\text{output}} - 2 \times \text{Padding} - D_{\text{kernel}})\% S_{\text{kernel}}$，$S_{\text{kernel}} \neq 1$。

假设有一个两层的网络结构，第一层是卷积层，第二层是反卷积层。由于卷积操作和反卷积操作对维度的影响是相同的，所以我们假设输出维度与输入维度相同，重点关注尺寸的变化。在卷积层中，卷积核的尺寸是 3×3，$S_{\text{kernel}} = 2$，

Padding $= 0$；在反卷积层中，卷积核的尺寸是 3×3，$S_{\text{kernel}} = 2$，Padding $=$ 0。输入尺寸为 33×33 的张量，经过卷积公式的计算，得到输出尺寸为 16×16 的数据，接着，使用反卷积公式进行计算，得到尺寸为 33×33 的输出，此时公式中的 offset $= 0$。当输入的尺寸为 32×32 时，经过卷积层得到尺寸为 15×15 的数据，经过反卷积层仍然得到尺寸为 32×32 的数据，此时公式中的 offset $= 1$。需要注意的是，如果恒定 offset $= 0$，那么，第二个尺寸为 32×32 的输入经过卷积操作和反卷积操作，得到的将是尺寸为 31×31 的数据，而这会影响反卷积的尺寸还原功能，因此，要使用 offset 来应对这一情况。

在实际应用中，反卷积操作会先对输入进行填充，再进行正常的卷积操作。假设有 3×3 的输入特征图和 3×3 的卷积核，均为

$$\begin{bmatrix} 1 & 1 & 1 \\ 1 & 1 & 1 \\ 1 & 1 & 1 \end{bmatrix}$$

$S_{\text{kernel}} = 2$，Padding $=$ "SAME"。

首先，进行 0 填充，即在输入的所有元素之间填充 0，其个数为 $S_{\text{kernel}} - 1$。填充结果如下。

$$\begin{bmatrix} 1 & 0 & 1 & 0 & 1 \\ 0 & 0 & 0 & 0 & 0 \\ 1 & 0 & 1 & 0 & 1 \\ 0 & 0 & 0 & 0 & 0 \\ 1 & 0 & 1 & 0 & 1 \end{bmatrix}$$

接下来，用卷积核对其进行一次卷积操作。需要注意的是，此时的卷积操作将默认 $S_{\text{kernel}} = 1$，我们设定的 $S_{\text{kernel}} = 2$ 只用于计算填充的 0 的个数，与此时的卷积 S_{kernel} 无关。在进行卷积操作前，需要判断填充后的值，将其作为输入来计算输出的尺寸。因为我们已经设定 Padding $=$ "SAME"，所以，根据卷积公式，得到输出的尺寸为 5×5。

如果设置输出的尺寸为 5×5，就可以使计算的输出尺寸与设置的输出尺寸相同，如图 3.9(a) 所示，输出为

$$\begin{bmatrix} 1 & 2 & 1 & 2 & 1 \\ 2 & 4 & 2 & 4 & 2 \\ 1 & 2 & 1 & 2 & 1 \\ 2 & 4 & 2 & 4 & 2 \\ 1 & 2 & 1 & 2 & 1 \end{bmatrix}$$

如果设置输出的尺寸为 6×6，就可以使计算的输出尺寸比设置的输出尺寸小且宽和高各相差 1（还需要对输入的左列和上行填充 0），如图 3.9(b) 所示，输出为

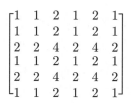

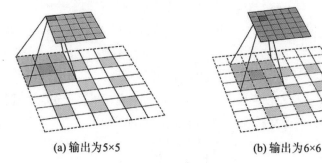

(a) 输出为5×5   (b) 输出为6×6

图 3.9 反卷积计算

3.4 感受野

感受野是卷积神经网络中非常重要的一个概念。了解感受野，对学习目标检测算法有非常大的帮助。在卷积神经网络中，某层输出结果中的一个元素所对应的输入层的区域称作感受野（receptive field），通俗地解释，就是特征图上的一个点所对应的输入层中的区域。

卷积层与感受野的对应关系，如图 3.10 所示，采用 3×3 的卷积核，扩充值为 1，步长为 2。如图 3.10(a) 所示，对 5×5 的输入进行卷积操作，生成 3×3 的绿色特征图。如图 3.10(b) 所示，采用 3×3 的卷积核，扩充值为 1，步长为 2，得到 2×2 的橙色特征图。如图 3.10(c) 和图 3.10(d) 所示，在特征图大小固定的情况下，分别通过与图 3.10(a) 和图 3.10(b) 相同的运算，得到绿色和橙色的特征图。

感受野的计算公式为 $r_{\text{out}} = r_{\text{in}} + (k-1) \times j_{\text{in}}$。这里的 r_{in} 表示输入特征图的感受野的大小，k 表示卷积核的大小，j_{in} 表示两个连续的特征之间的距离，$j_{\text{out}} = j_{\text{in}} \times \text{stride}$。使用该公式计算绿色特征图上感受野的大小，将结果代入公式，$r_{\text{out}} = 1 + (3-1) \times 1 = 3$。同样，可以使用该公式计算橙色特征图上感受野的大小。我们已经得到绿色特征图的 $r_{\text{in}} = 3$、$j = 2$、$k = 3$，将它们代入公式，$r_{\text{out}} = 3 + (3-1) \times 2 = 7$。

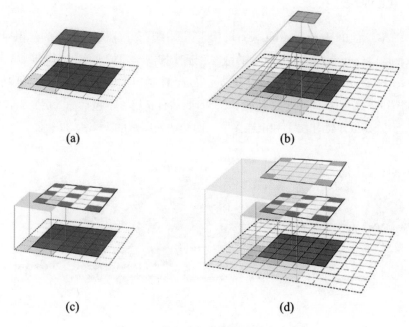

(a)   (b)

(c)   (d)

图 3.10　卷积层与感受野的对应关系

可以发现，感受野的计算是一个递推过程，我们可以通过前一层的感受野及对应的卷积核参数来计算当前层的感受野的大小，即 $r_n = f(k, r_{n-1}, j_{n-1})$。$f$ 就是刚刚提到的计算公式，所需参数包括卷积核的大小 k、上一层感受野的大小 r_{n-1}、上一层的跳跃间隔 j_{n-1}。

3.5　卷积神经网络实例

本节将介绍六种典型的卷积神经网络，包括 LeNet-5、AlexNet、VGGNet、GoogLeNet、ResNet、MobileNet。LeNet 是最早被提出的卷积神经网络，用于手写体数字分类。AlexNet 在 2012 年的 ImageNet 图像分类大赛上首次被公开，引领了深度学习的又一个热潮。VGGNet 是在 ResNet 出现之前使用最普通的卷积神经网络，被广泛应用于图像分类和目标检测领域。GoogLeNet 提出了一系列上采样方法，是 ResNet 之后一系列网络的算法基础。ResNet 被证明是目前通用性最好、效率最高的目标检测基础网络。MobileNet 是针对嵌入式硬件平台提出的一种轻量级深度神经网络。

3.5.1 LeNet-5

LeNet-5 是由 Yann LeCun 设计的用于识别手写和机器打印字符的卷积神经网络。Yann LeCun 在 1998 年发表的论文《基于梯度学习的文本识别》（*Gradient-based learning applied to document recognition*）中提出了该模型，并给出了对该模型网络架构的介绍。如图 3.11 所示，LeNet-5 共有 7 层（不包括输入层），包括卷积层、下采样层（池化层）和全连接层，而其输入图像的大小为 32×32。

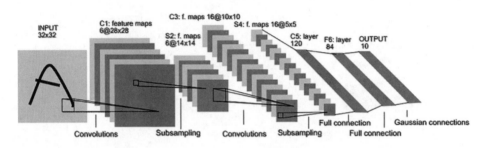

图 3.11　LeNet-5 网络架构

1. C1 层（卷积层）

C1 层采用卷积层对输入的图像进行特征提取，利用 6 个 5×5 的卷积核生成 6 个特征图（feature map）。其步长为 1 且不使用扩充值，因此卷积后的特征图尺寸为 28×28。一个卷积核拥有的可训练参数的个数为 $5 \times 5 + 1 = 26$，其中 1 为偏置参数。整个 C1 层的可训练参数的个数为 $(5 \times 5 + 1) \times 6 = 156$。

2. S2 层（下采样层）

下采样（subsampling）层主要对特征进行降维处理，效果与池化相同。S2 层使用 2×2 的滤波器池化 C1 层的特征图，因此将生成 6 个尺寸为 14×14 的特征图。在计算时，将滤波器中的 4 个值相加，然后乘以可训练权值参数 w，再加上偏置参数 b，最后通过 sigmoid 函数形成新的值。

S2 层的每个特征图中都有两个可训练参数，一个是权值参数，另一个是偏置参数，因此该层共有 $2 \times 6 = 12$ 个参数。

3. C3 层（卷积层）

C3 层有 16 个大小为 5×5 的卷积核，步长为 1 且不填充边界。C3 层将 S2 层中 6 个 14×14 的特征图卷积成 16 个 10×10 的特征图。值得注意的是，S2 层与

C3 层的卷积核并不是全连接的，而是部分连接的。

如图 3.12 所示，LeNet 的作者 Yann LeCun 给出了他所使用的一套连接组合，行代表 C3 层中的卷积核，列代表 S2 层中的特征图。第 1 列表示 C3 层中的 0 号卷积核与 S2 层中的 0 号、1 号、2 号特征图相连。用 3 个卷积核分别与 S2 层中的 0 号、1 号、2 号特征图进行卷积操作，然后将卷积结果相加，再加上一个偏置值，最后通过 sigmoid 函数得出卷积后对应的特征图。在图 3.12 中，3 个特征图一组的有 6 个，4 个特征图一组的有 9 个，6 个特征图一组的有 1 个，因此，C3 层参数的个数为 $(5 \times 5 \times 3 + 1) \times 6 + (5 \times 5 \times 4 + 1) \times 9 + (5 \times 5 \times 6 + 1) = 1516$。LeNet 希望通过不同的卷积核与特征图的组合，迫使 C3 层生成的特征图有所区别。

	0	1	2	3	4	5	6	7	8	9	10	11	12	13	14	15
0	X				X	X	X			X	X	X	X		X	X
1	X	X				X	X	X			X	X	X	X		X
2	X	X	X				X	X	X			X		X	X	X
3		X	X	X			X	X	X	X			X		X	X
4			X	X	X			X	X	X	X		X	X		X
5				X	X	X			X	X	X	X		X	X	X

图 3.12　S2 层特征图与 C3 层卷积核连接的组合

4. S4 层（下采样层）

S4 层的滤波器与 S2 层的滤波器相似，也是 2×2 的，所以，S4 层的特征图池化后，将生成 16 个 5×5 的特征图。S4 层参数的个数为 $2 \times 16 = 32$。

5. C5 层（卷积层）

C5 层有 120 个 5×5 的卷积核，将生成 120 个 1×1 的特征图，与 S4 层是全连接的。C5 层参数的个数不能参照 C1 层来计算，而要参照 C3 层来计算，且此时是没有组合的，因此，该层参数的个数应该是 $(5 \times 5 \times 16 + 1) \times 120 = 48120$。

6. F6 层（全连接层）

F6 层有 84 个单元，单元的个数与输出层的设计有关。该层作为典型的神经网络层，对每个单元都计算输入向量与权值参数的点积并加上偏置参数，然后传给 sigmoid 函数，产生该单元的一个状态并传递到输出层。在这里，将输出作为输出层中的径向基函数（RBF，见式 3.6）的初始参数，用于识别完整的 ASCII 字符集。C5 层有 120 个单元；F6 层有 84 个单元，每个单元都将容纳 120 个单元的计算结果。因此，F6 层参数的个数为 $(120 + 1) \times 84 = 10164$。

$$y_i = \sum_j (x_j - w_{ij})^2 \qquad \text{（式 3.6）}$$

7. OUTPUT 层（输出层）

OUTPUT 层是全连接层，共有 10 个单元，代表数字 0～9。利用径向基函数，将 F6 层 84 个单元的输出作为节点 i（i 的取值为 0～9）的输入 x_j（j 的取值为 0～83），计算欧氏距离 y_i。距离越近，结果就越小，意味着所识别的样本越符合该节点代表的字符。由于该层是全连接层，所以，参数的个数为 $84 \times 10 = 840$。

3.5.2　AlexNet

AlexNet 是由 2012 年 ImageNet 竞赛参赛者 Hinton 和他的学生 Alex Krizhevsky 设计的。AlexNet 在当年获得 ImageNet 图像分类大赛的冠军，使 CNN 成为图像分类问题的核心算法模型，同时引发了神经网络的应用热潮。

1. AlexNet 的创新

作为具有历史意义的网络结构，AlexNet 包含以下方面的创新。

（1）非线性激活函数 ReLU

在 AlexNet 出现之前，sigmoid 是最为常用的非线性激活函数。sigmoid 函数能够把输入的连续实值压缩到 0 和 1 之间。但是，它的缺点也非常明显：当输入值非常大或者非常小的时候会出现饱和现象，即神经元的梯度接近 0，因此存在梯度消失问题。为了解决这个问题，AlexNet 使用 ReLU 作为激活函数。

ReLU 函数的表达式为 $F(x) = \max(0, x)$。若输入小于 0，那么输出为 0；若输入大于 0，那么输出等于输入。由于导数始终是 1，所以计算量有所减少，且 AlexNet 的作者在实验中证明了，ReLU 函数的收敛速度要比 sigmoid 函数和 tanh 函数快。

（2）局部响应归一化

局部响应归一化（local response normalization，LRN）的思想来源于生物学中的"侧抑制"，是指被激活的神经元会抑制与其相邻的神经元。采用 LRN 的目的是将数据分布调整到合理的范围内，便于计算处理，从而提高泛化能力。虽然

ReLU 函数对较大的值也有很好的处理效果，但 AlexNet 的作者仍然采用了 LRN 的方式。式 3.7 是 Hinton 在有关 AlexNet 的论文中给出的局部响应归一化公式。

$$b_{x,y}^i = \frac{a_{x,y}^i}{\left(k+\alpha\sum_{j=\max(0,i-n/2)}^{\min(N-1,i+n/2)}\left(a_{x,y}^j\right)^2\right)^\beta} \qquad （式 3.7）$$

$a_{x,y}^i$ 表示第 i 个卷积核在 (x,y) 处经卷积、池化、ReLU 函数计算后的输出，相当于该卷积核提取的局部特征；N 表示这一层的卷积核总数；n 表示在同一位置的邻近卷积核的个数，是预先设定的；k、α、β 均为超参数。假设 $N = 20$，超参数和 n 按照论文中的设定，分别为 $k = 2$、$\alpha = 10^{-4}$、$\beta = 0.75$、$n = 5$。第 5 个卷积核在 (x,y) 处提取了特征 $a_{x,y}^5$，$\sum_{j=\max(0,i-n/2)}^{\min(N-1,i+n/2)}$ 的作用就是以第 5 个卷积核为中心，选取前后各 $\frac{5}{2} \approx 2$ 个（取整，因此 n 所指个数包含中心卷积核）卷积核，故有 max = 3 和 min = 7，卷积核的个数就是 3、4、5、6、7。

通过式 3.7，我们对局部响应归一化的理解会进一步加深。式 3.7 的存在，使得每个局部特征最后都会被缩小（只是缩小的比例不同），相当于进行了范围控制。一旦在某个卷积核周围提取的特征比它自己提取的特征的值大，那么该卷积核提取的特征就会被缩小。反之，如果在某个卷积核周围提取的特征比它自己提取的特征的值小，那么该卷积核提取的特征被缩小的比例就会变小，最终的值与周围的卷积核提取的特征值相比就显得比较大了。

（3）dropout

dropout 通过设置好的概率随机将某个隐层神经元的输出设置为 0，因此，这个神经元将不参与前向传播和反向传播，在下一次迭代中会根据概率重新将某个神经元的输出置 0。这样一来，在每次迭代中都能够使用不同的网络结构，通过组合多个模型的方式有效地减少过拟合。

（4）多 GPU 训练

单个 GPU 的内存限制了网络的训练规模。采用多 GPU 协同训练，可以大大提高 AlexNet 的训练速度。

2. AlexNet 的结构

下面介绍 AlexNet 的结构。如图 3.13 所示，由于采用双 GPU 协同训练，所以该网络结构图分为上下两部分，且两个 GPU 只在特定的层内通信。该模型一共分为 8 层，包括 5 个卷积层和 3 个全连接层，每个卷积层都包含激活函数 ReLU、池化和 LRN 处理。

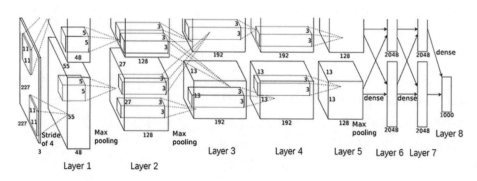

图 3.13　AlexNet 的结构

（1）Layer 1（卷积层）

Layer 1 接收 $227 \times 227 \times 3$（R、G、B 三个通道）的输入图像，使用 96 个大小为 $11 \times 11 \times 3$ 的卷积核进行特征提取，步长为 1，扩充值为 0，通过式 3.1 可以得到输出特征图的尺寸。由于使用了双 GPU，所以图 3.13 中的每个 GPU 处理的卷积核的数量均为 48 个。卷积后，得到大小为 $55 \times 55 \times 96$ 的特征图。

对得到的特征图，使用 ReLU 函数将它的值限定在合适的范围内，然后使用 3×3 的滤波器进行步长为 2 的池化操作，得到 $27 \times 27 \times 96$ 的特征图。最后，进行归一化处理，规模不变。

（2）Layer 2（卷积层）

Layer 2 与 Layer 1 相似，它接收 Layer 1 输出的 $27 \times 27 \times 96$ 的特征图，采用 256 个 $5 \times 5 \times 96$ 的卷积核，步长为 1，扩充值为 2，边缘用 0 填充，生成 $27 \times 27 \times 256$ 的特征图。紧随其后的是与 Layer 1 相同的 ReLU 函数和池化操作，最后进行归一化处理。

（3）Layer 3（卷积层）与 Layer 4（卷积层）

Layer 3 和 Layer 4 也采用了卷积层，但只进行卷积和 ReLU 操作，不进行池化和归一化操作。Layer 3 的每个 GPU 都有 192 个卷积核，每个卷积核的尺寸是 $3 \times 3 \times 256$，步长为 1，扩充值为 1，边缘用 0 填充。最终，每个 GPU 都生成 192 个 13×13 的特征图。

Layer 4 与 Layer 3 的区别在于卷积核的尺寸不同。Layer 4 不像 Layer 3 那样接收前一层所有 GPU 的输出，而只接收其自在所在 GPU 的输出。因此，Layer 4 的卷积核的尺寸为 $3 \times 3 \times 192$，每个 GPU 都有 192 个卷积核。

与 Layer 3 相同的是，Layer 4 仍然进行扩充值为 1 的 0 填充，且步长为 1。最终，Layer 4 的每个 GPU 都生成 192 个 13×13 的特征图。卷积后，这两个层都会由 ReLU 函数进行处理。

（4）Layer 5（卷积层）

Layer 5 会依次进行卷积、ReLU 和池化操作，但不进行归一化操作。该层中的每个 GPU 都接收本 GPU 中 Layer 4 的输出，每个 GPU 使用 128 个 $3 \times 3 \times 192$ 的卷积核，步长为 1，使用扩充值为 1 的 0 填充，各自生成 128 个 13×13 的特征图，然后进行池化操作。池化尺寸为 3×3，步长为 2，最终生成 $6 \times 6 \times 128$ 的特征图（两个 GPU，共 256 个）。

（5）Layer 6（全连接层）

从 Layer 6 开始的网络层均为全连接层。Layer 6 仍然按 GPU 进行卷积，每个 GPU 使用 2048 个 $6 \times 6 \times 256$ 的卷积核，这意味着该层中的每个 GPU 都会接收前一层中两个 GPU 的输出。卷积后，每个 GPU 都会生成 2048 个 1×1 的特征图。最后，进行 ReLU 和 dropout 操作，两个 GPU 共输出 4096 个值。

（6）Layer 7（全连接层）

Layer 7 与 Layer 6 相似，与 Layer 6 进行全连接，在进行 ReLU 和 dropout 操作后，共输出 4096 个值。

（7）Layer 8 全连接层

Layer 8 只进行全连接操作，且该层拥有 1000 个神经元，最终输出 1000 个 float 型的值（该值就是预测结果）。

3.5.3 VGGNet

VGGNet 由牛津大学计算机视觉组和谷歌旗下 DeepMind 团队的研究员共同研发并提出，获得了 2014 年 ImageNet 图像分类大赛的第二名。可以将 VGGNet 看成加深版的 AlexNet。VGGNet 由卷积层、全连接层两部分构成。

1. VGGNet 的优点

（1）结构简洁

VGGNet 由 5 个卷积层、3 个全连接层和 1 个 softmax 层构成，层与层之间使用最大池化连接，隐层之间使用的激活函数均为 ReLU。

（2）使用小卷积核和多卷积子层

VGGNet 使用含有多个小型的 3×3 卷积核的卷积层来代替卷积核较大的卷积层。VGGNet 的作者提出，2 个 3×3 卷积核堆叠的感受野相当于一个 5×5 卷积核的感受野，而 3 个 3×3 卷积核堆叠的感受野相当于一个 7×7 卷积核的感受野，因此，采用多个小型卷积核，能够减少参数数量、增强非线性映射并提高网络表达能力。

（3）使用小滤波器

与 AlexNet 相比，VGGNet 在池化层全部采用 2×2 的小滤波器。

（4）通道数较多

VGGNet 的第一层有 64 个通道，后面的每一层都进行了翻倍，最多有 512 个通道，因此能够提取的信息较多。

（5）将全连接层转换为卷积层

这一特征体现在 VGGNet 的测试阶段。在进行测试时，将训练阶段的 3 个全连接层替换为 3 个卷积层，使测试得到的网络没有全连接的限制，能够接收任意宽和高的输入，极大地方便了测试工作。

2. VGG16 网络的结构

VGGNet 包括 VGG16 和 VGG19，即分别包含 16 层和 19 层的网络。由于 VGG16 和 VGG 19 的后三层（全连接层）完全一致，所以在这里以 VGG16 为例讲解，如图 3.14 所示。VGGNet 在替换了 AlexNet 的大卷积核的基础上，增加了新的卷积层。VGGNet 将卷积层分为五部分，在图 3.14 中分别用 ①、②、③、④、⑤ 进行标注。VGG16 与 VGG19 的区别在于，VGG16 在 ③、④、⑤ 部分分别增加了一个 3×3 的卷积层（后三层全连接层并无区别）。

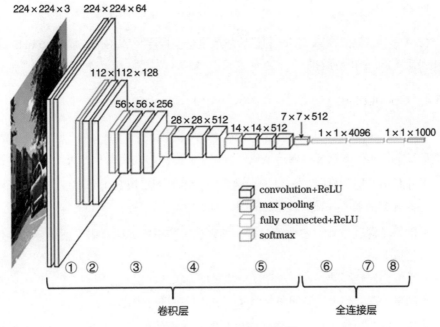

图 3.14　VGG16 网络的结构

（1）卷积层

在卷积层中，为了便于计算，均使用扩充值为 1 的 0 填充。如图 3.14 ① 部分所示，输入 $224 \times 224 \times 3$ 的图像。使用 64 个 3×3 且扩充值为 1 的卷积核，后接一个 ReLU 函数，经过第一次堆叠的卷积，输出 $224 \times 224 \times 64$ 的特征图。接着，采用 2×2 的滤波器进行池化处理，因此，输出的特征图的尺寸为 $112 \times 112 \times 64$。

如图 3.14 ② 部分所示，使用 128 个 3×3 的卷积核对特征图进行卷积和 ReLU 操作，生成 $112 \times 112 \times 128$ 的特征图。池化操作同样使用 2×2 的滤波器，从而将尺寸改为 $56 \times 56 \times 128$。

如图 3.14 ③、④、⑤ 部分所示，使用 3 个堆叠的 3×3 卷积核，使感受野扩大。图 3.14 ③ 部分使用 3 层卷积核依次进行卷积操作，每层使用 256 个 3×3 的卷积核，输出 $56 \times 56 \times 256$ 的特征图。在进行池化时，使用 2×2 的滤波器将尺寸变为 $28 \times 28 \times 256$。同理，图 3.14 ④ 部分在池化后的输出尺寸为 $14 \times 14 \times 512$，图 3.14 ⑤ 部分的输出尺寸为 $7 \times 7 \times 512$。

（2）全连接层

与 AlexNet 类似，VGGNet 的最后三层是全连接层。VGGNet 通过 softmax 层输出最后 1000 个预测结果。

3.5.4　GoogLeNet

GoogLeNet 在 2014 年 ImageNet 图像分类大赛中获得了第一名，更少的参数和更高的性能使它大放光彩，而这些成就得益于它新颖的性能提升方法。

提升网络性能的常规方法是增加网络的深度（网络层数）和宽度（神经元数量），但这会带来一些难以避免的问题，列举如下。

- 网络越深、越宽，参数就越多。如果训练集中的数据有限，就很容易导致过拟合。
- 网络会比较臃肿，计算复杂度会随之增大，从而很难应用。
- 网络越深，梯度消失问题越明显，也就越难进行优化。

要解决这些问题，可以在增加网络深度和宽度的同时，想办法减少参数的数量。因此，可以考虑将全连接变成稀疏连接（这样做能够减少参数的数量）。然而，在实现时，将全连接变成稀疏连接后，计算量并没有得到很好的优化，主要原因是：大部分硬件是针对密集矩阵的计算进行优化的；稀疏矩阵虽然数据量较少，但计算耗时较长。

对于上述缺陷，大量文献表明，可以通过将稀疏矩阵聚类为较为密集的子矩阵来提高计算性能，从而在保持稀疏性的同时保持较高的计算性能。GoogLeNet 团队据此提出了 Inception 网络结构，通过构造"基础神经元"来搭建稀疏的、具有高计算性能的网络结构。

GoogLeNet 共有四个版本，其区别主要体现在 Inception 的改进上，每个版本的 Inception 都在前一版的基础上有所完善。

1．Inception v1

Inception 提出了 concatenation 方法，如图 3.15 所示，使用不同大小的卷积核得到不同尺寸的特征并将其融合。卷积核使用 1、3、5 的目的是方便对齐。设定步长为 1，对三个尺寸的卷积核分别填充 0、1、2，对池化操作填充 1，通过 concatenation 方法即可实现相同尺寸特征图的堆叠（尺寸相同，通道相加）。

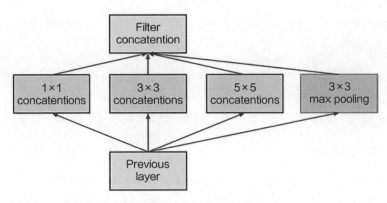

图 3.15　concatenation 方法

然而，这种结构仍不理想，计算量的问题没有得到很好的改善。对 5×5 的卷积核来说，假设对 $100 \times 100 \times 128$ 的输入，使用 256 个 5×5 的卷积核进行卷积操作，则参数的个数为 $(128 \times 5 \times 5 + 1) \times 256 = 819456$。如果在使用 5×5 的卷积核进行卷积之前，使用 32 个 1×1 的卷积核进行卷积操作，步长为 1，扩充值为 0，得到的将是 32 个 100×100 的特征图，再与 256 个 5×5 的卷积核进行卷积操作，参数个数为 $(128 \times 1 \times 1 + 1) \times 32 + (32 \times 5 \times 5 + 1) \times 256 = 209184$。如图 3.16 所示，整个过程中参数的数量大大减少了，Inception v1 便是以此为基础得到的。

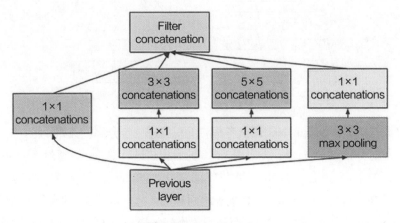

图 3.16　Inception v1

有了前面的基础，相信读者很容易就能理解 Inception v1 的网络结构了。这里不再展开介绍，只简单归纳 Inception v1 的特性，具体如下。

- GoogLeNet 采用模块化结构，组合拼接 Inception 结构，便于调整。

- 网络采用平均池化和全连接层的组合。实验证明，这样做可以将准确率提高 0.6%。
- 为了避免出现梯度消失的情况，网络额外增加了两个辅助 softmax 函数，目的是增强反向传播的梯度。在训练时，它们产生的损失会被加权到网络的总损失中；在测试时，它们不参与分类工作。

2. Inception v2

GoogLeNet 团队在 Inception v1 的基础上，提出了卷积核分解和特征图尺寸缩减两种优化方法。由于较大的卷积核尺寸可以带来较大的感受野，但同时会带来更多的参数和计算量，GoogLeNet 团队提出了用两个连续的 3×3 卷积核代替一个 5×5 卷积核，在保持感受野大小的同时减少参数数量的方法。

如图 3.17 所示，第一个 3×3 的卷积核通过卷积，得到一个 3×3 的特征图，然后通过一个 3×3 的卷积核产生一个 1×1 的特征图，输出尺寸与通过一个 5×5 的卷积核得到的相同，且参数的数量有所减少。大量实验证明，这种替换不会造成表达缺失。

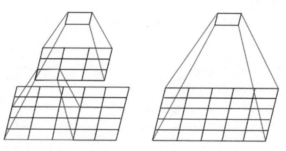

图 3.17　两个连续的 3×3 卷积核与一个 5×5 卷积核

在此基础上，GoogLeNet 团队考虑将卷积核进一步分解。例如，将 3×3 的卷积核分解，如图 3.18 所示，先采用 1×3 的卷积核进行卷积，再通过 3×1 的卷积核进行二次卷积，最终的输出尺寸与使用一个 3×3 的卷积核相同，且参数的数量有所减少。所以，一个 $n \times n$ 的卷积核可以由 $1 \times n$ 和 $n \times 1$ 的卷积核的组合代替。GoogLeNet 团队发现，在网络低层使用这种方法的效果并不好，而在中等大小的特征图上使用这种方法的效果比较好（建议在第 12 层到第 20 层使用）。

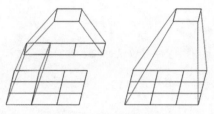

图 3.18　分解卷积核

缩减特征图尺寸的两种方式，分别如图 3.19(a)、图 3.19(b) 所示：先进行池化操作，再做 Inception 卷积；先做 Inception 卷积，再进行池化操作。然而，这两种方式都有弊端：如图 3.19(a) 所示，采用先池化、再卷积的方式，很可能会丢失部分特征；如图 3.19(b) 所示，采用先卷积、再池化的方式，计算量会很大。为了在保持特征的同时降低计算量，GoogLeNet 团队让卷积操作与池化操作并行，如图 3.19(c) 所示，即先分开计算、再合并。

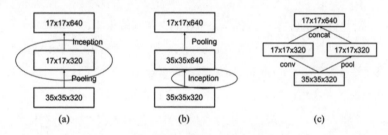

图 3.19　缩减特征图尺寸

3. Inception v3

Inception v3 在 Inception v2 的基础上提出了四种优化方案，列举如下。

（1）更新优化算法，用 RMSProp 代替 SGD

SGD 是一种比较单纯的算法，式 3.8 展示了其参数的更新方式。其中，θ_t 是 t 时刻的待优化参数，l 是学习率，g_t 是目标函数关于参数 θ 的梯度。

$$\theta_{t+1} = \theta_t - l \cdot g_t \qquad \text{（式 3.8）}$$

然而，学习率不应该是全局的，每个参数都应该有一个合适的学习率，从而使参数中那些梯度方向变化不大的维度加速更新。因此，RMSProp 算法增加了累积项，让历史梯度也能够以一定的权重参与学习率的变化。式 3.10 就是对式 3.9 进行改进的结果。γ 是超参数，通常设定为 0.9 或 0.5。ν_t 是 0 到 $t-1$ 时刻的梯度累积。

$$\theta_{t+1} = \theta_t - \frac{l}{\sqrt{\gamma \cdot \nu_t + (1-\gamma) \cdot g_t{}^2}} \cdot g_t \qquad \text{（式 3.9）}$$

$$\nu_t = \gamma \cdot \nu_{t-1} + (1-\gamma) \cdot g_{t-1}{}^2 \qquad \text{（式 3.10）}$$

（2）通过标签平滑进行模型正则化

通过模型得到的样本是包含标签的。在一般的模型训练中，都认为标签是正确的。不过，在少数情况下，标签有可能是错误的，而这会对模型的训练产生负影响。为了减小由标签错误产生的负影响，GoogLeNet 团队采用了标签平滑处理的方法。

样本的损失函数定义为如式 3.11 所示的交叉熵。对于某个类别，它的标签 $k \in \{0,1\}$、$p(k)$ 是模型对标签 k 计算得到的概率，$q(k)$ 是标签样本的真实分布。在标签正确的前提下，$q(k) = 1$。如果标签可能有错误，则 $q(k) < 1$。

$$l = -\sum_{k=1}^{K} \log(p(k)) \, q(k) \qquad \text{（式 3.11）}$$

标签平滑化针对标签样本的真实分布 $q(k)$，使其输出不再是纯粹的 1 或 0，而是接近 1 的 0.8 或 0.88、接近 0 的 0.1 或 0.11，从而实现了标签平滑化。假设有一个真实的标签 y，它使 $q(y) = 1$，而标签 k 的 $q(k) = 0$。对于这个表达，可以采用狄拉克函数 $\delta_{k,y}$ 来表示：当 $k = y$ 时，$\delta_{k,y} = 1$；否则，$\delta_{k,y} = 0$。

设定一个错误率 ϵ，表示某一标签有误的概率，因此有式 3.12。其中，$u(k)$ 表示固定分布，建议将其设置为标签的先验分布。GoogLeNet 团队采用了均匀分布，因此有式 3.13。

$$\acute{q}(k) = (1-\epsilon)\delta_{k,y} + \epsilon \cdot u(k) \qquad \text{（式 3.12）}$$

$$\acute{q}(k) = (1-\epsilon)\delta_{k,y} + \epsilon \cdot \frac{1}{K} \qquad \text{（式 3.13）}$$

若标签为真，那么 $(1-\epsilon)\delta_{k,y} = 1-\epsilon$。因为 ϵ 通常很小，所以 $\epsilon \cdot \frac{1}{K} \to 0$，最终使 $\acute{q}(k) \to 1$。当标签为假时，亦可推得 $\acute{q}(k) \to 0$。最后，用 $\acute{q}(k)$ 代替 $q(k)$，得到式 3.14，实现了标签平滑化，从而避免了过拟合的出现和模型适应能力的降低。

$$l = -\sum_{k=1}^{K} \log(p(k)) \, \acute{q}(k) \qquad \text{（式 3.14）}$$

（3）卷积核分解

与 Inception v2 的卷积核分解同理，Inception v3 将 7×7 的卷积核分解为 3 个 3×3 的卷积核。

（4）在辅助分类器的全连接层后添加批标准化操作

在网络训练过程中，某一层参数的更新，会使其后面的层的输入分布发生变化，即低层微小的变化会被高层累积、放大。然而，当网络中某层的参数发生变化时，会使得该层输出数据的分布发生变化，这就意味着，下一层的输入分布会发生变化，从而迫使下一层要学习和适应新的分布。如果这样的变化过程一直持续，就会对收敛速度产生影响。

批标准化就是为了解决这一问题而提出的。通过采样小批数据，在某个神经元的输入中对该小批数据进行归一化处理，将它们的分布调整成均值为 0、方差为 1 的标准正态分布。式 3.15 展示了其计算方法，该方法是针对每一层的每个神经元而言的。对某一层的某个神经元，$x^{(k)}$ 表示通过该神经元的第 k 条数据，μ 表示该神经元的平均输出，σ 表示该神经元的输出值的标准差。式 3.16 展示了 σ 的计算方式，其中 n 是采样的数据量，ϵ 是为了防止 $\sigma = 0$ 而设定的较小常量。

$$\hat{x}^{(k)} = \frac{x^{(k)} - \mu}{\sigma} \tag{式 3.15}$$

$$\sigma = \sqrt{\epsilon + \frac{1}{n} \sum_{k=1}^{n} (x^{(k)} - \mu)^2} \tag{式 3.16}$$

将输出分布调整为标准的正态分布，意味着可能会损失或者丢弃在某一层学到的特征。因此，在进行归一化调整后，需要还原特征分布，式 3.17 由此产生。其中，γ 和 β 是可学习的参数，每个神经元都有一个 γ 和一个 β。

$$y^{(k)} = \gamma \cdot \hat{x}^{(k)} + \beta \tag{式 3.17}$$

4. Inception v4

使用 Inception v4 搭建的 GoogLeNet，如图 3.20 所示。其中，Inception-A、Inception-B、Inception-C 是在 Inception v3 的基础上调整后得到的 Inception 模块。

残差网络在大放异彩的同时，吸引了 GoogLeNet 团队的目光，其独特的连接方式被 GoogLeNet 团队应用到 Inception 中，如图 3.21 所示。GoogLeNet 团队在对残差模块进行优化时，将第一个卷积更新为一个 1×1 的卷积，这符合 Inception 最初的设计思路。

因此，在 Inception v4 的基础上引入含有残差连接的 Inception 模块，就形成了 Inception-ResNet-v1 和 Inception-ResNet-v2，分别如图 3.22 和图 3.23 所示。其中，Reduction 不变，其他模块都采用了残差连接。

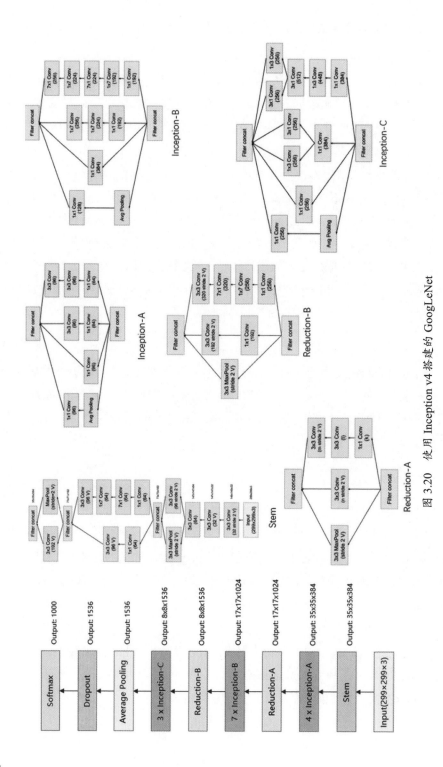

图 3.20 使用 Inception v4 搭建的 GoogLeNet

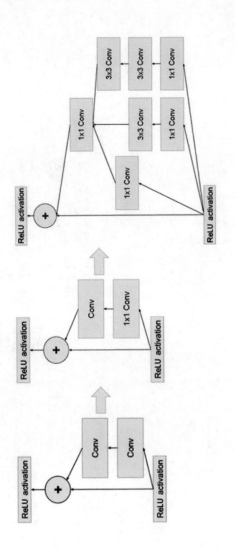

图 3.21　优化残差连接并将其引入 Inception

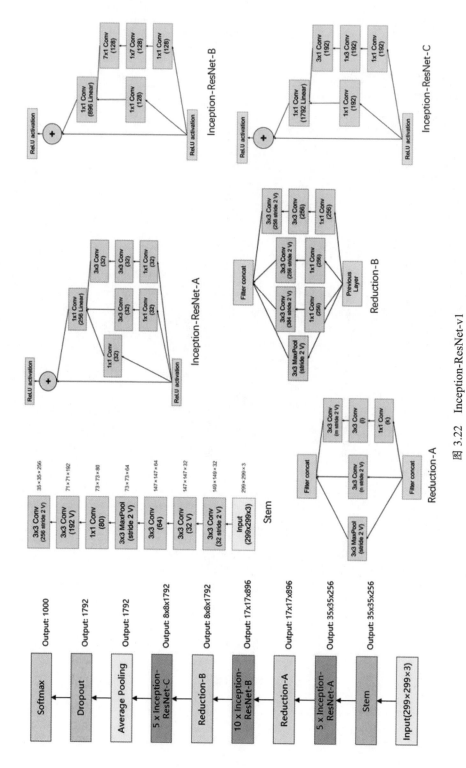

图 3.22　Inception-ResNet-v1

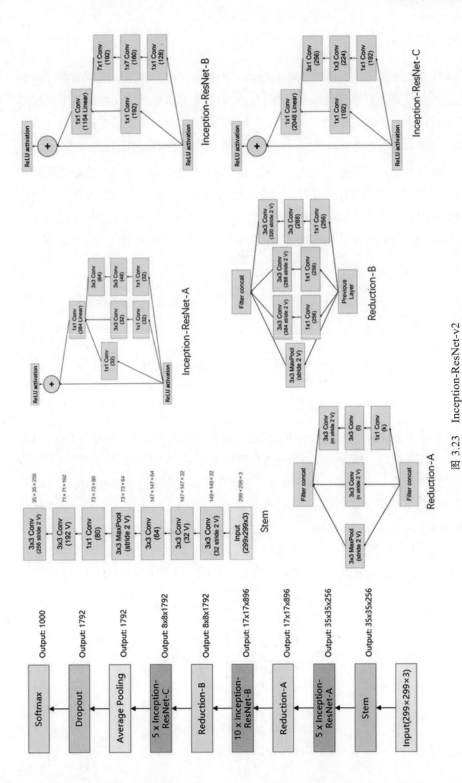

图 3.23　Inception-ResNet-v2

3.5.5 ResNet

深度卷积神经网络是图像分类领域的一个重大突破。深层网络希望通过增加网络层数来提高对样本特征的提取能力，然而事实并非如此。实验证明了深层网络的退化问题：随着网络的加深，模型的精确性会有所提升，但在达到饱和后，模型的精确性会迅速下降。然而，这种退化并不是由过拟合造成的。

ResNet 团队通过实验对此进行了验证，如图 3.24 所示。当迭代次数相同时，20 层网络的误差率明显比 56 层网络的误差率低。也就是说，当网络很深时，模型的效果反而变差了。尽管现今的技术（例如 batch normalization）能够很好地缓解深层网络梯度消失或者爆炸的问题，但在深层的模型中还是出现了退化的情况。

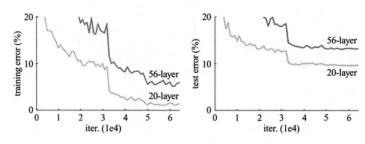

图 3.24　CIFAR-10 数据集上的训练误差（左）和测试误差（右）

为了解决这一问题，ResNet 团队提出了深度残差学习框架。如图 3.25 所示，对于一个浅层模型，输入为 x，其经过浅层模型学习后输出的目标值为 $H(x)$。如果最终目的是使 $x = H(x)$，就意味着该浅层模型只是简单地对其进行传递，而不进行运算，在深度增加的同时不会影响误差。于是，ResNet 提出了另一个映射：$H(x) = F(x) + x$。在实际连接中，使用 shortcut connection 跨层传输 x，使其作为初始参数参与计算；层数不一定为 2 层，可以是 3 层甚至多层。该方法带来的好处是，可以通过残差单元跳层连接，使梯度能够绕过若干层到达输入层。

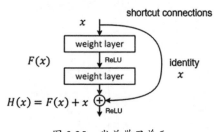

图 3.25　残差学习单元

3.5.6　MobileNet

嵌入式平台的硬件条件限制了神经网络在其上的性能。面对这一问题，谷歌针对手机等嵌入式设备，提出了一种轻量级深度神经网络——MobileNet。

1. 深度可分解卷积

MobileNet 的设计目的是构建一个轻量级的深度神经网络，从而有效减少计算量（其目标之一），缩小模型的"体积"。

对于深度可分解卷积，D_K 表示卷积核的尺寸，M 表示卷积核的通道数，N 表示卷积核的个数，D_F 表示输出的特征图的尺寸，如图 3.26 所示。

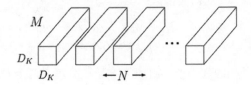

(a) Standard Convolution Filters

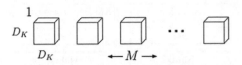

(b) Depthwise Convolutional Filters

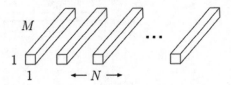

(c) 1 × 1 Convolutional Filters called Pointwise Convolution in the context of Depthwise Separable Convolution

图 3.26　深度可分解卷积

图 3.26(a) 表示标准的卷积核。在该情况下，卷积核一般表示为 $D_K \times D_K \times M \times N$，相应的计算量是 $D_K \times D_K \times M \times N \times D_F \times D_F$。

深度可分解卷积将标准的卷积分解为如下两步。

（1）深度卷积（depthwise convolutions）

如图 3.26(b) 所示，将一个卷积核按通道分解，尺寸不变。此时，卷积核可表示为 $D_K \times D_K \times 1 \times M$，相应的计算量是 $D_K \times D_K \times M \times D_F \times D_F$。

（2）点卷积（pointwise convolutions）

如图 3.26(c) 所示，采用 $1 \times 1 \times M \times N$ 的卷积核，对通过深度卷积得到的结果进行卷积，相应的计算量是 $M \times N \times D_F \times D_F$。因此，深度可分解卷积的计算量是 $D_K \times D_K \times M \times D_F \times D_F + M \times N \times D_F \times D_F$。

将它们与标准卷积的计算量进行比较，如式 3.18 所示，计算量得以减少。实验证明，这种减少是合理、有效的。

$$\frac{D_K \times D_K \times M \times D_F \times D_F + M \times N \times D_F \times D_F}{D_K \times D_K \times M \times D_F \times D_F} = \frac{1}{N} + \frac{1}{D_K^2} \qquad （式 3.18）$$

在深度可分解卷积的基础上，将原标准卷积分解成两个卷积，在每个卷积后进行 batch normalization 和 ReLU 处理，就构成了 MobileNet v1，如图 3.27 所示。

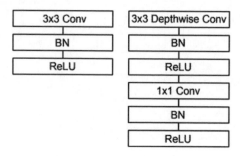

图 3.27　MobileNet v1

2. MobileNet v2

MobileNet v2 在 MobileNet v1 的基础上进行了以下两方面的改进。

- 提出了反向残差（inverted residual）结构。与 MobileNet v1 先做深度卷积、后做点卷积相比，MobileNet v2 先做点卷积、后做深度卷积，最后再做一次点卷积，如图 3.28 所示。
- 在每个块的最后一层的激活函数中，用 Linear 卷积代替卷积与 ReLU 函数的组合。

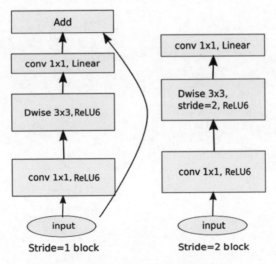

图 3.28　不同步长所对应的 MobileNet v2

3.6　小结

本章介绍了卷积层和池化层的运算。我们在卷积神经网络中通常会采用下采样卷积——valid 卷积，因此本章介绍了卷积的扩展，即上采样卷积（full 卷积）和尺寸不变卷积（same 卷积）。此外，本章介绍的感受野在目标检测网络中也是一个非常重要的概念，它指明了特征图与输入图像之间的映射关系。

进阶篇

本篇将详细介绍学术界流行的基于卷积神经网络的目标检测方法的设计思想和实现细节。第 4 章主要介绍两阶段目标检测方法，包括 R-CNN、SPP-Net、Fast R-CNN、Faster R-CNN、R-FCN 和 Mask R-CNN。第 5 章主要介绍单阶段目标检测方法，包括 SDD、RetinaNet、RefineDet 和 YOLO。

第 4 章　两阶段目标检测方法

基于卷积神经网络的目标检测方法，依据检测速度可以分为两阶段目标检测和单阶段目标检测。两阶段目标检测通常先做建议框粗修与背景剔除，然后执行建议框分类和边界框回归；单阶段目标检测则将这两个过程融合在一起，采用了"锚点+分类精修"的实现框架。

相对于两阶段目标检测和单阶段目标检测，还有一种分类方法可用于进行目标检测，即端到端检测和非端到端检测。端到端检测是指通过一个神经网络完成从特征提取到边界框回归和分类的整个过程，例如 Faster R-CNN 和 R-FCN。非端到端检测则将神经网络与选择性搜索（selective search）建议框生成等方法结合使用，代表方法有 R-CNN 和 Fast R-CNN。目前，单阶段目标检测都采用端到端检测方法。

4.1　R-CNN[1]

在计算机视觉领域，建立图像的特征表达是一个研究重点。在基于区域卷积神经网络的目标检测模型（regions with CNN features，R-CNN）问世之前的十数年里，大部分的视觉识别任务都是用尺寸不变特征变换（scale invariant feature transform，SIFT）算法或方向梯度直方图（histogram of oriented gradient，HOG）提取特征的。当 CNN 在 2012 年的 ILSVRC 图像分类项目中大放异彩时，研究人员注意到，CNN 能够学习到鲁棒性非常强且具有极强表达能力的特征。于是，在 2014 年，Girshick 等人提出了 R-CNN，而它也成了基于 CNN 的目标检测模型的开山之作。

4.1.1　算法流程

R-CNN 的算法流程，如图 4.1 所示。在一幅图像上进行目标检测时，R-CNN 首先使用 selective search 建议框提取方法，在图像中选取大约 2000 个建议框。接着，将每个建议框调整为同一尺寸（227 × 227）并送入 AlexNet 中提取特征，得到特征图。然后，对每个类别，使用该类别的 SVM 分类器对得到的所有特征向量打分，得到这幅图像中的所有建议框对应于每个类别的得分。

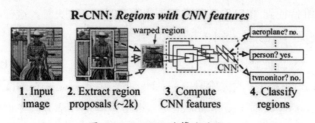

图 4.1　R-CNN 的算法流程

随后，同样在每个类别上独立地对建议框使用贪心的非极大值抑制的方法进行筛选，过滤 IoU[①]大于一个特定阈值的分类打分较低的建议框，并使用边界框回归的方法对建议框的位置与大小进行微调，使之对目标的包围更加精确，如图 4.2 所示。

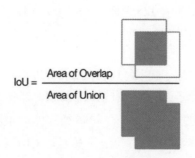

图 4.2　IoU 的定义

R-CNN 的重要贡献在于将深度学习引入目标检测，并将 Pascal VOC 2007 数据集上的 mAP 由之前最好的 35.1% 提升至 66.0%。在 R-CNN 之后，提出了 Fast R-CNN、Faster R-CNN 等改进模型，形成了 R-CNN 系列模型。

4.1.2　训练过程

下面详细介绍 R-CNN 算法的训练过程。

---

① IoU（intersection over union），两个区域的相交部分与两个区域的相并部分的比值。

1. 预训练与 CNN 参数调优

R-CNN 中使用的 AlexNet 是在 ILSVRC 2012 分类数据集上进行预训练的。在预训练过程中，AlexNet 的输入为 227×227 的 ILSVRC 训练集图像，输出的最后一层是 4096 维特征到 ILSVRC 分类数据集上 1000 类的映射。这样的预训练使得 AlexNet 在图像分类任务中获得了较强的特征提取能力。

为了使 CNN 适应新的任务和领域，预训练完成后，还需要在 Pascal VOC 数据集上进行参数调优。在调优阶段，AlexNet 的输入不再是完整的图像，而是被调整到 227×227 的建议框（使用 selective search 或其他外部方法在训练集图像上提取）。CNN 的输出也由原本包含 1000 个神经元的分类层变成一个随机初始化的包含 $N+1$ 个神经元的分类层，其中 N 代表类别个数，1 代表背景。对于 Pascal VOC 数据集，$N = 20$。

在训练数据中，正样本为与某一标定的真值边界框的 IoU 大于等于 0.5 的建议框，而负样本为与标定的真值边界框的 IoU 小于 0.5 的建议框。在进行 CNN 调优训练时，一个 mini-batch[①]中有 128 个样本（32 个为正样本，96 个为负样本）。

2. SVM 训练

在 R-CNN 中，CNN 用于提取特征，在对目标进行分类时使用的是 SVM 分类器。因为 SVM 是二分类器，所以，对于每个类别，都要训练一个 SVM 分类器。SVM 分类器的输入是经过 CNN 提取的 4096 维的特征向量，输出是属于该类别的得分。在训练时，正样本为标定的真值边界框经过 CNN 提取的特征向量，而负样本为与所有标定的真值边界框的 IoU 都小于 0.3 的建议框经过 CNN 提取的特征向量。因为负样本的数量非常多，所以，应采用标准难负样本挖掘（standard hard negative mining）的方法选取有代表性的负样本，即把每次检测结果为错误的情况作为难负样本（hard negative）送回去继续训练，直到模型的成绩不再提升为止。

此处选择负样本时 IoU 的阈值（0.3）与微调时 IoU 的阈值（0.5）并不相同。因为 CNN 在样本数量较少时容易发生过拟合，所以需要大量的训练数据，故在微调时不对 IoU 进行严格的限制。而 SVM 更适用于小样本训练，故对样本 IoU 的限制比较严格，同时能提高定位的准确度。

---

① mini-batch，批数据。一次一起训练 batch size 个样本，通过计算它们的平均损失函数的值来更新参数。

另外，R-CNN 使用 SVM 进行分类，而不使用 CNN 最后一层的 softmax 函数进行分类，原因是微调 CNN 和训练 SVM 时采用的正负样本的阈值不同。调优训练的正样本定义宽松，并不强调位置的精确性，SVM 正样本只有标定的真值边界框。调优训练的负样本是随机抽样的，而 SVM 的负样本是通过难负样本挖掘的方法筛选出来的。在将 SVM 作为分类器时，mAP 为 54.2%；在将 softmax 函数作为分类器时，mAP 为 50.9%。

3. 边界框回归

通过误差分析发现，会有如图 4.3 所示的定位误差出现。绿色框为标定的真值目标边界框，红色框为提取的建议框。即使红色框中的内容被分类器识别为飞机，但由于框的定位不准确，与真值边界框的 IoU 较小，故此时相当于没有正确地检测出飞机（目标）。

图 4.3　定位误差

我们可以使用边界框回归的方法来减小目标定位的误差。边界框回归的思路就是将如图 4.3 所示定位不准确的红色建议框进行微调，使调整后的边界框与真值边界框更接近，从而提升定位的准确度。

训练一组特定类别的线性回归模型（包括 Pascal VOC 数据集中的全部 20 个类别），在使用 SVM 给建议框打分之后，通过建议框在 CNN 的顶层预测一个新的目标边界框的位置。实验结果表明，使用边界框回归的方法后，大量错误的位置检测结果被修复了，mAP 相应提升了 3% ~ 4%。

如图 4.4 所示，红色框代表原始建议框（proposal region），绿色框代表目标的真值边界框（ground truth）。边界框回归的目标是：寻找一种映射关系，使得原始建议框（红色）经过映射变成一个与真值边界框（绿色）更接近的预测边界框（蓝色）。一个矩形框通常可以用 x、y、w、h 四个参数来表示（它们分别表示窗口中心点的坐标及矩形框的宽和高），因此，这个映射关系可以表示为

$$f(P_x, P_y, P_w, P_h) = (\hat{G}_x, \hat{G}_y, \hat{G}_w, \hat{G}_h) \approx (G_x, G_y, G_w, G_h)$$

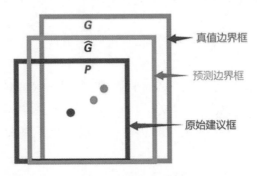

真值边界框

预测边界框

原始建议框

图 4.4　边界框回归预测

预测边界框 $\hat{G}$ 可以通过下式得到，其中 $P^i = (P_x^i, P_y^i, P_w^i, P_h^i)$，预测边界框的变换由 $d_x(P)$、$d_y(P)$、$d_w(P)$、$d_h(P)$ 四个函数实现。

$$\hat{G}_x = P_w d_x(P) + P_x$$
$$\hat{G}_y = P_h d_y(P) + P_y$$
$$\hat{G}_w = P_w e^{d_w(P)}$$
$$\hat{G}_h = P_h e^{d_h(P)}$$

前两个函数实现的是平移变换 $(\Delta x, \Delta y)$：

$$\Delta x = P_w d_x(P), \qquad \Delta y = P_h d_y(P)$$

后两个函数实现的是一个对数空间的尺寸缩放变换 (S_w, S_h)：

$$S_w = e^{d_w(P)}, \qquad S_h = e^{d_h(P)}$$

四个函数 $d_*(P)(* = x, y, w, h)$ 通过原始建议框在 CNN 的最高层特征图上建模，因此可表示为 $d_*(P) = \boldsymbol{w}_*^{\mathrm{T}} \Phi_5(P)$。其中，$\boldsymbol{w}_*$ 是参数向量，$\Phi_5(P)$ 表示原始建议框 P 的最高层特征图，$\boldsymbol{w}_*$ 参数通过岭回归（ridge regression）来固定：

$$\boldsymbol{w}_* = \arg\min_{\widehat{\boldsymbol{w}}_*} \sum_i^N \left(t_*^i - \widehat{\boldsymbol{w}}_*^{\mathrm{T}} \Phi_5(P^i) \right)^2 + \lambda \|\widehat{\boldsymbol{w}}_*\|^2$$

t_* 的定义如下。

$$t_x = (G_x - P_x)/P_w$$
$$t_y = (G_y - P_y)/P_h$$
$$t_w = \log(G_w/P_w)$$
$$t_h = \log(G_h/P_h)$$

这四个值是经过真值边界框 G 和原始建议框 P 计算得到的真正需要的平移量 (t_x, t_y) 和尺寸缩放量 (t_w, t_h)。其损失函数为

$$\text{Loss} = \sum_i^N \left(t_*^i - \widehat{\boldsymbol{w}}_*^{\mathrm{T}} \varPhi_5(P^i) \right)^2$$

模型训练完成后，就能通过原始建议框在 CNN 的顶层特征 $\varPhi_5(P)$ 中预测出 $d_*(P)$，进而得到需要进行的平移变换和尺寸缩放 Δx、Δy、S_w、S_h，最终实现更精确的目标定位了。

4.2　SPP–Net[2]

R-CNN 使用卷积神经网络提取特征，并将每个建议框分别送入深度网络来提取特征。但是，这样做存在一个问题，即输入的尺寸必须是固定的（这是因为卷积神经网络输出的特征图的尺寸应该是固定的）。卷积神经网络通常由卷积部分和全连接部分构成。在卷积部分，对任意的图像大小和卷积尺寸都能进行卷积操作，得到特征图；而在全连接部分，需要固定尺寸的输入。因此，固定尺寸的问题来自全连接层。

然而，由于建议框的尺寸各不相同，在将其调整到同一尺寸时使用的缩放、拉伸、裁切等方法，都会导致原图像出现不同程度的失真，即使进行一些预处理调整，也无法完全消除调整尺寸带来的不良影响。此外，由于数千个建议框会有大量的重叠部分，所以，将每个建议框分别送入深度网络进行特征提取的方法会造成大量的重复计算。

4.2.1　网络结构

何凯明等人在 2014 年提出了 SPP-Net。该网络只对原图像进行一次全图特征提取，就能得到整幅图像的特征图，避免了对计算资源的浪费。然后，该网络在特征图的对应区域找到每个建议框的映射区域，将此区域作为每个建议框的卷积特征输入 SPP 层和之后的层。SPP 层通过空间金字塔池化方法，将不同尺寸的输

入固定为同一尺寸的输出，解决了 R-CNN 需要调整建议框尺寸的问题，提高了网络的检测性能。

SPP-Net 的作者使用空间金字塔池化（spatial pyramid pooling，SPP）层来消除网络固定尺寸的限制。SPP 层放在最后一个卷积层之后，用于对特征图进行池化，产生固定长度的输出，并将这个输出作为全连接层的输入。这个过程可以看作在网络的较高层进行某种信息"汇总"，从而避免在开始时进行裁剪或者发生变形。引入 SPP 层前后的网络结构，如图 4.5 所示。

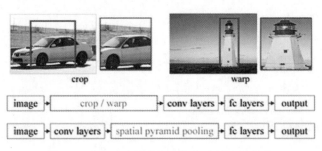

图 4.5　固定尺寸操作与空间金字塔池化操作

4.2.2　空间金字塔池化

空间金字塔池化的过程，如图 4.6 所示。

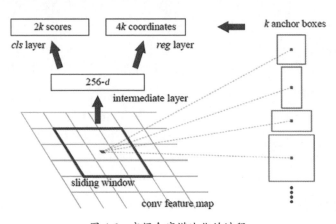

图 4.6　空间金字塔池化的过程

特征图被划分为多个数量固定、尺寸不同的局部空间块（local spatial bins），这些空间块的尺寸和特征图的尺寸是成比例的，对每个空间块采用最大池化的方法进行处理。这样，SPP 层的输出就是一个 $k \times M$ 维的向量，M 代表空间块的数量，k 代表卷积层的深度。在图 4.6 中，$M = 16 + 4 + 1 = 21$，$k = 256$。空间金字塔池化层固定维度的输出向量就是全连接层的输入。有了空间金字塔池化，输入的图像就可以是任意尺寸的了。

在目标检测中应用 SPP-Net 时，需要在整幅图像上抽取一次特征，然后在特征图上找到建议框的映射区域，再对该区域应用空间金字塔池化，形成一个固定长度的特征向量并将其送入全连接层。在这里，建议框的提取和 R-CNN 一样，使用的是 selective search 等外部算法。SPP-Net 的目标检测流程，如图 4.7 所示。因为只对原图像进行一次特征图采集，所以使用 SPP-Net 的目标检测方法的检测速度快（是 R-CNN 的 24 ~ 120 倍）、准确率高。

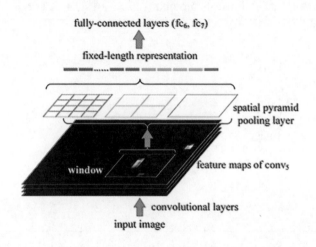

图 4.7 SPP-Net 的目标检测流程

4.3 Fast R-CNN[3]

2015 年，Girshick 等人在 R-CNN 的基础上提出了 Fast R-CNN。Fast R-CNN 吸收了 SPP-Net 的思想，使用了与 SPP 层类似的感兴趣区域池化层（RoI pooling layer），同时将提取特征之后的分类步骤和边界框回归步骤添加到深度网络中进行同步训练，使得 Fast R-CNN 的训练与 R-CNN 的多阶段训练相比更加简洁且节省时间和空间。Fast R-CNN 的训练速度是 R-CNN 的 9 倍，检测速度是 R-CNN 的 200 倍。另外，在 Pascal VOC 2007 数据集上，Fast R-CNN 也将 mAP 由 R-CNN 的 66.0% 提升至 70.0%。

4.3.1　感兴趣区域池化层

　　Fast R-CNN 使用的感兴趣区域池化层是空间金字塔池化层的简化版，即只有一层的"空间金字塔"。感兴趣区域池化层中的感兴趣区域（region of interest，RoI）用于表示建议框在特征图上的映射区域。和 SPP 层一样，感兴趣区域池化层使用最大池化的方法将 RoI 转换成固定大小的 $H \times W$ 的特征图。

　　尽管 RoI 和建议框表示的都是目标的建议区域，但 RoI 和建议框的尺寸是不同的。建议框表示在原图像中找到的目标建议区域。RoI 表示从基础网络的顶层得到的目标建议区域。

　　感兴趣区域池化层在 Caffe 的 prototxt 模型文件中的定义如下。

```
layer {
  name: "roi_pool5"
  type: "ROIPooling"
  bottom: "conv5_3"
  bottom: "rois"
  top: "pool5"
  roi_pooling_param {
    pooled_w: 7
    pooled_h: 7
    spatial_scale: 0.0625 # 1/16
  }
}
```

　　pooled_w 和 pooled_h 的值为 7，因此，每个 RoI 经过该层之后，尺寸都会被固定为 7×7。bottom 中的 rois 是提取的建议框的信息。spatial_scale 的值为 $\frac{1}{16}$，表示原图像经过 VGG16 基础网络的处理，得到的特征图的宽和高都是原来的 $\frac{1}{16}$。这个参数会在寻找建议框在 VGG16 输出的特征图上的映射区域时用到。在原图像上提取的建议框的尺寸对应于原图像的尺寸，而在这里，RoI 是建议框在特征图上的映射区域，其尺寸对应于特征图的尺寸。

　　如图 4.8 所示，感兴趣区域池化层将 $h \times w$ 的 RoI 窗口划分为 7×7 的子窗口，每个子窗口的大小近似为 $\frac{h}{7} \times \frac{w}{7}$。对每个子窗口进行最大池化操作，将特征图上大小不一的建议框映射区域转换为固定维度的特征，再送入随后的全连接层。

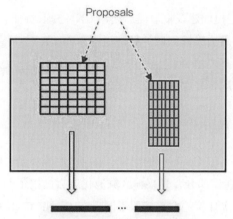

图 4.8　感兴趣区域池化层的工作流程

4.3.2　网络结构

Fast R-CNN 的网络结构，如图 4.9 所示。Fast R-CNN 提取建议框的方法与 R-CNN 一样，也可以使用 selective search 等外部方法。图像特征提取部分使用的是 VGG16 等图像分类网络中的卷积部分，将整幅待检测图像输入其中进行特征提取，得到最终的特征图。所有建议框都被送入感兴趣区域池化层，在特征图上找到对应的映射区域并固定尺寸。随后是两个全连接层，用于得到固定尺寸的 RoI 特征向量（feature vector）。至此，每个 RoI 都提取了一个固定维度的特征。将 RoI 特征向量作为目标分类和边界框回归两个任务的输入，就能得到目标检测结果了。

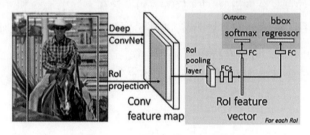

图 4.9　Fast R-CNN 网络结构

因为 Fast R-CNN 是对整幅图像进行特征提取的，所以，如图 4.9 所示的从提取建议框到得到特征图的过程只会进行一次。底色为灰色的部分是对每个 RoI 都要进行的操作，如果一幅图像中有 2000 个 RoI，则每个 RoI 都将进行一次该部分的操作。

对比 R-CNN 首先提取建议框、然后使用 CNN 提取特征、再使用 SVM 分类器进行目标分类、最后做边界框回归的处理流程，Fast-R-CNN 不仅共享了 CNN 的计算、节省了时间，还巧妙地把目标分类和边界框回归合并成一个多任务模型放到了神经网络内部，从而节省了大量的磁盘空间。

4.3.3　全连接层计算加速

感兴趣区域池化层在 Caffe 中的定义，在 4.3.1 节中已经给出，特征提取网络使用的是 VGG16 的卷积部分，感兴趣区域池化层后面接了两个全连接层。与图像分类网络中只进行一次计算的全连接层不同，在 Fast R-CNN 中，全连接层的计算次数取决于 RoI 的个数，而 RoI 有 2000 个之多。因此，Fast R-CNN 的全连接层的计算量是巨大的。为解决此问题，Fast R-CNN 给出了基于奇异值分解（singular value decomposition，SVD）的全连接层计算加速方法。

设全连接层前一级的数据为 x，后一级的数据为 y，参数为 W，尺寸为 $u \times v$，前向传播的过程为

$$y = Wx$$

对 W 进行奇异值分解，可得到

$$W \approx U\Sigma_t V^{\mathrm{T}}$$

U 是 $u \times t$ 的矩阵，由 W 的前 t 个左奇异向量组成。Σ_t 是 $t \times t$ 的对角矩阵，由 W 的前 t 个奇异值组成。V 是 $v \times t$ 的矩阵，由 W 的前 t 个右奇异向量组成。这样，计算复杂度由 uv 变为 $t(u+v)$，这在 t 远小于 u 和 v 的时候是非常有意义的。而且，在 RoI 的数量非常大的情况下，该方法有很好的加速效果。

如图 4.10 所示，这种方法相当于把一个全连接层拆分成两个，中间用一个低维数据相连。实验结果表明，使用该方法能使 mAP 在只下降 0.3% 的情况下提升 30% 的速度。

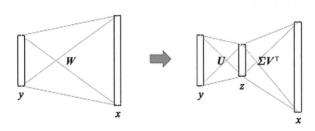

图 4.10　基于 SVD 的全连接层计算加速方法

4.3.4　目标分类

在 4.3.2 节中提到，在 R-CNN 中使用 SVM 进行分类比使用 softmax 函数进行分类的性能高。但是，在 Fast R-CNN 上进行的实验表明，使用 softmax 函数的分类效果比使用 SVM 的分类效果好，这是二者的结构不同造成的。在 R-CNN 中，softmax 函数是基础网络 AlexNet 中最后的结构，参数的训练是通过迁移学习的方式进行微调的，训练的样本数据是随机的，因此，其效果不如使用难负样本训练的 SVM 好。而在 Fast R-CNN 中，基础网络 VGG16 后面的结构已经被去掉了，softmax 函数是 Fast R-CNN 中独立的、全新的结构，在训练时可以使用与 SVM 相同的数据。在此基础上，softmax 函数本身具有了引入类间竞争的特性，因此，可以取得比 SVM 更好的效果。

目标分类任务在 Caffe 模型文件中的定义如下。

```
layer {
  name: "cls_score"
  type: "InnerProduct"
  bottom: "fc7"
  top: "cls_score"
  param {
    lr_mult: 1
    decay_mult: 1
  }
  param {
    lr_mult: 2
    decay_mult: 0
  }
  inner_product_param {
    num_output: 21
    weight_filler {
      type: "gaussian"
      std: 0.01
    }
    bias_filler {
      type: "constant"
      value: 0
    }
  }
}
```

num_output 的值为 21，表示输出 21 个神经元。其值对应于 21 个类别的得分，其中有 20 个是 Pascal VOC 中的类别，有 1 个是背景类别。

在 test.prototxt 中，经过 cls_score 得到 21 个类别的得分，然后通过 softmax 函数进行类别的预测，得到该 RoI 属于每个类别的概率。

```
layer {
  name: "cls_prob"
  type: "Softmax"
  bottom: "cls_score"
  top: "cls_prob"
}
```

而在 train.prototxt 中，cls_score 的结果将被送入 loss_cls 来计算分类的损失。

```
layer {
  name: "loss_cls"
  type: "SoftmaxWithLoss"
  bottom: "cls_score"
  bottom: "labels"
  top: "loss_cls"
  loss_weight: 1
}
```

4.3.5 边界框回归

在 Fast R-CNN 中，实现边界框回归的方法与在 R-CNN 中的一样，都是根据 4 个参数确定一个映射，使得原始的建议框变为预测的边界框，并能够接近标定的真值边界框。

边界框回归任务在 Caffe 模型文件中的定义如下。

```
layer {
  name: "bbox_pred"
  type: "InnerProduct"
  bottom: "fc7"
  top: "bbox_pred"
  param {
    lr_mult: 1
    decay_mult: 1
  }
  param {
```

```
    lr_mult: 2
    decay_mult: 0
  }
  inner_product_param {
    num_output: 84
    weight_filler {
      type: "gaussian"
      std: 0.001
    }
    bias_filler {
      type: "constant"
      value: 0
    }
  }
}
```

其中，`num_output` 的值为 84，表示输出 84 个神经元（对应于 4.3.4 节中提到的 21 个类别，每个类别的边界框回归都有 4 个参数，因此总的输出数为 $21 \times 4 = 84$）。因为不同类别的物体可能会有较大的差别，所以需要分别预测不同类别的物体的边界框。`bbox_pred` 的结果就是边界框回归的结果。

在 `train.prototxt` 中，`loss_bbox` 根据边界框回归的结果计算边界框回归的损失。

```
layer {
  name: "loss_bbox"
  type: "SmoothL1Loss"
  bottom: "bbox_pred"
  bottom: "bbox_targets"
  bottom: "bbox_loss_weights"
  top: "loss_bbox"
  loss_weight: 1
}
```

4.3.6　训练过程

1. 初始化

选取 AlexNet、VGG_CNN_M_1024 和 VGG16 这 3 个预训练网络作为基础网络。预训练网络是在 ImageNet 上通过图像分类任务训练得到的，每个网络有 5 个最大池化层和 5～13 个卷积层。

在用预训练网络初始化 Fast R-CNN 网络时，会经历三次变换。第一次，最大池化层被感兴趣区域池化层代替。第二次，网络最后的全连接层和 softmax 函数被替换为两个同级层，分别用于目标分类任务和边界框回归任务。第三次，网络的数据输入被改为两个，分别是图像的列表和这些图像中的建议框的列表。

2. 批量与样本选择

在训练时，先为每个 mini-batch 添加 N 幅图片，然后添加从这 N 幅图片中选取的 R 个建议框。在实现时，$N = 2$，$R = 128$。其中，建议框的正负样本比为 $1:3$，正样本定义为与某类真值边界框的 IoU 不小于 0.5 的建议框，负样本定义为与全部 20 个类别（Pascal VOC 数据集中共有 20 个类别）的真值边界框的 IoU 都小于 0.5 的建议框。在训练期间，唯一的数据增广方式是将图像以 50% 的概率水平翻转。

3. 多任务损失函数

Fast R-CNN 是一个包含目标分类和边界框回归两个任务的多任务模型，因此，在 Fast R-CNN 中有两种损失，分别是目标分类损失和边界框回归损失。

Fast R-CNN 的总损失函数是二者的加权和：

$$L(p, u, t^u, t^*) = L_{\text{cls}}(p, u) + \lambda[u \geqslant 1] L_{\text{loc}}(t^u, t^*)$$

$p = (p_0, \cdots, p_k)$，表示每个 RoI 在 $K+1$ 个类别上的离散概率分布。p 通常是由 softmax 函数在全连接层的 $K+1$ 个输出上计算得到的。每个参与训练的 RoI 都有标定的真值类别 u 和真值边界框回归目标。λ 是一个超参数，用于控制两个任务的损失之间的平衡，在本实验中取 $\lambda = 1$。

t^u 是对类别 u 进行预测的边界框回归参数，t^* 是每个 RoI 的真值边界框的回归参数，t_x^*、t_y^*、t_w^*、t_h^* 是真值边界框 G 相对于建议框 P 计算得到的相对平移量 (t_x^*, t_y^*) 和尺寸缩放量 (t_w^*, t_h^*)。

$$t_x^* = \frac{G_x - P_x}{P_w}$$

$$t_y^* = \frac{G_y - P_y}{P_h}$$

$$t_w^* = \log \frac{G_w}{P_w}$$

$$t_h^* = \log \frac{G_h}{P_h}$$

分类损失是一个对数损失：

$$L_{\text{cls}}(p, u) = -\log p_u$$

总损失中的 u 在 $u \geqslant 1$ 时为 1，在 $u = 0$ 时为 0，因此，对于被标记为 $u = 0$ 的背景类别的 RoI，可以忽略边界框回归损失。

边界框回归损失定义为

$$L_{\text{loc}}(t^u, t^*) = \sum_{i \in \{x, y, w, h\}} \text{smooth}_{\text{L1}}(t_i^u - t_i^*)$$

其中，$\text{smooth}_{\text{L1}}$ 是一个鲁棒的 L1 损失，与 R-CNN 和 SPP-Net 中使用的 L2 损失相比，更不容易受极值的影响，公式如下。

$$\text{smooth}_{\text{L1}}(x) = \begin{cases} 0.5x^2, & \text{如果 } |x| < 1 \\ |x| - 0.5, & \text{否则} \end{cases}$$

4. 感兴趣区域池化层的反向传播

在第 3 章中介绍了反向传播中参数修正的推导过程。在本节中，我们将介绍感兴趣区域池化层反向传播中的梯度传导过程。

当普通最大池化层反向传播时，设 x_i 为该池化层中的第 i 个输入节点，y_j 为该池化层中的第 j 个输出节点，那么损失函数 L 对输入节点 x_i 的梯度为

$$\frac{\partial L}{\partial x_i} = \begin{cases} 0, & \delta(i, j) = \text{fasle} \\ \frac{\partial L}{\partial y_j}, & \delta(i, j) = \text{true} \end{cases}$$

其中，判别函数 $\delta(i, j)$ 表示输入节点 i 是否被输出节点 j 选为最大值输出。当 i 没有被选中时，$\delta(i, j) = \text{fasle}$，$x_i$ 不在 y_j 所对应的范围内，或者 x_i 不是该范围内的最大值。当 i 被选中时，$\delta(i, j) = \text{true}$。由链式求导规则可知：损失函数 L 对 x_i 的偏导数等于损失函数 L 对 y_j 的偏导数乘以 y_j 对 x_i 的偏导数（y_j 对 x_i 的偏导数恒等于 1）。

最大池化层的前向传播与反向传播过程，如图 4.11 所示。

对于感兴趣区域池化层，同样设 x_i 为第 i 个输入节点，y_{rj} 为第 r 个 RoI 的第 j 个输出节点。因为感兴趣区域池化层会对每个 RoI 进行单独处理，而 RoI 在特征图上可能会出现重叠的情况，所以，一个输入节点可能会和多个输出节点相关联。如图 4.12 所示，数值为 7 的输入节点和黄色与蓝色两个 RoI 输出节点相关联。

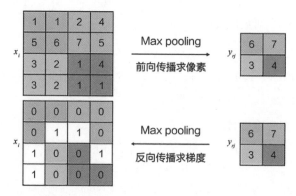

图 4.11　最大池化层的前向传播与反向传播

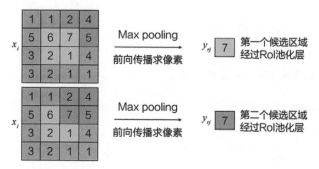

图 4.12　感兴趣区域池化层的前向传播

在图 4.12 中，数值为 7 的输入节点的反向传播过程，如图 4.13 所示。

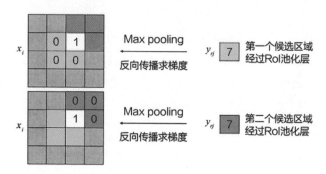

图 4.13　感兴趣区域池化层的反向传播

因为对于两个不同的 RoI，数值为 7 的节点都存在梯度，所以，在进行反向传播时，损失函数 L 对输入节点 x_i 的梯度为损失函数 L 对所有可能的 RoI 的输出节点 y_{rj} 的梯度的累加，具体如下。

$$\frac{\partial L}{\partial x_i} = \sum_r \sum_j [i = \delta(r,j)] \frac{\partial L}{\partial y_{rj}}$$

$$[i = \delta(r,j)] = \begin{cases} 1, & i = \delta(r,j) \\ 0, & \text{否则} \end{cases}$$

梯度 $\frac{\partial L}{\partial y_{rj}}$ 在反向传播至感兴趣区域池化层时已经通过计算得到了。判别函数 $[i = \delta(r,j)]$ 表示节点 i 是否被第 r 个 RoI 的第 j 个输出节点选为最大值输出。若是，则由链式求导规则可知，损失函数 L 对 x_i 的偏导数等于损失函数 L 对 y_{rj} 的偏导数乘以 y_{rj} 对 x_i 的偏导数（同样，y_{rj} 对 x_i 的偏导数恒等于 1）。

4.4　Faster R-CNN[4]

Fast R-CNN 虽然在速度与精度上都有了显著的提升，但还需要通过事先使用外部算法来提取目标候选框。所以，在 Fast R-CNN 被提出后不久，Girshick、Shaoqing Ren 和 Kaiming He 等人提出了 Faster R-CNN，将提取目标候选框的步骤整合到深度网络中，由此获得了速度的大幅提升。

Faster R-CNN 不仅是第一个真正意义上的端到端的深度学习目标检测算法，也是第一个准实时的深度学习目标检测算法，它在使用 VGG16 和 ZFNet 基础网络时分别达到了 5 帧/秒和 17 帧/秒的检测速度。同时，Faster R-CNN 在 Pascal VOC 2007 数据集上将 mAP 由 Fast R-CNN 的 70.0% 提升至 78.8%，在精度上也有较大的突破。

Faster R-CNN 采用与基础网络共享卷积层的 RPN 提取 300 个建议框，同时对比提取 2000 个建议框。与在 CPU 上进行计算的 selective search 方法相比，能在 GPU 上进行计算的 RPN 的速度优势非常明显。从 R-CNN 到 Fast R-CNN 再到 Faster R-CNN 的发展过程，如图 4.14 所示。

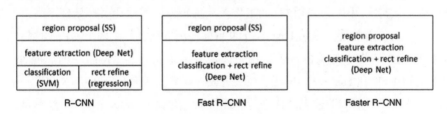

图 4.14　R-CNN，Fast R-CNN，Faster R-CNN

4.4.1 网络结构

作为 Fast R-CNN 的升级版本，我们可以将 Faster R-CNN 简单地看成 RPN + Fast R-CNN，且 RPN 和 Fast R-CNN 共享一部分卷积层。如图 4.15 所示：将一幅图像送入 Faster R-CNN 进行检测，conv layers 代表基础网络（例如 VGG16、ZF）的卷积层，这部分就是 RPN 与 Fast R-CNN 共享的结构；图像经过 conv layers，得到特征图；将特征图送入 RPN，得到建议框；将建议框和特征图一起送入从感兴趣区域池化层开始的剩余网络（Fast R-CNN），得到目标检测结果。

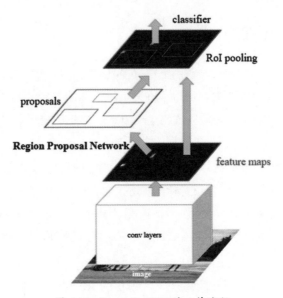

图 4.15　Faster R-CNN 的工作流程

Faster R-CNN 的网络结构，如图 4.16 所示。首先，使用 VGG16 基础网络得到特征图。从特征图之后的一个 3×3 卷积层开始到生成建议框是 RPN 特有的层，它完成了从特征图中提取建议框的工作。从感兴趣区域池化层开始到网络结束是 Fast R-CNN 特有的层。虽然 Fast R-CNN 目标检测方法也是由两个模块（选择性搜索和 Fast R-CNN）组成的，但这两个模块并不是在同一个网络中的。Faster R-CNN 是由 RPN 和 Fast R-CNN 两个模块组成的网络。如果 Fast R-CNN 需要一幅给定图像及该图像上的关注点才能进行目标检测，那么，Faster R-CNN 能够自己在给定图像上找到关注点并对关注点进行检测。

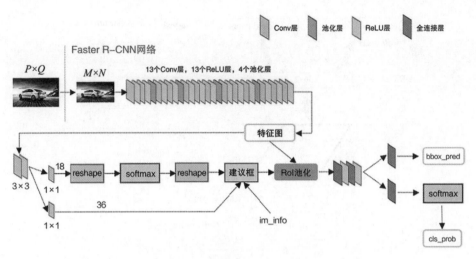

图 4.16　Faster R-CNN 的网络结构

4.4.2　RPN

本节将详细介绍 anchor 机制、RPN 的网络结构，以及 RPN 在 Caffe 模型文件中的定义等。

1. anchor 机制

"anchor"意为"锚点"。在 RPN 里，anchor 是一个固定的矩形框，因此也被称作"anchor box"。anchor 都是预先设定的。RPN 最后输出的 4 个边界框回归的参数是基于 anchor box 进行调整的。

如图 4.17 所示，图像经过基础网络的卷积层，得到了一个特征图，RPN 中的 3×3 卷积层可以看作用一个 3×3 的滑动窗口在这个特征图上的所有点进行滑动。滑动窗口的中心会通过特征图上的每一个点，而特征图上的每一个点都有以该点为中心的一组 k 个预设的 anchor。这 k 个 anchor 有不同的纵横比和尺寸。在诸多 RPN 实现中，k 的值通常取 9（对应于 3 种尺寸与 3 种纵横比两两结合）。

随后的两个 1×1 的卷积分别表示以每个滑动窗口位置为中心的这些 anchor 包含的目标的得分（由前景得分和背景得分两个量表示）和将 anchor 调整到建议框的 4 个边界框回归参数。一个中心点的一组 anchor，如图 4.18 所示。这个中心点有 3 种比例和 3 种尺寸，共 9 种 anchor。

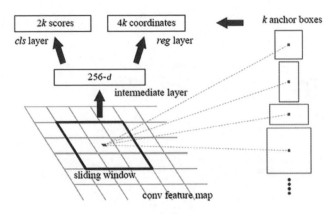

图 4.17　滑动窗口与 anchor

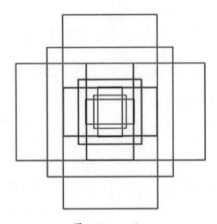

图 4.18　anchor

2. RPN 的网络结构

RPN 是一个全卷积网络，用于从图像中提取建议框。Fast R-CNN 使用从 RPN 中提取的建议框进行目标检测。RPN 的输出包含 2 个类别（前景与背景）的预测值和 4 个边界框回归参数。

以 ZFNet 为基础网络的 RPN 网络结构，如图 4.19 所示。虚线以上部分是 ZFNet 中最后一个卷积层之前的结构。虚线以下部分是 RPN 特有的结构。虚线位置输出的是特征图。特征图先通过 3×3 的卷积与预设的各 anchor 进行比对，再通过 1×1 的卷积进行输出。输出分为两路，一路是各 anchor 属于前景和背景的概率，另一路是与边界框回归相关的 4 个参数的预测值。

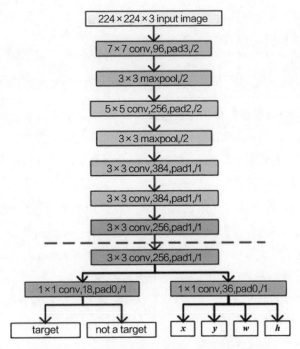

图 4.19　以 ZFNet 为基础网络的 RPN 网络结构

3. RPN 在 Caffe 模型文件中的定义

Faster R-CNN 的基础网络分别使用了 ZFNet 和 VGG16。下面展示以 VGG16 为基础网络的 Faster R-CNN 的 Caffe 模型文件。

RPN 与 Fast R-CNN 共享的卷积层为 VGG16 conv5_3 之前的网络，在此不再展开。以下为 RPN 剩余部分的第一层网络，它是一个扩充值为 1 的 3 × 3 的卷积层，对应于本节前面提到的 3 × 3 的滑动窗口（这一层使用 ReLU 函数）。随后是两个分支，其中一个是预测含有目标概率的 1 × 1 的卷积层，输出维度为 18（9 个 anchor 分别作为背景与前景的得分）。相关代码如下。

```
layer {
  name: "rpn_cls_score"
  type: "Convolution"
  bottom: "rpn/output"
  top: "rpn_cls_score"
  param { lr_mult: 1.0 }
  param { lr_mult: 2.0 }
  convolution_param {
    num_output: 18   # 2(bg/fg) * 9(anchors)
```

```
      kernel_size: 1 pad: 0 stride: 1
      weight_filler { type: "gaussian" std: 0.01 }
      bias_filler { type: "constant" value: 0 }
   }
}
```

rpn_cls_score 层的输出将被输入一个 reshape 层。因为 rpn_cls_score 层的 num_output=18，所以，经过该卷积的输出，尺寸为 $W \times H \times 18$。W 和 H 分别为输入的特征图的宽和高，输出的 18 个通道实际上分别对应于 9 个 anchor 分别作为前景和背景的得分。

但是，因为在 Caffe 基本数据结构 blob 中数据的保存形式为 blob=[batch_size, channel, height, width]，在 rpn_cls_score 层输出的 Caffe blob 的储存形式为[1, 2*9, H, W]，而在进行 softmax 分类时需要完成前景与背景的二分类，所以，reshape 层会将其尺寸变为[1, 2*9, H, W]，即增加一个维度，以便 softmax 进行分类，再将 reshape 恢复原状。相关代码如下。

```
layer {
   bottom: "rpn_cls_score"
   top: "rpn_cls_score_reshape"
   name: "rpn_cls_score_reshape"
   type: "Reshape"
   reshape_param { shape { dim: 0 dim: 2 dim: -1 dim: 0 } }
}
```

经过 reshape 层，再进行关于前景和背景两个类别的 softmax 归一化，分别得到其属于前景和背景的概率。reshape 层返回原来的通道个数，用于后续生成建议框。相关代码如下。

```
layer {
   name: "rpn_cls_prob"
   type: "Softmax"
   bottom: "rpn_cls_score_reshape"
   top: "rpn_cls_prob"
}

layer {
   name: 'rpn_cls_prob_reshape'
   type: 'Reshape'
   bottom: 'rpn_cls_prob'
   top: 'rpn_cls_prob_reshape'
```

```
reshape_param { shape { dim: 0 dim: 18 dim: -1 dim: 0 } }
}
```

　　`rpn/output` 的另一个分支是用于预测建议框的 1×1 的卷积层，它输出的 36 个维度对应于 9 个 anchor 中每个 anchor 的 4 个边界框的回归值，代码如下。

```
layer {
  name: "rpn_bbox_pred"
  type: "Convolution"
  bottom: "rpn/output"
  top: "rpn_bbox_pred"
  param { lr_mult: 1.0 }
  param { lr_mult: 2.0 }
  convolution_param {
    num_output: 36    # 4 * 9(anchors)
    kernel_size: 1 pad: 0 stride: 1
    weight_filler { type: "gaussian" std: 0.01 }
    bias_filler { type: "constant" value: 0 }
  }
}
```

　　两个分支汇入 proposal 层，提取建议框。proposal 层使用 anchor，应用 rpn_bbox_pred 层输出的 4 个变换量，通过计算得到建议框。然后，判断建议框的范围，并剔除一批严重超出边界的建议框，将剩余的建议框按照前景的 softmax 得分从高到低的顺序排列，保留得分最高的 6000 个建议框。最后，用非极大值抑制的方法筛选一批建议框，将不超过 300 个 proposal 层输出的建议框送入后续的感兴趣区域池化层。详细内容可以参阅 proposal_layer.py 中的源码。

　　train.prototxt 文件和 test.prototxt 文件的相同部分如下。

```
layer {
  name: 'proposal'
  type: 'Python'
  bottom: 'rpn_cls_prob_reshape'
  bottom: 'rpn_bbox_pred'
  bottom: 'im_info'
  top: 'rpn_rois'
  python_param {
    module: 'rpn.proposal_layer'
    layer: 'ProposalLayer'
    param_str: "'feat_stride': 16"
  }
```

```
}
```

以下代码涉及损失计算，将只在 `train.prototxt` 中出现。`rpn-data` 层通过分别计算 anchor 和 GT 的 IoU，将建议框分为正样本、负样本、非正非负样本（对应于源码中的 anchor_target_layer.py）。

```
layer {
  name: 'rpn-data'
  type: 'Python'
  bottom: 'rpn_cls_score'
  bottom: 'gt_boxes'
  bottom: 'im_info'
  bottom: 'data'
  top: 'rpn_labels'
  top: 'rpn_bbox_targets'
  top: 'rpn_bbox_inside_weights'
  top: 'rpn_bbox_outside_weights'
  python_param {
    module: 'rpn.anchor_target_layer'
    layer: 'AnchorTargetLayer'
    param_str: "'feat_stride': 16"
  }
}
```

RPN 的 softmax 层用于计算前景与背景的分类损失，相关代码如下。

```
layer {
  name: "rpn_loss_cls"
  type: "SoftmaxWithLoss"
  bottom: "rpn_cls_score_reshape"
  bottom: "rpn_labels"
  propagate_down: 1
  propagate_down: 0
  top: "rpn_cls_loss"
  loss_weight: 1
  loss_param {
    ignore_label: -1
    normalize: true
  }
}
```

RPN 的 smooth L1 层用于计算边界框回归的损失，相关代码如下。

```
layer {
```

```
name: "rpn_loss_bbox"
type: "SmoothL1Loss"
bottom: "rpn_bbox_pred"
bottom: "rpn_bbox_targets"
bottom: 'rpn_bbox_inside_weights'
bottom: 'rpn_bbox_outside_weights'
top: "rpn_loss_bbox"
loss_weight: 1
smooth_l1_loss_param { sigma: 3.0 }
}
```

4.4.3　训练过程

本节从样本选取、损失函数、联合训练三个方面介绍训练过程。

1. 样本选取

RPN 可以通过反向传播和随机梯度下降的方法进行端到端的训练。在采样时，使用与 Fast R-CNN 相同的训练方法，每个 mini-batch 包含从一幅图像中随机提取的 256 个 anchor，其中正样本（前景样本）和负样本（背景样本）各 128 个。如果一幅图像中的正样本数量少于 128 个，则多使用一些负样本，以保证有 256 个 anchor 用于训练。

获得正标签的 anchor（正样本）应满足以下条件之一：与任意真值边界框的 IoU 大于 0.7；某个真值边界框与该 anchor 的 IoU 值最大。获得负标签的 anchor（负样本）应满足：不是正样本，且与所有真值边界框的 IoU 都小于 0.3。归入非正非负样本的 anchor，对训练目标没有任何作用，不参与训练。

2. 损失函数

Fast R-CNN 的损失函数在 4.3.6 节中介绍过，在此不再赘述。

RPN 的损失函数和 Fast R-CNN 的损失函数一样，是一个多任务损失函数，它同时最小化分类误差与正样本的窗口位置偏差两个代价函数。

RPN 的总损失函数定义为

$$L(\{p_i\}, \{t_i\}) = \frac{1}{N_{\text{cls}}} \sum_i L_{\text{cls}}(p_i, p_i^*) + \lambda \frac{1}{N_{\text{reg}}} \sum_i p_i^* L_{\text{reg}}(t_i, t_i^*)$$

$\{p_i\}$ 和 $\{t_i\}$ 分别表示前景背景分类层和边界框回归层的输出。i 是一个 mini-batch 中的一个 anchor 的索引。p_i 是以 anchor i 为目标的预测概率。p_i^* 是其 GT 标签：anchor 的值为正数，p_i^* 为 1；anchor 的值为负数，p_i^* 为 0。t_i 是一个向量，表示预测的包围盒（bounding box）的 4 个参数，t_i^* 是与正 anchor 对应的 GT 包围盒的 4 个参数向量。

分类损失 L_{cls} 是两个类别（前景或背景）的对数损失函数：

$$L_{cls}(p_i, p_i^*) = -\log\left[p_i^* p_i + (1 - p_i^*)(1 - p_i)\right]$$

回归损失 L_{reg} 定义为

$$L_{reg}(t_i, t_i^*) = R(t_i - t_i^*)$$

R 是 Fast R-CNN 中定义的鲁棒的损失函数（smooth L1）。t_i 和 t_i^* 的定义与 4.4.2 节中介绍的大致相同，分别对应于 Fast R-CNN 中的预测边界框回归的 4 个参数和真值边界框回归的 4 个参数。唯一的不同点在于，Fast R-CNN 使用建议框作为回归参照物，Faster R-CNN 则用 anchor 代替，具体细节不再赘述。

$p_i^* L_{reg}$ 意味着只有正的 anchor（$p_i^* = 1$）才有回归损失。当 anchor 的值为负数时，由于 $p_i^* = 0$，整项都为 0。

损失函数中的两项分别由 N_{cls} 和 N_{reg} 实现归一化，通过平衡参数 λ 进行加权。在早期实现及公开的代码中：分类项的归一化值为 mini-batch 的大小，即 $N_{cls} = 256$；回归项的归一化值为 anchor 位置的数量，即 $N_{reg} \approx 2400$。经实验验证，$\lambda = 10$ 时 mAP 最佳。

3. 联合训练

尽管 Faster R-CNN 是一个包含 RPN 和 Fast R-CNN 两个模块的端到端的模型，但是，它的训练不是仅将它当作一个独立的网络，用反向传播进行联合优化那么简单的（因为 Fast R-CNN 的训练依赖固定的目标建议框，而且在训练 Fast R-CNN 的同时改变建议机制可能导致模型无法收敛）。

然而，Faster R-CNN 作为一个统一的网络，部分参数是由两个模块共享的。因此，需要使用一种允许两个网络共享卷积层的训练方法，而不是分别训练两个网络。

我们采用四步训练法，通过交替优化完成 Faster R-CNN 的训练，步骤如下。

（1）单独训练 RPN 网络

网络参数由预训练模型载入。Faster R-CNN 的训练，使用已经训练好的基础网络的参数作为初始化参数。

（2）单独训练 Fast R-CNN 网络

将 RPN 输出的建议框作为检测网络的输入。目前，这两个网络还没有共享参数，是分开训练的。

（3）再次训练 RPN

此时，固定共享的基础网络的参数，只更新 RPN 特有部分的参数。

（4）再次微调 Fast R-CNN 网络

用 RPN 输出的建议框代替 selective search 输出的建议框（作为输入），同样固定网络中共享的参数，只更新 Fast R-CNN 特有部分的参数。

以上训练过程理论上可以迭代多次。但实验结果表明，多次迭代并没有产生明显的效果。

4.5　R-FCN[5]

2016 年，Jifeng Dai 等人在 Faster R-CNN 的基础上进行了一系列改进，提出了 R-FCN（基于区域的全卷积网络）。

Faster R-CNN 会对每个 RoI 进行大量的重复计算。R-FCN 针对这一点，提出了位置敏感分数图，以解决图像分类中的平移不变性（translation invariance）与目标检测中的平移可变性（translation variance）之间的矛盾，从而达到将几乎所有计算在整幅图像上共享的目的。

平移不变性是指目标的平移不会对结果产生影响。例如，在图像分类任务中，无论一只猫在图像中的哪个位置，最终被识别出来的都是一只猫。如果卷积神经网络变深，最后一层卷积输出的特征图将变小，经过多层采样，物体在输入上的小偏移在最终的小尺寸特征图上将无法被感知（网络越深，这个特性就越明显）。而目标检测任务需要的是平移可变性：如果猫从图像的左侧移到了右侧，那么检测出来的猫的边界框的坐标就会发生变化。随着卷积神经网络变深，边界框的平移不变性会增强，平移可变性会变差。

采用 ResNet101 作为基础网络的 R-FCN，在 Pascal VOC 2007 数据集上取得了 mAP 83.6% 的成绩，同时达到了每幅图像 170 毫秒的检测水平。相比之下，采用 ResNet101 作为基础网络的 Faster R-CNN，每幅图像的检测时间为 420 毫秒。

Fast/Faster R-CNN 可以通过感兴趣区域池化层划分成两个子网络，一个是与 RoI 无关的、共享计算的、用于进行特征提取的全卷积网络，另一个是与 RoI 有关的、不共享计算的子网络。这种分组方式与作为基础网络的分类网络直接相关。例如，AlexNet 和 VGGNet 都由两个子网络组成：一个是以池化层结束的卷积子网络，另一个是全连接层子网络。因此，图像分类网络中的最后一个池化层在目标检测网络中自然而然地变成了感兴趣区域池化层。

后来出现的更先进的图像分类网络，例如 GoogLeNet 和 ResNet，则属于全卷积网络。如果将全卷积的图像分类网络作为目标检测网络的基础网络使用，就会产生平移不变性的问题。为了解决这个问题，在使用 ResNet 作为基础网络时，可以将 Faster R-CNN 的感兴趣区域池化层不自然地插入两组卷积层之间（虽然打破了平移不变性，但产生了更深的 RoI 子网络）。这样做虽然能提高精度，但由于增加了不共享的 RoI 计算量，更低的速度成为其代价。4.4 节介绍的 Faster R-CNN 使用 VGG 作为基础网络，将感兴趣区域池化层放在 conv5_3 和随后的 fc6、fc7 两个全连接层之间，也会带来一定的不共享的 RoI 计算量增加的问题。

4.5.1 R-FCN 网络结构

R-FCN 为了将平移可变性添加到自身的全卷积结构中，使用了一组专门的卷积层来构建一组位置敏感的分数图。每幅分数图都以相对空间位置来对位置信息进行编码，如图 4.20 所示，不同颜色的分数图表示不同的空间位置。在这组构建位置敏感的分数图的卷积层之上，是一个位置敏感的感兴趣区域池化层，它从这些分数图中获取信息。由于对目标检测所需的空间信息进行了编码，R-FCN 作为一个全卷积神经网络，仍具有平移可变性。

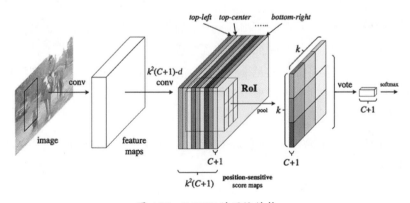

图 4.20　R-FCN 的网络结构

4.5.2　位置敏感的分数图

R-FCN 的总体框架，如图 4.21 所示。

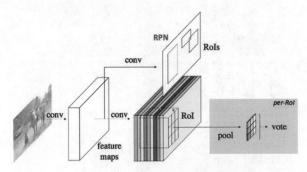

图 4.21　R-FCN 的总体框架

和 Faster R-CNN 一样，R-FCN 也是通过 RPN 提取建议框（RoI）的。R-FCN 的最后一个卷积层将产生 $k \times k \times (C+1)$ 幅对位置敏感的分数图，其中 C 表示目标类别的数量，1 表示背景，$k \times k$ 对应于所描述位置的空间网格。

在如图 4.21 所示的网络中，$k \times k = 3 \times 3$，即大小为 9 的分数图对目标类别出现在 {左上,中上,右上,…,右下} 的情况进行编码。所以，每个分类都可以得到与输入图像大小相等的 9 幅特征图，这些特征图的每个特征点上的值对应于该点所属位置的得分。以 person 类别为例，person 边界框的中上部通常与人的头部的位置对应，所以，我们对输入图像中与 person 类别中上部所对应的特征图进行训练，使特征图上与 person 类别中上部相匹配的点的得分尽可能高。

4.5.3　位置敏感的 RoI 池化

4.5.2 节中的这组位置敏感的分数图，将作为位置敏感的感兴趣区域池化层的输入。在这个位置敏感的感兴趣区域池化层中，针对 RoI 中不同的空间位置区域，在对应的分数图上进行池化操作。例如，RoI 的左上区域在位置敏感的分数图中表示对左上区域进行池化，RoI 的右下区域在位置敏感的分数图中表示对右下区域进行池化。因此，该层最终的输出是大小为 $k \times k \times (C+1)$ 的位置敏感的聚合 RoI（position-sensitive RoI-pool）。在训练时，这个 RoI 层控制之前的卷积层进行学习，得到位置敏感的分数图。

如图 4.22 和图 4.23 所示，在这两个例子中，通过位置敏感的分数图和 RoI 的位置得到聚合 RoI 并进行投票，从而得出结果。

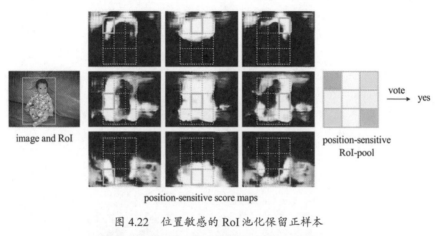

图 4.22　位置敏感的 RoI 池化保留正样本

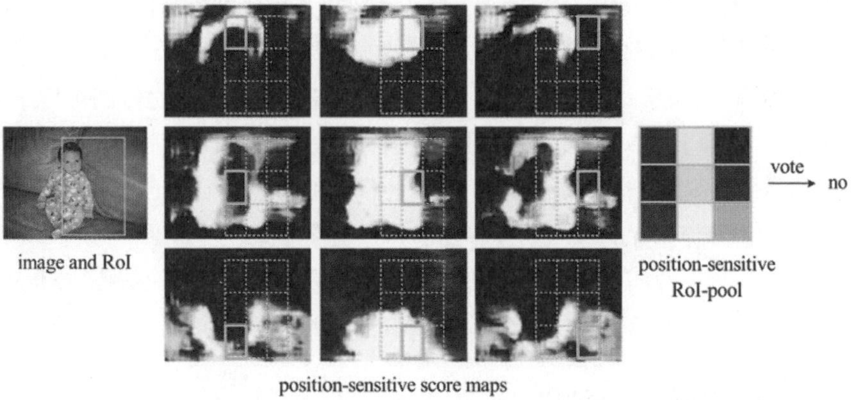

图 4.23　位置敏感的 RoI 池化过滤负样本

在聚合 RoI 上进行的投票是一个简单的求平均值的计算过程，即对 $C+1$ 个 $k \times k$ 区域的值求平均值，得到一个 $C+1$ 维的向量，然后使用 softmax 函数得出最终的类别。

边界框回归的操作也与此类似，除了前面 $k \times k \times (C+1)$ 维的卷积层，还给边界框回归附加了一个平行的 $4 \times k \times k$ 维的卷积层。在这组 $4 \times k \times k$ 维的卷积层得到的特征图上，同样执行位置敏感的 RoI 池化操作，为每个 RoI 生成一个 $4 \times k \times k$ 维的向量。然后，同样通过平均投票聚合到 4 维向量中，这 4 个向量就是边界框回归的 4 个参数。

4.5.4　R-FCN 损失函数

位置敏感 RoI 的分类损失和边界框回归损失的计算公式为

$$L(p, \boldsymbol{t}) = L_{\mathrm{cls}}(p_{c^*}) + \lambda[c^* > 0]L_{\mathrm{reg}}(\boldsymbol{t}, \boldsymbol{t}^*)$$

其中，c^* 是 RoI 的真实类别标签，$c^* = 0$ 表示背景。如果 RoI 为背景，那么边界框回归损失的系数将变为 0。$L_{\mathrm{cls}}(p_{c^*}) = -\log(p_{c^*})$ 是分类的交叉熵损失，p_{c^*} 是以 anchor i 为目标的预测概率。L_{reg} 和 Fast R-CNN 中的边界框回归损失一样，是 smooth L1 损失，$\boldsymbol{t}^*$ 是真值边界框的参数，$\boldsymbol{t}$ 和 $\boldsymbol{t}^*$ 分别表示预测边界框和真值边界框的 4 个参数（已在 4.3 节详细介绍）。在这里，将两个部分损失的平衡权重 λ 设为 1。

R-FCN 在训练中也使用了难负样本挖掘的方法，并且和 Faster R-CNN 一样，使用四步训练法交替训练 RPN 和 R-FCN。

4.5.5　Caffe 网络模型解析

R-FCN 的 Caffe 结构文件的部分内容如下（省略了基础网络和 RPN 部分，从位置敏感的分数图之前的卷积层开始介绍）。这组卷积层是在基础网络 ResNet 的 res5c 层之后添加的，名为 conv_new。

```
#---------------------new conv layer------------------
layer {
    bottom: "res5c"
    top: "conv_new_1"
    name: "conv_new_1"
    type: "Convolution"
    convolution_param {
        num_output: 1024
        kernel_size: 1
        pad: 0
        weight_filler {
            type: "gaussian"
            std: 0.01
        }
        bias_filler {
            type: "constant"
            value: 0
        }
    }
```

```
    param {
        lr_mult: 1.0
    }
    param {
        lr_mult: 2.0
    }
}


layer {
    bottom: "conv_new_1"
    top: "conv_new_1"
    name: "conv_new_1_relu"
    type: "ReLU"
}
```

经过 rfcn_cls 层，就能得到位置敏感的分数图了。从以下代码的参数和注释中可以看出，在源码中 $k = 7$（在图 4.23 中 $k = 3$）。

```
layer {
    bottom: "conv_new_1"
    top: "rfcn_cls"
    name: "rfcn_cls"
    type: "Convolution"
    convolution_param {
        num_output: 1029 #21*(7^2) cls_num*(score_maps_size^2)
        kernel_size: 1
        pad: 0
        weight_filler {
            type: "gaussian"
            std: 0.01
        }
        bias_filler {
            type: "constant"
            value: 0
        }
    }
    param {
        lr_mult: 1.0
    }
    param {
        lr_mult: 2.0
    }
}
```

以下代码实现了用于边界框回归的平行的卷积层。该层对前景和背景进行了区分，其维度实际上是 $2 \times 4 \times k \times k$（R-FCN 对该层维度的描述是 $4 \times k \times k$）。同样，$k = 7$。

```
layer {
    bottom: "conv_new_1"
    top: "rfcn_bbox"
    name: "rfcn_bbox"
    type: "Convolution"
    convolution_param {
        num_output: 392 #2*4*(7^2) (bg/fg)*(dx, dy, dw,
dh)*(score_maps_size^2)
        kernel_size: 1
        pad: 0
        weight_filler {
            type: "gaussian"
            std: 0.01
        }
        bias_filler {
            type: "constant"
            value: 0
        }
    }
    param {
        lr_mult: 1.0
    }
    param {
        lr_mult: 2.0
    }
}
```

在得到位置敏感的分数图之后，进行的是位置敏感的 RoI 池化操作，代码如下。rfcn_cls 层的输出就是位置敏感的分数图。在 psroipooled_cls_rois 层进行位置敏感的 RoI 池化操作后，得到 $7 \times 7 \times 21$ 的聚合 RoI，其中 21 表示 Pascal VOC 数据集中的 20 个类别加上 1 个背景类别。

```
#---------------position sensitive RoI pooling--------------
layer {
    bottom: "rfcn_cls"
    bottom: "rois"
    top: "psroipooled_cls_rois"
```

```
    name: "psroipooled_cls_rois"
    type: "PSROIPooling"
    psroi_pooling_param {
        spatial_scale: 0.0625
        output_dim: 21
        group_size: 7
    }
}
```

前面提到过，聚合 RoI 上的投票是一个简单的求平均值的过程，该过程是通过一个平均池化层实现的，代码如下。ave_cls_score_rois 层的输出是一个 21 维的向量。

```
layer {
    bottom: "psroipooled_cls_rois"
    top: "cls_score"
    name: "ave_cls_score_rois"
    type: "Pooling"
    pooling_param {
        pool: AVE
        kernel_size: 7
        stride: 7
    }
}
```

边界框回归和分类是并行的，步骤也类似。psroipooled_loc_rois 中的维度参数 8 表示区分前景和背景的两组边界框的回归参数。后面求平均值的过程也是在平均池化层实现的，最终得到一个 8 维的向量。

最后，对 21 维的向量进行 softmax 操作，即可实现对目标类别的区分。而对作为边界框回归参数的 8 维向量，只需要进行 reshape 操作来调整其维度结构，不需要改变其内容。

R-FCN 的损失函数是每个 RoI 的分类损失和边界框回归损失的和。对于分类损失，可以使用 Caffe 中的 SoftmaxWithLoss 层来计算，相关代码如下。边界框回归损失与 Fast R-CNN 一样，是 Smooth L1 损失。

```
layer {
    name: "loss"
    type: "SoftmaxWithLoss"
    bottom: "cls_score"
    bottom: "labels"
```

```
    top: "loss_cls"
    loss_weight: 1
    propagate_down: true
    propagate_down: false
}

layer {
    name: "loss_bbox"
    type: "SmoothL1LossOHEM"
    bottom: "bbox_pred"
    bottom: "bbox_targets"
    bottom: 'bbox_inside_weights'
    top: "loss_bbox"
    loss_weight: 1
    loss_param {
        normalization: PRE_FIXED
        pre_fixed_normalizer: 128
    }
    propagate_down: true
    propagate_down: false
    propagate_down: false
}
```

4.5.6　U-Net[6]

U-Net 作为医学图像领域常用的网络模型，是在全卷积神经网络的基础上改进而来的，它采用了编码器—解码器结构。如图 4.24 所示，其网络模型看起来像字母 U，故得名 U-Net。

U-Net 模型可以分成两部分：一部分类似于 VGG 的下采样过程，负责提取特征；另一部分类似于上采样过程，且层数与下采样层相同，用于还原部分细节，得到期望的输出。在上采样过程中，为了提高还原的效率和质量，其输入除了高层的输出，还包括下采样对应层的数据（图 4.24 中从左到右的灰色箭头就表示了这种连接关系）。

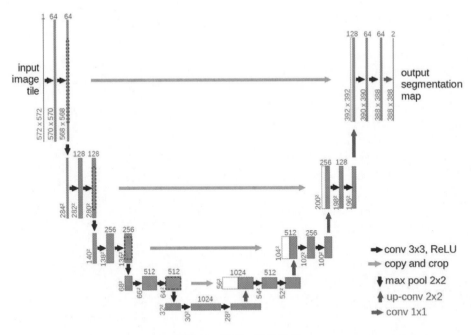

图 4.24   U-Net 网络模型

4.5.7   SegNet[7]

SegNet 作为一个分割网络，也借鉴了 FCN 并采用了编码器—解码器结构，如图 4.25 所示。左边蓝色和绿色的网络是下采样层，仍然采用"卷积+批标准化+ReLU 函数"的结构，然后进行最大池化操作。右边是一系列上采样层，最后通过 softmax 层对所有像素进行分类。

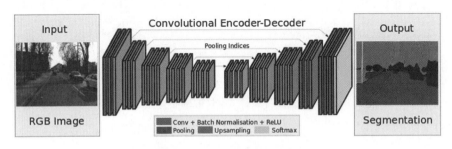

图 4.25   SegNet 的网络结构

在 SegNet 中，上采样层和下采样层也是一一对应的，即有多少个上采样就有多少个下采样，且上采样层与下采样层之间有连接关系（这与上采样操作的缺陷有关）。如图 4.26 右图所示：上采样操作（例如反卷积）必然会丢失很多细节信息，因此大多数方案都会结合在下采样过程中得到的特征图中的语义信息来补充一部分丢失的细节。如图 4.26 左图所示：SegNet 在下采样过程中，每一轮池化（2×2）操作都会记录保留像素的索引（max-pooling indices）；池化操作结束后，将这些索引直接传递到对应的上采样层；上采样层将这些索引所对应的输入特征图的像素值放到索引位置，其余部分用 0 填充，再与上采样的原始输入特征图进行融合。

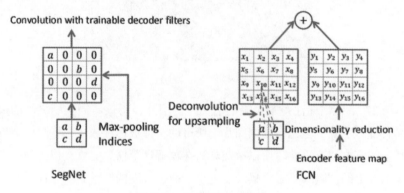

图 4.26　上采样和下采样

4.6　Mask R-CNN[8]

自从深度学习被应用到计算机视觉领域，目标检测算法在短时间内有了很大的进步。2017 年，Kaiming He 等人提出了针对实例分割（instance segmentation）的 Mask R-CNN 模型，将 Mask R-CNN 当作在 Faster R-CNN 基础上进行的扩展，在其已有的基于边界框识别的分支上添加了一个并行的用于预测目标掩码的分支，以完成实例分割任务。

4.6.1　实例分割简介

语义分割（semantic segmentation）通常是在像素级别进行的，用于标注不同的类别。例如，在自动驾驶项目中，一个类别可能是指行人、车辆、广告牌或者其他模型需要识别的类别。模型通过学习，最终会形成对行人、车辆、广告牌等不同类别的划分标准。但是，如果只进行语义分割，就可能会出现问题，如图 4.27 所示。

图 4.27　语义分割

图 4.27 是一幅标注得很精确的语义分割图片，不仅不同类别之间的边界清晰，而且分类准确。但是，这幅图片上所有的车都被标注成"车"这个类别（因为图片上的车之间有重叠，所以有些算法在理解这个信息时就会出现问题）。毕竟这幅图片上的"车"不是一辆长度为一个街区长度的履带式车，而是一系列前后排列的、单独停在路边的车。

语义分割只能区分不同的类别，无法区分不同的实例（也就是说，两辆车虽为同一类别，但它们作为不同实例的区别并没有在语义分割中体现）。这时，实例分割的意义就显现出来了。实例分割可以作为目标检测与语义分割的结合，不仅能在图像中正确地将目标检测出来，还能对每个目标实例进行精准的分割，如图 4.28 所示。

图 4.28　实例分割

实例分割是指在语义分割的基础上对不同的实例进行逐像素的分割。与语义分割相比，实例分割对属于同一类别的不同目标实例进行区分。这样的标注方式更容易让自动驾驶车辆模型取得满意的结果。尽管基于实例的标注会花费较长的时间，但对企业级的标注项目而言，可以通过这个细微的变化大幅提升精确度，进而得到更优秀的算法。

4.6.2　COCO 数据集的像素级标注

Mask R-CNN 的训练是在 COCO 数据集上进行的。在 COCO 数据集的目标检测任务中，检测结果的保存格式有两种：一种是使用一个 2D 边界框来定位图像中不同的目标（在对定位精度要求较高的应用中显得有些粗糙）；另一种是逐像素对目标进行分割（相应地，图像中的每个像素都会被标注出来）。尽管不同的标注方式来源于不同的项目需求，但近年来对像素级的实例分割的需求正在增加。

COCO 数据集逐像素分割的总体思路是：提供每个目标实例在整幅图像的每个像素上的分割掩码（segmentation mask），用 1 和 0 区分目标和背景，掩码的像素级标签使用行程长度编码（run-length encoding，RLE）机制。RLE 是一种简单高效的二进制掩码储存格式。RLE 将向量（或者向量化的图像）划分为一系列分段的连续区域，存储每个区域的长度。例如，当 $M = [0\ 0\ 1\ 1\ 1\ 0\ 1]$ 时，RLE 计数为 $[2\ 3\ 1\ 1]$，而当 $M = [1\ 1\ 1\ 1\ 1\ 1\ 0]$ 时，RLE 计数为 $[0\ 6\ 1]$。RLE 计数的奇数位置上表示的总是 0 的个数。

4.6.3　网络结构

Mask R-CNN 可以作为在 Faster R-CNN 的基础上进行的扩展，即在 Faster R-CNN 已有的基于边界框识别的分支上添加一个并行的用于预测目标掩码的分支。Mask R-CNN 模型的整体结构，如图 4.29 所示。

和 Faster R-CNN 一样，Mask R-CNN 采用了两阶段的结构。第一个阶段的结构是 RPN。在第二个阶段中，Mask R-CNN 在预测类别和边界框的基础上，为每个 RoI 预测了一个二值掩码。值得注意的是，Mask R-CNN 为每个类别都预测了一个二值掩码。

掩码对目标的空间布局进行了编码。与类别标签不同，可以通过卷积操作所提供的像素到像素的对应关系（像素对齐）自然地使用掩码将这个空间布局提取出来。Mask R-CNN 使用一个全卷积网络，对每个 RoI 预测 K（类别个数）个

$m \times m$ 的掩码。这种像素到像素的操作，要求 RoI 特征（它们本身就是小尺寸的特征图）很好地对齐，以显式地保持逐像素的空间对应关系。因此，RoIAlign 层在掩码预测中起到了至关重要的作用。

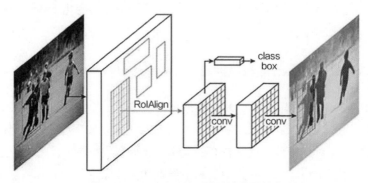

图 4.29　Mask R-CNN 模型的整体结构

在 Faster R-CNN 中，感兴趣区域池化层直接进行池化操作，得到一个 7×7 的输出。这个粗略的量化过程带来了输入与输出无法对齐（misalignment）的问题。虽然这个问题不会对分类产生很大的影响，但会对预测精确的像素掩码产生负面作用。

RoI 池化的作用是：根据候选框的位置坐标，在特征图中将相应区域池化为固定尺寸的特征图，以便进行后续的分类和边界框回归操作。由于候选框的位置通常是用浮点数表示的，而池化后的特征图要求尺寸固定，所以，RoI 池化这一操作存在两次量化过程：第一次是将候选框边界量化为整数点坐标值；第二次是将量化后的边界区域平均分割成 $k \times k$ 个单元（bin），对每个单元的边界进行量化。

经过上述两次量化，候选框的位置与开始时有了一定的偏差。这个偏差会影响检测或者分割的准确度，被称为"不对齐问题"。

下面我们通过一个直观的例子具体分析这个问题，如图 4.30 所示。这是一个 Faster R-CNN 检测框架。输入一幅 800 像素 × 800 像素的图片，图片上有一个 665×665 的边界框（框中有一只狗）。图片经过基础网络提取特征，特征图的缩放步长为 32，因此，图像和边界框的边长都是输入时的 $\frac{1}{32}$。800 正好可以被 32 整除，结果为 25。用 665 除以 32，得到一个浮点数 20.78，RoI 池化操作直接将它量化成 20。接下来，需要把框内的特征区域池化为 7×7 的，因此将上述边界框平均分割成 7×7 个矩形区域。显然，每个矩形区域的边长为 2.86 ——又是一个浮点数，于是，RoI 池化操作把它量化为 2。经过这两次量化，候选区域已经出现了

较为明显的偏差（如图 4.29 中绿色部分所示）。更重要的是，该层特征图上 0.1
像素的偏差，放到原始图片上就是 3.2 像素的偏差，那么，0.8 像素的偏差，在原
始图片上就是接近 30 像素的偏差——不容小觑。

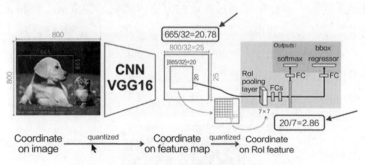

图 4.30　RoI 池化的量化过程

为了解决这个问题，Mask R-CNN 的作者提出了 RoIAlign 这一改进方法，并
在 Mask R-CNN 中使用 RoIAlign 层代替感兴趣区域池化层。RoIAlign 的思路很简
单：取消量化操作，使用双线性插值的方法获得坐标为浮点数的像素点上的图像
数值，从而将整个特征聚集过程转换为一个连续的操作。RoIAlign 的处理过程，
如图 4.31 所示。

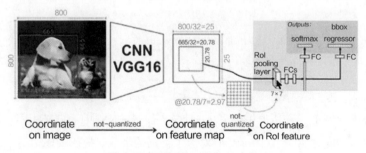

图 4.31　RoIAlign 的处理过程

原始图片中大小为 665×665 的候选区域映射到特征图中，大小为 $\frac{665}{32} \times \frac{665}{32} =$
20.78×20.78。此时，不需要像 RoI 池化那样进行取整操作，RoIAlign 会保留
20.78 这个浮点数。同样采用 7×7 的特征图，将大小为 20.78×20.78 的映射区域
划分成 49 个同等大小的 bin，每个 bin 的大小为 $\frac{20.78}{7} \times \frac{20.78}{7} = 2.97 \times 2.97$（在这
里同样不进行取整处理）。设置一个采样点数，对每个 bin 采用双线性插值法计
算其中采样点的像素值，再进行最大池化操作，即可得到代表该单元的最终值。

值得注意的是，采样点的位置是在每个 bin 中按照固定的规则确定的。如果采样点为 1 个，采样点的位置就是其所在 bin 的中心点。如果采样点为 4 个，采样点的位置就是把其所在 bin 平均分割成 4 块后每个小块的中心点。显然，采样点的坐标值通常是浮点数，因此需要通过插值的方法得到它的像素值。在相关实验中，将采样点设置为 4 个会获得最高的性能，不过，直接将采样点设置为 1 个在性能上与设置为 4 个相差无几。一个 bin 中的采样，如图 4.32 所示，4 个红色的叉号表示采样点的位置，采样点的像素值是通过双线性插值算法计算得到的。最后，取 4 个像素值中的最大值作为这个 bin 的像素值。

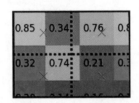

图 4.32　一个 bin 中的采样

RoIAlign 操作在很大程度上解决了仅通过池化操作直接采样带来的对齐问题，也因此保留了大致的空间位置。使用 RoIAlign 层能够提高 10% ~ 50% 的掩码精确度（mask accuracy），这种改进可以在更严格的定位度量指标下得到更好的度量结果。

Mask R-CNN 的损失函数也是一个多任务损失函数，对于每个 RoI 样本，总损失等于分类损失、边界框损失及掩码损失之和：

$$L = L_{\mathrm{cls}} + L_{\mathrm{box}} + L_{\mathrm{mask}}$$

其中，分类损失 L_{cls} 和边界框损失 L_{box} 与 Fast R-CNN 中的定义相同。预测掩码分支的输出维度为 $K \times m \times m$，K 对应于类别的个数。掩码损失 L_{mask} 是一个平均二值交叉熵，通过逐像素的 sigmoid 计算得到。对于一个真值标签为类别 k 的 RoI，只在类别 k 的掩码输出上计算它的掩码损失。

掩码分支输出的掩码尺寸 $m \times m$ 的取值，实际上是低分辨率的 28×28。这些掩码是由浮点数表示的软掩码，与二值掩码相比包含更多的细节。掩码的小尺寸属性有助于维持掩码分支网络的轻量特性。在训练过程中，真实的掩码被缩小为 28×28，以便计算损失函数。而在推断过程中，预测的掩码被放大至 RoI 边框的尺寸，以便给出最终掩码的计算结果。

4.7　小结

本章逐层递进，介绍了六种常用的两阶段目标检测方法，主要包括它们的网络结构、创新点及相应的 Caffe 实现、损失函数等。通过阅读本章，读者可以对建议框、边界框回归、softmax 分类、基础网络等概念有深入的了解。

参考资料

[1]　R. GIRSHICK, J. DONAHUE, T. DARRELL, et al. Rich feature hierarchies for accurate object detection and semantic segmentation. IEEE Conference on Computer Vision and Pattern Recognition (CVPR).

[2]　K. HE, X. ZHANG, S REN, et al. Spatial pyramid pooling in deep convolutional networks for visual recognition. IEEE Transactions on Pattern Analysis & Machine Intelligence, 2015, 37(9): 1904-1916.

[3]　R. GIRSHICK. Fast R-CNN. IEEE International Conference on Computer Vision (ICCV), 2015.

[4]　S. REN, K. HE, R. GIRSHICK, et al. Faster R-CNN: Towards real-time object detection with region proposal networks. Annual Conference on Neural Information Processing Systems (NIPS), 2015.

[5]　J. DAI, Y. LI, K. HE, et al. R-FCN: Object detection via region-based fully convolutional networks. Annual Conference on Neural Information Processing Systems (NIPS), 2016.

[6]　O. RONNEBERGER, P. FISCHER, T. BROX. U-Net: Convolutional networks for biomedical image segmentation. MICCAI 2015.

[7]　V. BADRINARAYANAN, A. KENDALL, R. CIPOLLA. SegNet: A deep convolutional encoder-decoder architecture for image segmentation. IEEE Transactions on Pattern Analysis & Machine Intelligence, 2017, 39(12): 2481-2495.

[8]　K. HE, G. GKIOXARI, P. DOLLAR, et al. Mask R-CNN. IEEE Transactions on Pattern Analysis & Machine Intelligence, 2017, PP(99): 1-1.

第5章 单阶段目标检测方法

从 R-CNN 到 R-FCN，都是基于候选区域的目标检测方法。该类目标检测方法的工作通常分为两步：第一步是从图像中提取建议框，并剔除一部分背景建议框，同时做一次位置修正；第二步是对每个建议框进行检测分类与位置修正。因此，基于候选区域的目标检测方法又称为两阶段目标检测方法。虽然两阶段目标检测方法的性能比较好，但其速度与实时相比仍有一些差距。

为了使目标检测满足实时性要求，研究人员提出了单阶段目标检测方法。在单阶段目标检测方法中，不再使用建议框进行"粗检测+精修"，而采用一步到位的方式得到结果。单阶段目标检测方法只进行一次前馈网络计算，因此在速度上有了很大的提升。

5.1 SSD[1]

2015 年，Joseph 和 Girshick 等人提出了一种仅进行一次前向传递的目标检测模型，这种模型被命名为"YOLO"（you only look once）。YOLO 是第一个单阶段目标检测方法，也是第一个实现了实时检测的目标检测方法。

Liu Wei 等人在 YOLO 诞生的同年提出了 SSD 方法。SSD 吸收了 YOLO 快速检测的思想，同时结合 Faster R-CNN 中 RPN 的优点，并改善了多尺寸目标的处理方式（不再只使用顶层特征图进行预测）。由于不同卷积层所包含特征的尺寸不同，所以，SSD 使用了特征金字塔预测的方式，综合多个卷积层的检测结果实现对不同尺寸目标的检测。在 Faster R-CNN 中使用的是单层特征图预测，即只在基础网络顶层的特征图上进行预测。SSD 则在多层特征图上进行预测，并在不同尺寸的特征图上实现对不同尺寸目标的检测。

5.1.1 default box

在 Faster R-CNN 中，使用 RPN 在顶层特征图上对建议框进行了预测。为了使建议框能代表不同形状和大小的目标，RPN 对特征图上的每个点都提供了 3 种比例和 3 种尺寸——共 9 种 anchor。SSD 作为单阶段目标检测方法，不对建议框进行预测，而直接对目标的边界框进行预测。在预测目标的边界框时，SSD 引入了 default box 的概念（其作用相当于 Faster R-CNN 中的 anchor）。SSD 在不同尺寸的特征图上检测不同尺寸的目标，因此，不同尺寸的 default box 会由不同尺寸的特征图来表示，越靠近顶层的特征图上的 default box 尺寸越大，而越靠近底层的特征图上的 default box 尺寸越小。如图 5.1 所示，在 8×8 的特征图上的 default box 尺寸较小，而在 4×4 的特征图上的 default box 尺寸较大，因此，在 8×8 的特征图上会检测出尺寸较小的猫，而在 4×4 的特征图上会检测出尺寸较大的狗。对每个特征图上的每个点，都可以使用不同比例的 default box 来对应不同尺寸的目标。

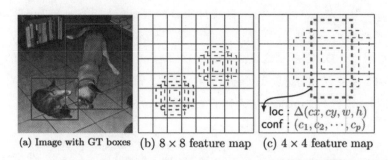

(a) Image with GT boxes　(b) 8×8 feature map　(c) 4×4 feature map

图 5.1　SSD 在不同的特征图上检测不同尺寸的目标

Faster R-CNN 与 SSD 根据 anchor 和 default box 进行预测的过程类似，不同之处体现在两阶段与单阶段上。在 Faster R-CNN 中，RPN 根据 anchor 预测建议框的过程包含两个任务：一是判断该 anchor 中的内容属于前景还是背景；二是根据该 anchor 预测建议框的形状与位置。在第二个阶段，Faster R-CNN 要针对建议框进行目标分类和位置精修。SSD 则在 default box 上一步到位——直接进行目标的多分类判断和边界框预测。

5.1.2　网络结构

SSD 的网络结构，如图 5.2 所示。SSD 在 6 层特征图上进行检测，其选择的底层是 VGG16 网络中的 conv4_3，这是因为 SSD 的作者发现选择这一层可以使 mAP 提高 2.5%。对得到的候选边界框集合，可通过非极大值抑制（non-maximum suppression，NMS）算法过滤 IoU 大于一个特定阈值的分类打分较低的建议框，得到检测结果。

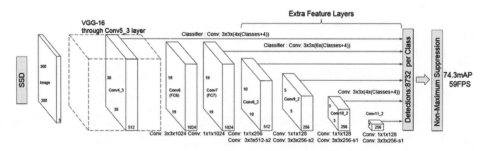

图 5.2　SSD 的网络结构

　　SSD 在每一层的特征图上进行检测的过程，如图 5.3 所示，包括边界框回归和分类两个并行步骤。SSD 根据输入图像大小的不同，分为 SSD300 和 SSD512，分别表示输入图像为 300 像素 × 300 像素的 SSD 模型和输入图像为 512 像素 × 512 像素的 SSD 模型。二者在速度与精度上都取得了不错的成绩，相比较而言，SSD300 的速度更快，SSD512 的精度更高。SSD 在 Pascal VOC 2007 数据集上的表现比 Faster R-CNN 略好，而速度是 Faster R-CNN 的 6.6 倍。使用增强数据进行训练，SSD300 与 SSD512 的 mAP 分别达到了 77.2% 与 79.8%。

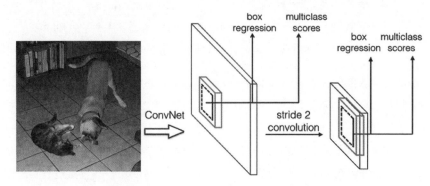

图 5.3　SSD 在每一层的特征图上进行检测

5.1.3　Caffe 网络模型解析

　　本节通过分析 SSD 的 Caffe 模型文件，帮助读者更加深入地了解 SSD。

　　VGG16 是 SSD 的基础网络，其卷积部分为 conv1_1 到 pool5，这里不再展开介绍。下面从以 fc6 开始的 SSD 的补充结构开始讲解。SSD 中没有全连接层，它是一个全卷积网络。"fc6"原本是指 VGG16 中的全连接层，在 SSD 中只是借用了这个名称，实际上它是一个卷积层。fc7 亦同。

SSD 在 VGG16 卷积之后补充了一些卷积结构，包括 fc6、fc7、conv8_1、conv8_2、conv9_1、conv9_2、conv10_1、conv10_2、conv11_1、conv11_2（源码中的名称）。这部分只是普通的卷积层，因此不做展示。

SSD 在补充的卷积结构之后，在 6 层特征图上进行检测，包括 VGG16 中的 conv4_3，以及补充的 fc7、conv8_2、conv9_2、conv10_2、conv11_2。在 conv4_3 层的特征图上进行检测的第一步是将特征图进行 L2 归一化，目的是提高收敛速度，代码如下。

```
layer {
  name: "conv4_3_norm"
  type: "Normalize"
  bottom: "conv4_3"
  top: "conv4_3_norm"
  norm_param {
    across_spatial: false
    scale_filler {
      type: "constant"
      value: 20
    }
    channel_shared: false
  }
}
```

归一化完成后，在 conv4_3_norm_mbox_loc 层预测边界框回归的 4 个参数，预测的输出（num_output）共 16 个，代表特征图上每个点的 4 个 prior box 乘以 4。源码中的 prior box 即为前面介绍的 default box。4 个 prior box 的长宽比分别是 1:1、1:1、1:3、3:1，其中两个 1:1 的框的大小不同，因此，每个 prior box 需要 4 个回归值。所有类别的边界框回归值是共享的，即不管此处的目标类别是"猫"还是"汽车"都共享回归值，这与 Faster R-CNN 中不同的类别有不同的回归值不同。

值得注意的是：conv4_3、conv10_2、conv11_2 都有 4 个 prior box，其长宽比分别是 1:1、1:1、1:3、3:1；fc7、conv8_2、conv9_2 都有 6 个 prior box，其长宽比分别是 1:1、1:1、1:2、2:1、1:3、3:1。根据 SSD 作者的解释，conv4_3 层的特征图比其他层的大很多（38×38），使用 4 个 prior box 是为了避免产生过多的 prior box。相关代码如下。

```
layer {
  name: "conv4_3_norm_mbox_loc"
  type: "Convolution"
  bottom: "conv4_3_norm"
  top: "conv4_3_norm_mbox_loc"
  param {
    lr_mult: 1
    decay_mult: 1
  }
  param {
    lr_mult: 2
    decay_mult: 0
  }
  convolution_param {
    num_output: 16
    pad: 1
    kernel_size: 3
    stride: 1
    weight_filler {
      type: "xavier"
    }
    bias_filler {
      type: "constant"
      value: 0
    }
  }
}
```

在 conv4_3_norm_mbox_loc 层之后是一个 Permute 层。"permute" 意为改变顺序。前面得到的 Caffe blob 中的 4 个维度分别表示批量数、通道数、宽度和高度。为了后续计算方便，在 Permute 层将 Caffe blob 的形状更改为批量数、宽度、高度和通道数。随后，接上一个 Flatten 层，其中的参数 axis: 1 表示从第二个维度（0 表示第一个维度）开始将数据平铺成向量（把宽度、高度和通道数平铺），为在 Concat 层进行合并做准备。相关代码如下。

```
layer {
  name: "conv4_3_norm_mbox_loc_perm"
  type: "Permute"
  bottom: "conv4_3_norm_mbox_loc"
  top: "conv4_3_norm_mbox_loc_perm"
  permute_param {
```

```
    order: 0
    order: 2
    order: 3
    order: 1
  }
}
layer {
  name: "conv4_3_norm_mbox_loc_flat"
  type: "Flatten"
  bottom: "conv4_3_norm_mbox_loc_perm"
  top: "conv4_3_norm_mbox_loc_flat"
  flatten_param {
    axis: 1
  }
}
```

conv4_3_norm 层连接的另一条路线是分类。conv4_3_norm_mbox_conf 层用来预测特征图上每个 prior box 的类别，并产生每个类别的得分。该层输出的通道数是 84（4×21）。在 conv4_3 层的特征图上进行检测时使用了 4 种 prior box；21 表示 Pascal VOC 数据集中的 20 类物体和 1 类背景。接下来，同样是 Permute 层和 Flatten 层。相关代码如下。

```
layer {
  name: "conv4_3_norm_mbox_conf"
  type: "Convolution"
  bottom: "conv4_3_norm"
  top: "conv4_3_norm_mbox_conf"
  param {
    lr_mult: 1
    decay_mult: 1
  }
  param {
    lr_mult: 2
    decay_mult: 0
  }
  convolution_param {
    num_output: 84
    pad: 1
    kernel_size: 3
    stride: 1
    weight_filler {
```

```
      type: "xavier"
    }
    bias_filler {
      type: "constant"
      value: 0
    }
  }
}
layer {
  name: "conv4_3_norm_mbox_conf_perm"
  type: "Permute"
  bottom: "conv4_3_norm_mbox_conf"
  top: "conv4_3_norm_mbox_conf_perm"
  permute_param {
    order: 0
    order: 2
    order: 3
    order: 1
  }
}
layer {
  name: "conv4_3_norm_mbox_conf_flat"
  type: "Flatten"
  bottom: "conv4_3_norm_mbox_conf_perm"
  top: "conv4_3_norm_mbox_conf_flat"
  flatten_param {
    axis: 1
  }
}
```

conv4_3_norm 层后面有一个 PriorBox 层，用于生成 prior box。每一层的 prior box 大小都不一样。最终的边界框是通过 prior box 和边界框回归值计算得到的。相关代码如下。

```
layer {
  name: "conv4_3_norm_mbox_priorbox"
  type: "PriorBox"
  bottom: "conv4_3_norm"
  bottom: "data"
  top: "conv4_3_norm_mbox_priorbox"
  prior_box_param {
    min_size: 30.0
```

```
    max_size: 60.0
    aspect_ratio: 2
    flip: true
    clip: false
    variance: 0.1
    variance: 0.1
    variance: 0.2
    variance: 0.2
    step: 8
    offset: 0.5
  }
}
```

之后是在 fc7 层上的检测，除了没有 Normalize 层，检测流程与 conv4_3 层相同。fc7 层上有 6 种 prior box，与 fc7_mbox_loc 层和 fc7_mbox_conf 层相比，参数中的通道数有所不同，分别为 $6 \times 4 = 24$ 和 $6 \times 21 = 126$。它们的意义与前面介绍的一样，只是代表 prior box 数量的 "4" 变成了 "6"。

conv8_2 层、conv9_2 层、conv10_2 层和 conv11_2 层的检测步骤与 fc7 层相同。在参数设置上，除了用于设置 prior box 大小的参数，其他参数都与在 fc7 层或 conv4_3 层上检测的系列层相同（conv8_2 层、conv9_2 层与 fc7 层相同，conv10_2 层、conv11_2 层与 conv4_3 层相同）。

前面提到过，Flatten 层的操作是为合并做准备的。因为 SSD 是在 6 个卷积层的特征图上进行检测的，而最后的一系列计算过程是相同的，所以，先将 6 路结果合并会更加方便、省时。Concat 层有 3 个，分别是 mbox_loc、mbox_conf 和 mbox_priorbox，它们都将在 conv4_3 层、fc7 层、conv8_2 层、conv9_2 层、conv10_2 层、conv11_2 层上输出结果并合并。相关代码如下。

```
layer {
  name: "mbox_loc"
  type: "Concat"
  bottom: "conv4_3_norm_mbox_loc_flat"
  bottom: "fc7_mbox_loc_flat"
  bottom: "conv8_2_mbox_loc_flat"
  bottom: "conv9_2_mbox_loc_flat"
  bottom: "conv10_2_mbox_loc_flat"
  bottom: "conv11_2_mbox_loc_flat"
  top: "mbox_loc"
```

```
  concat_param {
    axis: 1
  }
}
layer {
  name: "mbox_conf"
  type: "Concat"
  bottom: "conv4_3_norm_mbox_conf_flat"
  bottom: "fc7_mbox_conf_flat"
  bottom: "conv8_2_mbox_conf_flat"
  bottom: "conv9_2_mbox_conf_flat"
  bottom: "conv10_2_mbox_conf_flat"
  bottom: "conv11_2_mbox_conf_flat"
  top: "mbox_conf"
  concat_param {
    axis: 1
  }
}
layer {
  name: "mbox_priorbox"
  type: "Concat"
  bottom: "conv4_3_norm_mbox_priorbox"
  bottom: "fc7_mbox_priorbox"
  bottom: "conv8_2_mbox_priorbox"
  bottom: "conv9_2_mbox_priorbox"
  bottom: "conv10_2_mbox_priorbox"
  bottom: "conv11_2_mbox_priorbox"
  top: "mbox_priorbox"
  concat_param {
    axis: 2
  }
}
```

在训练过程中进行的合并及后续处理，如图 5.4 所示。由于 6 路合并过于复杂，在图 5.4 中只展示了 conv4_3 层和 fc7 层的合并。

在测试阶段，mbox_conf 层输出类别得分，随后进行 reshape 操作。最后一个维度对应于类别得分（个数为 21，对应于 21 个类别）。对其进行 softmax 操作，得到目标属于各类别的置信度（作为分类结果）。在 detection_out 层得到检测结果，在 detection_eval 层进行检测结果验证。

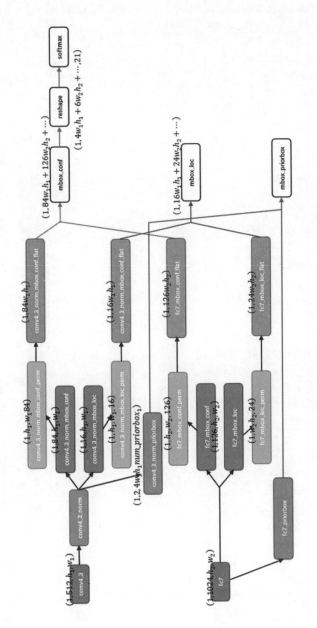

图 5.4　conv4_3 层和 fc7 层检测结果的合并及后续处理

在训练过程中，直接使用合并结果计算损失。train.prototxt 文件合并之后的结构如下。

```
layer {
  name: "mbox_loss"
  type: "MultiBoxLoss"
  bottom: "mbox_loc"
  bottom: "mbox_conf"
  bottom: "mbox_priorbox"
  bottom: "label"
  top: "mbox_loss"
  include {
    phase: TRAIN
  }
  propagate_down: true
  propagate_down: true
  propagate_down: false
  propagate_down: false
  loss_param {
    normalization: VALID
  }
  multibox_loss_param {
    loc_loss_type: SMOOTH_L1
    conf_loss_type: SOFTMAX
    loc_weight: 1.0
    num_classes: 21
    share_location: true
    match_type: PER_PREDICTION
    overlap_threshold: 0.5
    use_prior_for_matching: true
    background_label_id: 0
    use_difficult_gt: true
    neg_pos_ratio: 3.0
    neg_overlap: 0.5
    code_type: CENTER_SIZE
    ignore_cross_boundary_bbox: false
    mining_type: MAX_NEGATIVE
  }
}
```

5.1.4　训练过程

本节将从样本选取和损失函数两个方面介绍训练过程。

1．样本选取

在训练开始前，对 default box 与标准数据（ground truth）进行匹配，并划分正负样本。匹配策略是：将 ground truth 和与其有最大 IoU 的 default box 进行匹配；在未匹配的 default box 中，只要与任意 ground truth 的 IoU 大于 0.5，就进行匹配。能与 ground truth 匹配的 default box 为正样本，不能与 ground truth 匹配的 default box 为负样本。

值得注意的是，这样划分之后，一般情况下负样本的数量会远大于正样本的数量，直接训练会使模型变得不稳定。因此，SSD 在训练时也采用了难负样本挖掘（hard negative mining）的方法选择负样本，并使正负样本的比例接近 1∶3。

如图 5.5 所示，红色边缘框在 Faster R-CNN 中没有被使用，但 SSD 的作者发现，边缘框能带来精度的提升。

图 5.5　边缘框

2．损失函数

SSD 的总损失包括边界框回归损失（定位损失）和目标分类损失（置信度损失）两部分。总损失函数如下。

$$L(x, c, l, g) = \frac{1}{N}(L_{\mathrm{conf}}(x, c) + \alpha L_{\mathrm{loc}}(x, l, g))$$

N 是匹配的 default box 的数量，若 $N = 0$，则将损失置为 0。l 表示预测的边界框，g 表示 ground truth，c 表示每个类别的置信度。

定位损失时使用的是 smooth L1 损失：

$$L_{\text{loc}}(x, l, g) = \sum_{i \in \text{Pos}}^{N} \sum_{m \in \{\text{cx,cy},w,h\}} x_{ij}^{k} \, \text{smooth}_{\text{L1}}\left(l_i^m - \hat{g}_j^m\right)$$

$$\hat{g}_j^{\text{cx}} = \frac{g_j^{\text{cx}} - d_i^{\text{cx}}}{d_i^w} \qquad \hat{g}_j^{\text{cy}} = \frac{g_j^{\text{cy}} - d_i^{\text{cy}}}{d_i^h}$$

$$\hat{g}_j^w = \log\left(\frac{g_j^w}{d_i^w}\right) \qquad \hat{g}_j^h = \log\left(\frac{g_j^h}{d_i^h}\right)$$

其中，$x_{ij}^k = \{1, 0\}$ 是第 i 个 default box 匹配到类别 k 的第 j 个 ground truth 的指示器（若匹配则为 1，若不匹配则为 0）。d 表示 default box，(cx, cy) 表示中心偏移量，w、h 分别表示宽度和高度。定位损失衡量了预测边界框与真值边界框之间的差距。

计算分类损失时使用的是 softmax 函数：

$$L_{\text{conf}}(x, c) = -\sum_{i \in \text{Pos}}^{N} x_{ij}^p \log(\hat{c}_i^p) - \sum_{i \in \text{Neg}} \log(\hat{c}_i^0)$$

$$\hat{c}_i^p = \frac{\exp(c_i^p)}{\sum_p \exp(c_i^p)}$$

$x_{ij}^p = \{1, 0\}$ 是第 i 个 default box 匹配到类别 p 的第 j 个 ground truth 的指示器（若匹配则为 1，若不匹配则为 0）。

5.2 RetinaNet[2]

RetinaNet 模型采用 ResNet+FPN 作为基本框架，如图 5.6 所示。经过 FPN 后，得到多个不同尺寸的特征图，每个层级的特征图都连接了两个子网络，分别是 box subnet（边界框回归子网络）和 class subnet（目标分类子网络）。对于 class subnet 中出现的样本数量不平衡的问题，该方法使用 focal loss 函数计算损失。

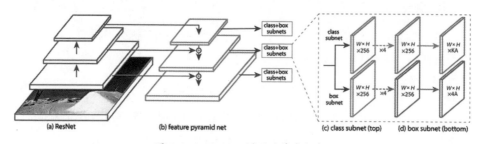

图 5.6　RetinaNet 模型的基本框架

5.2.1　FPN

　　特征化图像金字塔在深度学习目标检测算法出现之前被大量使用，但如今识别任务中的工程特征大部分已被深度卷积网络计算出来的特征取代。深度卷积网络不仅能够表示更高级别的语义信息，而且对尺寸变化更加鲁棒，这有助于使用从单一输入尺寸上计算出来的特征进行识别，如图 5.7(a) 所示，代表性方法有 SSD。SSD 首次尝试使用卷积网络的特征金字塔层级。在理想情况下，SSD 中的特征金字塔将复用正向传递过程中从不同层中计算得到的多尺寸特征图，因此是零成本的。但是，为了避免使用低层特征，SSD 放弃使用已经计算出来的低层特征，而从基础网络中的高层开始构建金字塔（例如 VGG 网络的 conv4_3），然后添加一些新层。因此，SSD 错过了复用特征层级中具有更高分辨率的特征图的机会，而这些低层特征对于检测小目标而言非常重要。

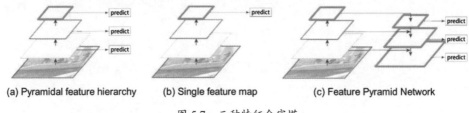

(a) Pyramidal feature hierarchy　　(b) Single feature map　　(c) Feature Pyramid Network

图 5.7　三种特征金字塔

　　对图像金字塔的每个层级进行特征提取的主要优势在于能够产生多尺度的特征表示，其中所有的层级在语义上都有很强的表达能力（包括高分辨率层）。但是，这种方法在每个层级上都是独立计算特征的，因此耗时较长，这也成为基于深度学习的目标检测方法使用特征化图像金字塔的主要局限。所以，Faster R-CNN 只使用单一尺度的特征进行检测，如图 5.7(b) 所示。

　　然而，图像金字塔并不是计算多尺度特征表示的唯一方法。深度卷积网络逐层计算特征层级，最终的特征层级具有内在的多尺度金字塔形状。如图 5.7(c) 所示的方法复用了深度卷积网络计算得到的金字塔特征层次结构。这种方法与特征化图像金字塔类似，但这种特征金字塔不同层级的特征的语义差异较大。高层的低分辨率高级特征拥有丰富的语义信息，目标识别能力强；低层的高分辨率低级特征包含的语义信息不多，目标识别能力差。FPN 针对 SSD 不使用低层特征的问题提出了新的特征金字塔结构，将低层特征与高层特征融合，增加了低层特征的语义信息，从而能够在低层特征上进行目标识别，提高了对小目标的识别效果。

FPN 是自顶向下建造特征图的构建块的，如图 5.8 所示。首先，使用最近邻上采样将较低分辨率的特征图上采样为 2 倍，将其按元素相加，将上采样后的特征图与相应分辨率的低层特征图（其经过 1×1 的卷积层调整通道数，与经过上采样操作的特征图一致）合并，得到一个进行了特征融合的较高分辨率的特征图。然后，在得到的特征图上进行上采样，并重复之前的过程。这个过程将重复数次，直到生成预期数量的新的特征图为止。最后，对每个进行了特征融合的特征图进行一次3×3卷积，生成最终的特征图。

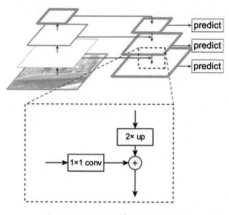

图 5.8　FPN 的特征融合操作

5.2.2　聚焦损失函数

一直以来，虽然单阶段目标检测方法的检测速度明显高于两阶段目标检测方法，但前者的检测精度一直略逊于后者。Tsung-Yi Lin 等人对其中的原因进行了研究，于 2017 年提出了聚焦损失（focal loss）函数，并基于 FPN 构建了 RetinaNet 检测模型。Tsung-Yi Lin 等人认为，单阶段目标检测方法的性能通常不如两阶段目标检测方法的原因是前者会面临极端不平衡的目标—背景数据分布。两阶段目标检测方法可以通过候选区域过滤大部分背景区域，但单阶段目标检测方法需要直接面对类别不平衡问题。聚焦损失函数通过改进经典的交叉熵损失函数，降低了网络训练过程中简单背景样本的学习权重，并可以实现对困难样本的"聚焦"和对网络学习能力的重新分配，从而使单阶段目标检测模型的检测速度和精度全面超越两阶段目标检测模型。

原本使用 softmax 分类的损失函数相当于标准的交叉熵损失函数，对各训练样本的交叉熵直接求和（也就是说，各个样本的权重是一样的），如式 5.1 所示。

$$CE(p, y) = \begin{cases} -\log (p), & \text{如果 } y = 1 \\ -\log (1 - p), & \text{否则} \end{cases} \tag{式 5.1}$$

CE 表示交叉熵，p 表示预测样本属于 1 的概率，y 表示样本的标签。这里仅以二分类为例，y 的取值为 $\{+1, -1\}$。多分类的情况依此类推。

为了表示简便，用 p_t 表示样本属于正例的概率：

$$p_t = \begin{cases} p, & \text{如果 } y = 1 \\ 1 - p, & \text{否则} \end{cases} \tag{式 5.2}$$

因此，式 5.1 可以写成

$$CE(p, y) = CE(p_t) = -\log(p_t) \tag{式 5.3}$$

为了改进单阶段目标检测模型在训练时面临的正负样本数量极端不平衡的状况，可以采取一种简单的方法——在损失中给正负样本加上权重（负样本数量越多，权重越小；正样本数量越少，权重越大）。由此产生了平衡交叉熵，如式 5.4 所示。

$$CE(p_t) = -\alpha_t \log (p_t) \tag{式 5.4}$$

其中，α_t 表示为

$$\alpha_t = \begin{cases} \alpha, & \text{如果 } y = 1 \\ 1 - \alpha, & \text{否则} \end{cases} \tag{式 5.5}$$

平衡交叉熵在标准交叉熵的基础上增加了权重，正样本的权重为 α，负样本的权重为 $1 - \alpha$（α 的值在 0 和 1 之间）。尽管这样做能够缓解正负样本数量不平衡问题，但简单样本与困难样本之间的不平衡问题仍然存在。

基于同样的原则，通过设置权重来调整交叉熵损失函数，使其能够聚焦于困难样本。于是，聚焦损失被定义为

$$FL(p_t) = -(1 - p_t)^\gamma \log (p_t) \tag{式 5.6}$$

在式 5.6 中，$(1 - p_t)^\gamma$ 是权重表达式，γ 是一个大于 0 的聚焦参数。

聚焦损失函数相当于给各样本分别加上权重，这个权重与模型预测该样本属于真实类别的概率有关。如果模型预测某样本属于真实类别的概率很大，那么这个样本对模型来说就属于简单样本，此时 p_t 接近 1，权重会趋近于 0，这样就降低了简单样本的损失权重。如果模型预测某样本属于真实类别的概率很小（通常是产生了错误的分类），那么这个样本对模型来说就属于困难样本，此时 p_t 很

小，权重将趋近于 1，使困难样本的损失得以最大限度地保留。聚焦损失函数区分了简单样本和困难样本对模型训练的影响，而损失函数更关注困难样本。

聚焦参数 γ 能够平滑地调整简单样本所降低权重的比例。当 $\gamma = 0$ 时，FL 表达式与 CE 相同，就是普通的交叉熵。γ 的值越大，权重表达式产生的影响就越大。实验证明，$\gamma = 2$ 时检测效果最好。

5.3 RefineDet [3]

2017 年年底，Shifeng Zhang 等人提出了 RefineDet 模型。RefineDet 对单阶段目标检测方法的 SSD 中不平衡的目标—背景数据分布问题进行了改进，结合两阶段目标检测方法中过滤背景区域的优点，减小了分类器的搜索空间。RefineDet 可以在保持高效的前提下，使检测效果明显提高。

5.3.1 网络模型

我们可以将 RefineDet 看成 SSD、RPN、FPN 的结合，它融合了单阶段目标检测方法与两阶段目标检测方法的优点。RefineDet 是一种使用两个互联模块结构的单阶段目标检测方法，两个模块分别为 ARM（anchor refinement module，锚框改进模块）和 ODM（object detection module，目标检测模块）。RefineDet 中的 TCB（transfer connection block，转换连接模块）用于转换 ARM 中的特征并将其传递给 ODM，具有特征融合的作用。

RefineDet 的模型结构，如图 5.9 所示，绿色的区域表示由 ARM 筛选之后传递给 ODM 的 anchor 的信息，其中绿色的菱形框代表 anchor 在特征图中的位置，白色的星星表示不同特征图上 anchor 的数量。

ARM 以 VGG16 或 ResNet101 为基础网络，添加了一些结构，用于辨别及过滤背景区域（即 negative anchor），并对 anchor 的尺寸和位置进行粗略的调整，以便后续对边界框进行精确的定位。这部分功能基本上扮演了 Faster R-CNN 中 RPN 的角色，不过 RPN 只在一个特征图上进行操作，而 ARM 需要处理多个不同尺寸的特征图。将由 ARM 微调后的 anchor 输入后续的 ODM，就可以进行边界框回归和目标分类了。ODM 和 SSD 一样，也是在多个不同尺寸的特征图上进行检测的，但是，SSD 在检测时使用的是固定的 anchor（即 default box），而 ODM 在检测时使用的是经过筛选并进行了粗略修正的 anchor，因此，ODM 会得到更好的检测效果。两个互联模块模拟了两阶段目标检测的结构，使模型获得了前面介绍的两阶段目标检测方法的三个优点，并能在保持高效的同时提升检测精度。

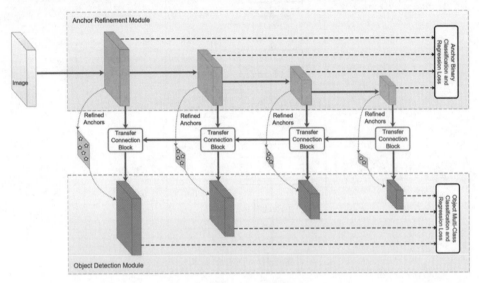

图 5.9　RefineDet 的模型结构

TCB 部分进行的是特征的转换操作，也就是将 ARM 部分输出的特征图转换成 ODM 部分的输入。TCB 与 FPN 的特征融合类似，也采用了对特征图进行上采样后与高层特征融合的思路。

TCB 的结构，如图 5.10 所示。ARM 输出的特征图经过两个卷积层，得到低层的特征图。TCB 通过反卷积操作实现上采样，将前一个 TCB 输出的较高层的特征图的尺寸扩大，使其与较低层的特征图一致。随后，将两个特征图按位相加，实现特征融合。融合后的特征图经过一个卷积层完成最终的转换，并被送入 ODM 进行检测。与 FPN 思想的结合，使 RefineDet 对小目标的检测效果比 SSD 好了很多。

RefineDet 在 Pascal VOC 2007、Pascal VOC 2012 及 COCO 数据集上都取得了出色的成绩。使用 VGG16 作为基础网络的 RefineDet 在 Pascal VOC 2007 和 Pascal VOC 2012 数据集上分别取得了 mAP 85.8% 和 86.8% 的成绩。使用 ResNet101 作为基础网络的 RefineDet 在 COCO 数据集上取得了 mAP 41.8% 的成绩——比之前所有的方法都好。同时，RefineDet 在输入的尺寸为 320×320 和 512×512 时分别达到 40.2 帧/秒和 24.1 帧/秒（在 NVIDIA Titan X GPU 上运行）的速度，展现了很高的效率。

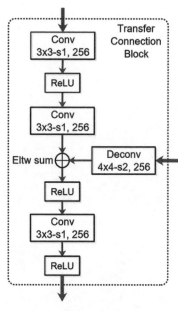

图 5.10　TCB 的结构

5.3.2　Caffe 网络模型解析

本节将结合使用 VGG16 作为基础网络的 RefineDet 的 Caffe 模型文件，展开介绍 RefineDet 的模型结构。和 SSD 一样，RefineDet 将 VGG16 的全连接层 fc6、fc7 都改为卷积层，并添加了 conv8_1、conv8_2 两个卷积层。RefineDet 在具体实现时用 4 个尺寸的特征图进行检测，在 ARM 中对应的层级由低到高依次为 conv4_3、conv5_3、fc7、conv8_2。

我们知道，在 ARM 中，需要对 anchor 进行筛选和粗略的修正。这一过程在结构文件中的操作与在 SSD 中大致相同，区别只是 SSD 直接预测所有的类别，而 ARM 仅预测前景和背景两个类别。ARM 的结构和 SSD 类似，包括预测边界框回归、分类和生成 default box，最终也采用 concat 将 4 路预测结果合并，得到 3 个合并层，分别是 arm_loc、arm_conf 和 arm_priorbox。这 3 个合并层的结果将和从 ODM 中得到的结果一起，用于得到最终的检测结果或计算损失。和 SSD 一样，为了方便后面的 concat 操作，使用了 permute 和 flatten 操作。

如图 5.10 所示，TCB 包含 3 个卷积层，而且除了第一个 TCB（图 5.9 中右边的 TCB），其他 3 个 TCB 都采用了 FPN 特征融合的思想。第一个 TCB 的结构如下。

```
layer {
  name: "TL6_1"
  type: "Convolution"
  bottom: "conv8_2"
  top: "TL6_1"
  param {
    lr_mult: 1
    decay_mult: 1
  }
  param {
    lr_mult: 2
    decay_mult: 0
  }
  convolution_param {
    num_output: 256
    pad: 1
    kernel_size: 3
    stride: 1
    weight_filler {
      type: "xavier"
    }
    bias_filler {
      type: "constant"
      value: 0
    }
  }
}
layer {
  name: "TL6_1_relu"
  type: "ReLU"
  bottom: "TL6_1"
  top: "TL6_1"
}
layer {
  name: "TL6_2"
  type: "Convolution"
  bottom: "TL6_1"
  top: "TL6_2"
  param {
    lr_mult: 1
    decay_mult: 1
```

```
    }
    param {
      lr_mult: 2
      decay_mult: 0
    }
    convolution_param {
      num_output: 256
      pad: 1
      kernel_size: 3
      stride: 1
      weight_filler {
        type: "xavier"
      }
      bias_filler {
        type: "constant"
        value: 0
      }
    }
  }
  layer {
    name: "TL6_2_relu"
    type: "ReLU"
    bottom: "TL6_2"
    top: "TL6_2"
  }
  layer {
    name: "P6"
    type: "Convolution"
    bottom: "TL6_2"
    top: "P6"
    param {
      lr_mult: 1
      decay_mult: 1
    }
    param {
      lr_mult: 2
      decay_mult: 0
    }
    convolution_param {
      num_output: 256
      pad: 1
      kernel_size: 3
```

```
      stride: 1
      weight_filler {
        type: "xavier"
      }
      bias_filler {
        type: "constant"
        value: 0
      }
    }
  }
}
layer {
  name: "P6_relu"
  type: "ReLU"
  bottom: "P6"
  top: "P6"
}
```

第一个 TCB 只包含 3 个卷积层（每个卷积层后跟一个 ReLU 层），用于输出转换后的特征图的层记为 "P6"。在第二个 TCB 中，同样先进行两步卷积操作，然后对第一个 TCB 输出的特征图进行上采样，代码如下。

```
layer {
  name: "P6-up"
  type: "Deconvolution"
  bottom: "P6"
  top: "P6-up"
  param {
    lr_mult: 1
    decay_mult: 1
  }
  param {
    lr_mult: 2
    decay_mult: 0
  }
  convolution_param {
    num_output: 256
    pad: 0
    kernel_size: 2
    stride: 2
    weight_filler {
      type: "xavier"
    }
```

```
    bias_filler {
      type: "constant"
      value: 0
    }
  }
}
```

接下来，如图 5.10 所示，对在两条路线上得到的特征图进行特征融合。这一过程需要在一个 Eltwise 层上完成，代码如下。Caffe 中的 Eltwise 层可在不指定参数的情况下默认完成对应元素相加的操作。

```
layer {
  name: "Elt5"
  type: "Eltwise"
  bottom: "TL5_2"
  bottom: "P6-up"
  top: "Elt5"
}
layer {
  name: "Elt5_relu"
  type: "ReLU"
  bottom: "Elt5"
  top: "Elt5"
}
```

融合后的特征图经过第三个卷积层，得到了在 TCB 部分作为最终输出的特征图。在第二个 TCB 中，用于输出最终特征图的层记为"P5"。

剩下的两个 TCB 的内容与第二个 TCB 类似，这里不再赘述。只是和在 SSD 中一样，因为 conv4_3 和 conv5_3 这两层与其他层的特征值不同，所以，需要先对其进行 L2 归一化，再输入 TCB 进行后续操作。ARM 中的 4 个层 conv8_2、fc7、conv5_3、conv4_3，经过 TCB 的输出，分别对应于 P6、P5、P4、P3 层的输出。

ODM 的输入是 P6、P5、P4、P3 层的输出。在 ODM 中将完成 anchor 的位置精修和对目标类别的分类。这个过程在 4 个层级上是相同的，下面以 P3 层的输出特征图在 ODM 中的操作为例进行介绍。

这个过程和 SSD 中的类似。在 `mbox_loc` 层对 anchor 进行精修。`num_output` 为 12，表示在特征图的每个位置上都有 3 个 anchor，每个 anchor 可以预测 4 个回归参数。permute 和 flatten 操作则是在为后面的合并做准备。

　　mbox_conf 层对 anchor 中的目标进行分类。num_output 为 63，表示在特征图的每个位置上都有 3 个 anchor，每个 anchor 预测 Pascal VOC 数据集上的 20 个类别和 1 个背景类别（共计 21 个类别）的置信度。ODM 部分的最后是 2 个合并层 odm_loc 和 odm_conf。将这 4 个层的结果合并，得到的 ODM 部分就是最终的结果。

　　arm_conf 中的置信度，在通过 softmax 操作得到最终的前景/背景类别判断结果前，会进行一次 reshape 操作。在这里，要先把最后一个维度的值改为 2，使其对应于两个类别，再进行 softmax 操作，最后将结果"拉平"，以便进行后续操作。相关代码如下。

```
layer {
  name: "arm_conf_reshape"
  type: "Reshape"
  bottom: "arm_conf"
  top: "arm_conf_reshape"
  reshape_param {
    shape {
      dim: 0
      dim: -1
      dim: 2
    }
  }
}
layer {
  name: "arm_conf_softmax"
  type: "Softmax"
  bottom: "arm_conf_reshape"
  top: "arm_conf_softmax"
  softmax_param {
    axis: 2
  }
}
layer {
  name: "arm_conf_flatten"
  type: "Flatten"
  bottom: "arm_conf_softmax"
  top: "arm_conf_flatten"
  flatten_param {
    axis: 1
```

```
    }
}
```

对 odm_conf 中的置信度，同样需要进行 reshape 操作。不过，在这里要把最后一个维度的值改为 21（在 COCO 数据集上进行训练时，该值为 81），对应于 21 个类别，再进行 softmax 操作。最后，同样将结果"拉平"。相关代码如下。

```
layer {
  name: "odm_conf_reshape"
  type: "Reshape"
  bottom: "odm_conf"
  top: "odm_conf_reshape"
  reshape_param {
    shape {
      dim: 0
      dim: -1
      dim: 21
    }
  }
}
layer {
  name: "odm_conf_softmax"
  type: "Softmax"
  bottom: "odm_conf_reshape"
  top: "odm_conf_softmax"
  softmax_param {
    axis: 2
  }
}
layer {
  name: "odm_conf_flatten"
  type: "Flatten"
  bottom: "odm_conf_softmax"
  top: "odm_conf_flatten"
  flatten_param {
    axis: 1
  }
}
```

在测试过程中，最终的检测结果在 detection_out 层输出，代码如下。

```
layer {
  name: "detection_out"
```

```
type: "DetectionOutput"
bottom: "odm_loc"
bottom: "odm_conf_flatten"
bottom: "arm_priorbox"
bottom: "arm_conf_flatten"
bottom: "arm_loc"
top: "detection_out"
include {
  phase: TEST
}
detection_output_param {
  num_classes: 21
  share_location: true
  background_label_id: 0
  nms_param {
    nms_threshold: 0.45
    top_k: 1000
  }
  code_type: CENTER_SIZE
  keep_top_k: 500
  confidence_threshold: 0.01
  objectness_score: 0.01
  }
}
```

得到 arm_loc、arm_conf、arm_priorbox 的结果后，直接在 arm_loss 层中进行关于 ARM 损失的计算，代码如下。

```
layer {
  name: "arm_loss"
  type: "MultiBoxLoss"
  bottom: "arm_loc"
  bottom: "arm_conf"
  bottom: "arm_priorbox"
  bottom: "label"
  top: "arm_loss"
  include {
    phase: TRAIN
  }
  propagate_down: true
  propagate_down: true
  propagate_down: false
```

```
    propagate_down: false
    loss_param {
      normalization: VALID
    }
    multibox_loss_param {
      loc_loss_type: SMOOTH_L1
      conf_loss_type: SOFTMAX
      loc_weight: 1.0
      num_classes: 2
      share_location: true
      match_type: PER_PREDICTION
      overlap_threshold: 0.5
      use_prior_for_matching: true
      background_label_id: 0
      use_difficult_gt: true
      neg_pos_ratio: 3.0
      neg_overlap: 0.5
      code_type: CENTER_SIZE
      ignore_cross_boundary_bbox: false
      mining_type: MAX_NEGATIVE
      objectness_score: 0.01
    }
}
```

将 odm_loc、odm_conf 计算得到的结果，以及在 arm_priorbox、arm_conf_flatten、arm_loc 层中得到的结果，放到 odm_loss 层中，进行关于 ODM 损失的计算，代码如下。

```
layer {
  name: "odm_loss"
  type: "MultiBoxLoss"
  bottom: "odm_loc"
  bottom: "odm_conf"
  bottom: "arm_priorbox"
  bottom: "label"
  bottom: "arm_conf_flatten"
  bottom: "arm_loc"
  top: "odm_loss"
  include {
    phase: TRAIN
  }
  propagate_down: true
```

```
propagate_down: true
propagate_down: false
propagate_down: false
propagate_down: false
propagate_down: false
loss_param {
  normalization: VALID
}
multibox_loss_param {
  loc_loss_type: SMOOTH_L1
  conf_loss_type: SOFTMAX
  loc_weight: 1.0
  num_classes: 21
  share_location: true
  match_type: PER_PREDICTION
  overlap_threshold: 0.5
  use_prior_for_matching: true
  background_label_id: 0
  use_difficult_gt: true
  neg_pos_ratio: 3.0
  neg_overlap: 0.5
  code_type: CENTER_SIZE
  ignore_cross_boundary_bbox: false
  mining_type: MAX_NEGATIVE
  objectness_score: 0.01
}
}
```

5.3.3　训练过程

RefineDet 关于 GT 与 anchor 的匹配及正负样本的划分都与 SSD 一致，在训练中同样使用难负样本挖掘方法，同时控制正负样本比例接近 1∶3（参见 5.1 节）。

RefineDet 的损失函数包括 ARM 损失和 ODM 损失两部分。在 Faster R-CNN 中，网络的损失函数包括 RPN 的损失函数和 Fast R-CNN 的损失函数，整个网络的训练是通过四步训练法完成的，RPN 和 Fast R-CNN 无法从一开始就进行联合训练。但在 RefineDet 中，ARM 和 ODM 从一开始就是作为一个整体训练的，并一起进行反向传播。

RefineDet 的损失函数如式 5.7 所示。

$$L(\{p_i\}, \{x_i\}, \{c_i\}, \{t_i\})$$

$$= \frac{1}{N_{\text{arm}}} \left(\sum_i L_{\text{b}}(p_i, [l_i^* \geqslant 1]) + \sum_i [l_i^* \geqslant 1] L_{\text{r}}(x_i, g_i^*) \right) + \qquad (\text{式 5.7})$$

$$\frac{1}{N_{\text{odm}}} \left(\sum_i L_{\text{m}}(c_i, l_i^*) + \sum_i [l_i^* \geqslant 1] L_{\text{r}}(t_i, g_i^*) \right)$$

其中，i 表示一个 mini-batch（默认大小为 32）中的一个 anchor 的索引，l_i^* 表示索引为 i 的 anchor 所对应的真实类别标签，g_i^* 表示索引为 i 的 anchor 所对应的真实边界框的位置和大小，p_i 和 x_i 分别表示索引为 i 的 anchor 在 ARM 中预测得到的目标置信度和对 anchor 进行粗略调整的参数，c_i 和 t_i 分别表示在 ODM 中预测得到的目标类别和边界框回归参数，N_{arm} 与 N_{odm} 对应于 ARM 和 ODM 中正样本 anchor 的数量。若 $N_{\text{arm}} = 0$，就将 ARM 部分的损失置为 0；若 $N_{\text{odm}} = 0$，就将 ODM 部分的损失置为 0。

二分类损失 L_{b} 是一个对于目标与非目标两个类别的交叉熵或对数损失，而多分类损失 L_{m} 是一个对于多个类别的 softmax 损失。和 Fast R-CNN 类似，回归损失 L_{r} 是一个 smooth L1 损失。$[l_i^* \geqslant 1]$ 这一项在 anchor 的类别标签大于 0 时等于 1；当 anchor 的类别标签等于 0 时，表示 anchor 是背景类别，不包含目标，$[l_i^* \geqslant 1]$ 这一项在此时为 0。因此，$[l_i^* \geqslant 1] L_{\text{r}}$ 表达式表明了回归损失会过滤负样本。

5.4　YOLO

YOLO 是最早出现的单阶段目标检测方法，也是第一个实现了实时目标检测的方法。YOLO 能达到 45 帧/秒的检测速度。此外，YOLO 的 mAP 是其他实时检测系统的 2 倍甚至更高。YOLO 让人们对基于深度学习的目标检测方法的检测速度有了新的认识。

5.4.1　YOLO v1[4]

YOLO v1 将检测视为回归问题，因此，处理图像的流程简单、直接。首先将输入图像的尺寸调整为 448 像素×448 像素，然后在图像上运行卷积网络，最后由全连接层进行检测。

与基于滑动窗口和区域建议的方法不同，YOLO 在训练和测试时能够看到整个图像，因此，其在进行预测时会对图像进行全面的推理。基于区域建议的 Fast R-CNN 方法就因为看不到更多的上下文信息而在图像中将背景误检为目标（与之相比，YOLO 的背景误检数少了很多）。YOLO 不仅能够使用整个图像的特征来预测每个边界框，还可以同时预测一个图像中所有类别的所有边界框。

YOLO 将输入图像分成 $S \times S$ 的网格。如果某个目标的中心点落入一个网格单元，则该目标由该网格单元负责检测。每个网格单元预测 n 个边界框及这些边界框的置信度分数。这些置信度分数反映了 YOLO 对边界框中是否包含目标的信心，以及其预测的边界框的准确程度。如果该单元格中不存在目标，那么置信度分数为 0；否则，置信度分数应等于预测框与真实值的 IoU。在形式上，置信度被定义为 $\mathrm{Pr(Object)} \times \mathrm{IoU}$（这里的 IoU 为预测边界框与真值边界框的 IoU）。当该边界框为背景（即不包含目标）时，$\mathrm{Pr(Object)} = 0$；当该边界框中包含目标时，$\mathrm{Pr(Object)} = 1$。

每个边界框包含 5 个预测值，分别是 x、y、w、h 和置信度。x 和 y 分别表示边界框的中心相对于网格单元边界的距离。宽度 w 和高度 h 是相对于整个图像预测出来的。

每个网格单元还预测了 C 个条件类别概率 $\mathrm{Pr(Class\ i|Object)}$。这些概率以网格单元包含目标为条件，每个网格单元只预测一组类别的概率，而不管边界框的数量 B 是多少。

在测试时，将条件概率和单个预测框的置信度相乘，得到每个框的特定类别的置信度分数。这些分数量化表示了该类别出现在框中的概率，以及预测框拟合目标的程度。

$$\mathrm{Pr(Class\ i|Object)} \times \mathrm{Pr(Object)} \times \mathrm{IoU} = \mathrm{Pr(Class\ i)} \times \mathrm{IoU} \qquad （式 5.8）$$

YOLO 的回归检测过程，如图 5.11 所示。YOLO 将图像分成 $S \times S$ 的网格，每个网格单元都要预测 B 个边界框和 C 个类别的概率。这些预测结果被编码为 $S \times S \times (B \times 5 + C)$ 的张量。为了在 Pascal VOC 数据集上评估 YOLO，我们使 $S = 7$、$B = 2$。因为 Pascal VOC 数据集中有 20 个标注类，所以 $C = 20$。最终的预测结果是 $7 \times 7 \times 30$ 维的张量。

如图 5.12 所示，YOLO 网络的初始卷积层从图像中提取特征，全连接层预测并输出所有边界框的 5 个预测值。YOLO 的检测网络中有 24 个卷积层和 2 个全连接层。

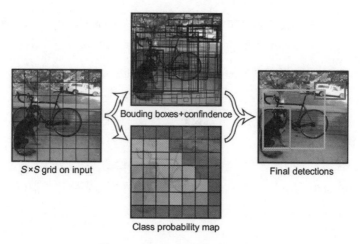

图 5.11　YOLO 的回归检测过程

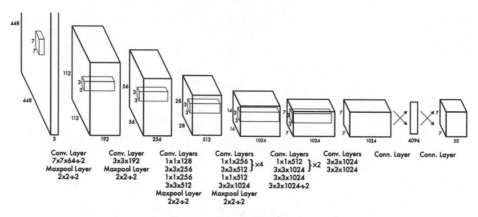

图 5.12　YOLO 的网络结构

　　YOLO 并没有像 SSD 和 Faster R-CNN 那样，选择 VGGNet 或者其他经典的 CNN 模型作为基础网络。YOLO 使用基于 GoogLeNet 架构的自定义网络 DarkNet 作为基础网络。DarkNet 的运行速度比 VGG16 快，这也使 YOLO 的运行速度得到了提升。

　　YOLO 的局限也非常明显。与两阶段目标检测系统相比，YOLO 产生了更多的定位误差且在精度上落后（对小目标的检测效果尤其差）。同时，YOLO 对边界框预测施加了空间约束（因为每个网格单元只预测两个边界框，并且只有一个类别）。这个空间约束限制了 YOLO 可以预测的邻近目标的数量，因此，使用 YOLO 对鸟群、人群和车队进行预测的效果并不理想。

YOLO 的一个较小版本 Fast YOLO，通过将 YOLO v1 的卷积层从 24 层压缩到 9 层，使处理速度达到了惊人的 155 帧/秒，并在这些层中使用较少的滤波器。除了网络规模，YOLO 和 Fast YOLO 的所有训练和测试参数都是相同的。

5.4.2　YOLO v2[5]

2016 年年底，YOLO 的作者推出了更快、更好的升级版 YOLO v2，以及一个可以检测超过 9000 个目标类别的模型——YOLO9000。在 67 帧/秒的处理速度下，YOLO v2 在 Pascal VOC 2007 数据集上获得了 76.8% 的 mAP。在 40 帧/秒的处理速度下，YOLO v2 获得了 78.6% 的 mAP——比 Faster R-CNN、SSD 等方法的表现更出色。YOLO9000 是通过一种联合训练目标检测与分类的方法，在 COCO 检测数据集和 ImageNet 分类数据集上同时训练得到的。这种联合训练方法允许 YOLO9000 预测未标注的检测数据的目标类别。YOLO9000 能够预测超过 9000 个不同的目标类别并保持实时运行。

YOLO 与 Fast R-CNN 的误差分析表明，YOLO 产生了大量的定位误差且召回率（用于衡量漏检样本在总样本中的比例）相对较低。因此，YOLO v2 侧重于提高召回率和改进定位，同时保持分类的准确性。

YOLO v2 在所有的卷积层上都添加了批标准化操作，使 mAP 获得了 2% 的提升。有了批标准化，便可以省略 dropout 操作（因为批标准化也有抵消过拟合的作用）。

在 YOLO 中，边界框的坐标是直接通过顶部的全连接层预测出来的。而在 Faster R-CNN 中，网络预测的是边界框相对 anchor 的偏移的计算参数，并非直接预测边界框的坐标。同时，因为 Faster R-CNN 使用卷积层进行边界框的预测，所以，在特征图上的所有位置都可以进行预测。预测偏移简化了边界框的定位问题，并且使网络更容易训练。于是，YOLO v2 也引入了 anchor box 的概念来预测边界框，并去掉了全连接层。

YOLO v2 缩小了网络的输入，将原本 448×448 的输入调整为 416×416。因为 YOLO v2 的卷积层会对图像进行 32 倍的下采样，所以，416 像素×416 像素的输入图像最终会得到 13×13 的特征图，于是，YOLO 中 7×7 的网格划分在 YOLO v2 中变成了 13×13，如图 5.13 所示。

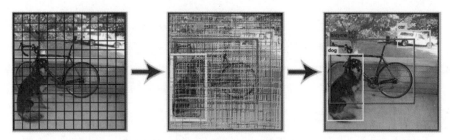

图 5.13　YOLO v2 的检测步骤

在 YOLO 中，对每幅图像只预测 98（$7 \times 7 \times 2$）个边界框。使用 anchor box 之后，YOLO v2 预测的边界框的数量超过了 1000 个。尽管 mAP 略有下降，但召回率的上升意味着模型还有很大的提升空间。

不过，YOLO 直接使用 anchor box 时，会遇到模型不稳定的问题。这个问题主要由预测边界框位置 (x, y) 的选择所致。前面介绍的边界框回归参数是指预测边界框相对于建议框或者 anchor 的变化量，而这个偏移是不受限制的，可以偏移到图像的任意位置，因此，随机初始化模型需要很长时间才能稳定地预测出合理的偏移量。如式 5.9 和式 5.10 所示，YOLO v2 使用逻辑激活函数限制中心偏移的位置，σ 表示 sigmoid 函数，输出在 0 和 1 之间，(c_x, c_y) 为 anchor 坐标，以保证框的中心不会偏出当前网格的范围。

$$b_x = \sigma(t_x) + c_x \qquad\qquad\qquad\text{（式 5.9）}$$

$$b_y = \sigma(t_y) + c_y \qquad\qquad\qquad\text{（式 5.10）}$$

YOLO v2 在 13×13 的特征图上进行检测。在低分辨率的特征图上，对较大的目标进行检测还算容易，但对较小的目标就有些力不从心了。SSD 能在不同尺寸的特征图上进行检测，以对应不同大小的目标，而 YOLO v2 采用了与 SSD 不同的方法。YOLO v2 增加了一个传送层（passthrough layer），从更早的 26×26 的特征图中传送低层特征。传送层通过将相邻的特征堆叠到不同的通道上来连接高分辨率特征和低分辨率特征，过程是：将 $26 \times 26 \times 512$ 的特征图转换为 $13 \times 13 \times 2048$ 的特征图，然后与顶层的 13×13 的特征图连接。添加传送层可以使模型的性能提高 1%。

YOLO v2 的基础网络也进行了调整，使用了 DarkNet-19 分类网络。该网络有 19 个卷积层和 5 个最大池化层。与 DarkNet 相比，DarkNet-19 将 ImageNet 分类任务的 TOP-5 准确率提升了 3.2%（DarkNet 为 88%，DarkNet-19 为 91.2%）。

5.4.3　YOLO v3[6]

2018 年年初，YOLO 迎来了改进版本 YOLO v3。YOLO v3 在整体结构上有较大的改动，其中比较重要的是使用多个独立的逻辑分类器代替 softmax 函数，以及使用类似 FPN 的方法进行多尺寸预测。YOLO v2 的速度非常快，而 YOLO v3 为了提升精度，在速度上进行了一定的舍弃。速度的下降与基础网络 DarkNet 复杂度的提高直接相关。YOLO v2 使用 DarkNet-19 基础网络，其模型共有 30 层网络；YOLO v3 使用 DarkNet-53 基础网络，其模型共有 106 层网络（网络的加深导致了速度的下降）。然而，网络的加深也使一些在当前先进的模型中比较重要和流行的结构能出现在 YOLO v3 上，包括跳层连接与残差模块、多尺寸检测，以及上采样与特征融合过程。

YOLO v3 的结构，如图 5.14 所示：数字表示该层的编号；蓝色的结构表示残差模块，包含卷积层和跳层连接；绿色的结构表示上采样层；黄色的结构表示进行检测的一系列层。

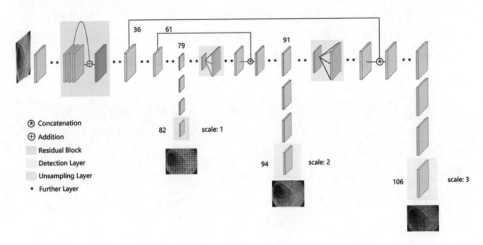

图 5.14　YOLO v3 的结构

尽管 YOLO v3 结合了残差跳层连接和上采样这样的先进结构，但更吸引我们的无疑是它能够在 3 个尺寸上进行检测。YOLO v2 只能在单一的特征图上使用 1×1 的卷积核进行检测，而 YOLO v3 吸收了 FPN 的思想，能在网络中 3 个不同位置的 3 个不同尺寸的特征图上使用 1×1 的卷积核进行检测——在这 3 个用于检测的特征图中，有 2 个是在进行上采样及特征融合之后得到的。

用于检测的卷积核的尺寸是 $1 \times 1 \times (B \times (5 + C))$。这里的 B 表示特征图中

一个单元能够预测的边界框的数量；5 代表 4 个边界框回归的参数和 1 个边界框所包含目标的置信度；C 表示网络能够预测的目标类别的数量。对在 COCO 数据集上训练的 YOLO v3，取 $B=3$、$C=80$，所以卷积核的大小为 $1 \times 1 \times 255$。尽管卷积操作生成的特征图与原来的特征图有相同的宽和高，但深度仍为卷积核的深度，且包含检测得到的结果。检测结果如图 5.14 所示，在特征图的每个单元的深度中按顺序排列 $B=3$ 个边界框的信息，在每个边界框的信息中按顺序排列 4 个边界框回归参数、1 个包含目标置信度及属于 $C=80$ 个类别的概率。

这 3 个用于检测的特征图的步长分别为 32、16、8，即特征图中一个单元分别对应于原输入图像中 32×32、16×16、8×8 的区域。第一个检测层位于第 82 层，这一层的特征图的步长为 32，对于 416 像素×416 像素的输入图像，该层特征图的分辨率为 13×13，得到 $13 \times 13 \times 255$ 的检测结果。

第 79 层得到的特征图在进行一系列卷积操作之后，进行了 2 倍的上采样，得到的特征图从 13×13 变为 26×26。再通过一系列操作，与第 61 层得到的特征图以拼接（concatenation）的方式进行特征融合。在拼接时将进行深度的叠加，$26 \times 26 \times 512$ 的特征图与 $26 \times 26 \times 256$ 的特征图拼接，得到 $26 \times 26 \times 768$ 的特征图。然后，在第二个检测层的第 94 层进行检测，得到 $26 \times 26 \times 255$ 的检测结果。

随后的过程与前面介绍的类似，在对第 91 层得到的特征图进行一系列卷积操作之后进行上采样，在进行一系列卷积操作之后与第 36 层进行特征融合，最后到第三个检测层的第 106 层进行检测，得到 $52 \times 52 \times 255$ 的检测结果。

在不同尺寸的特征图上进行检测，使得 YOLO v3 比 YOLO v2 对小目标的检测效果更好。理论上，特征图尺寸为 13×13 的层用于检测大目标，26×26 的层用于检测中等目标，52×52 的层用于检测小目标。

YOLO v3 共使用了 9 种 anchor box，每种有 3 个尺寸。如果需要在自己的数据集中训练 YOLO v3，那么这 9 种 anchor box 应该由 K-means 算法聚类得到。然后，把 anchor box 按大小排列并划分为 3 个尺寸。YOLO v3 的预测边界框的数量是 YOLO v2 的 10 多倍。对于 416 像素×416 像素的输入图像，YOLO v2 在 13×13 的特征图上的每个单元中预测 5 个，共有 845 个边界框，而 YOLO v3 的预测边界框的数量达 10647 个——这也能解释为什么 YOLO v3 的速度比较慢。

另外，YOLO v3 在目标分类上直接使用逻辑分类器代替 softmax 函数，主要原因是 softmax 函数要为每个边界框分配一个类别。而使用多个独立的逻辑分类器可以对同一个边界框进行多个类别的预测，这样，在进行目标分类时，就可以为一个目标预测多个类别（例如，一个目标既是"人"，也是"女人"）了。由于类间竞争的存在，softmax 函数只能选出一个最突出的类别，而如果单独对每个类别进行逻辑回归预测，那么最终分数大于阈值的类别都可以被选为边界框中目标的类别。

5.5　目标检测算法应用场景举例

在本节中，我们简单介绍两个典型应用场景——高速公路坑洞检测（在本书的第 10 章中，还将介绍一个较为复杂的应用生成对抗网络进行道路坑洞检测的案例）和息肉检测，从准确率、召回率、单分类/多分类等角度比较目标检测算法在这两个场景中的精度。

5.5.1　高速公路坑洞检测

高速公路的路面经常会出现破损的情况，降雨之后尤其明显。本节选取了 RetinaNet 和 Faster R-CNN 两种具有代表性的检测网络，比较它们在坑洞检测中的精度。

标注是目标检测中最重要、耗时最长的工作之一。在标注过程中，分类方法的选取关系到识别的准确率。

有两种分类方法可供选择，即单分类和多分类。单分类是指只标注坑洞，将待检测目标分为两类（坑洞和背景）；多分类是指将坑洞、路面破损等较难识别的相似特征作为独立分类加以标注，如图 5.15 所示。下面对这两种方法的检测精度进行对比。

由于破损样本较难获取，所以训练集中只有 1200 幅图像。分别用 N_{tp}、N_{fp} 和 N_{fn} 代表真阳（true positive）、伪阳（false positive）和伪阴（false negative）样本的数量，用 P 代表准确率，用 R 代表召回率，如式 5.11 和式 5.12 所示。

$$P = \frac{N_{tp}}{N_{tp} + N_{fp}} \tag{式 5.11}$$

$$R = \frac{N_{tp}}{N_{tp} + N_{fn}} \tag{式 5.12}$$

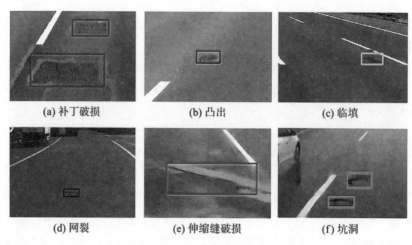

(a) 补丁破损 (b) 凸出 (c) 临填

(d) 网裂 (e) 伸缩缝破损 (f) 坑洞

图 5.15　坑洞检测的多分类标注

在采用单分类标记的前提下，比较两种检测网络的准确率和召回率。如表 5.1 所示，RetinaNet 的检测精度较高，准确率和召回率分别达到了 0.82 和 0.79。

表 5.1　RetinaNet 和 Faster R–CNN 实验结果比较

检测网络	准 确 率	召 回 率
RetinaNet	0.82	0.79
Faster R-CNN	0.11	0.79

选取两种检测方法中表现较好的 RetinaNet，比较单分类和多分类两种标记方法在其上的检测精度。实验结果表明，多分类标记方法的检测精度不如单分类标记方法（这是由训练样本数量少、不同类别样本数量不均衡导致的）。

5.5.2　息肉检测

目标检测算法也经常被用在结肠镜检查的息肉辅助检测中。相对于高速公路坑洞检测，这方面的训练样本是充足的。在本节中，我们选取了 Faster R-CNN、RefineDet 和 RetinaNet 三种检测网络。

在标注过程中，仍然采取单分类和多分类两种分类方法。单分类是指只标注息肉，将待检测目标分为两类，即息肉和背景，而气泡、回光瓣、杂质被作为背景的一部分；多分类是指将每一类非息肉作为一个类别进行标注。

为了提高准确率和召回率，将测试集中难以识别的误检和漏检图像提取出来，重新添加标记，然后与训练集一起送入卷积神经网络进行训练（可以使卷积神经网络学到更多的特征）。基于难负样本挖掘的训练方法是一种常用的提升检测精度的方法，它的优点是容易掌握、效果明显。

在实验过程中，选取了来自 100 位患者的 20000 个样本作为训练集，正负样本比例接近 1 : 3，并将所有图像的大小调整为 320 像素 × 320 像素（作为卷积神经网络的输入）。

在采用多分类标记的前提下，比较三种检测网络的准确率、召回率和息肉 AP。如图 5.16 所示，RetinaNet 的检测精度最高，准确率、召回率和息肉 AP 分别达到了 0.94、0.86 和 0.87。同时，我们可以看到，RefineDet 的检测精度要高于 Faster R-CNN。

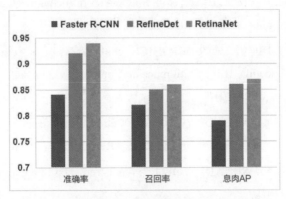

图 5.16　三种检测网络比较

选取三种检测网络中表现最好的 RetinaNet，比较三种标记方法在 RetinaNet 上的检测精度。如表 5.2 所示，多分类方法的准确率要高于单分类方法，这是因为，在训练样本充足的情况下，单分类中的伪阳样本在多分类中被归入了正确的类别（这与 5.5.1 节高速公路坑洞检测实验的结果恰好相反）。

表 5.2　单分类和多分类检测结果比较

分类方法	准 确 率	召 回 率	息肉 AP
多分类	0.93	0.86	0.87
单分类	0.91	0.86	0.85

5.6　小结

本章介绍了 SSD、RetinaNet、RefineDet、YOLO v1、YOLO v2、YOLO v3 等单阶段目标检测方法，并重点介绍了这些方法的创新点及相应的 Caffe 实现。

至此，基于深度学习的目标检测方法的基础理论部分就结束了。接下来，会为读者展示目标检测在医学影像检测和交通领域的应用案例。

参考资料

[1] W. LIU, D. ANGUELOV, D. ERHAN, et al. SSD: Single shot multibox detector. European Conference on Computer Vision (ECCV), 2016.

[2] T. LIN, P. GOYAL, R. GIRSHICK, et al. Focal loss for dense object detection. arXiv: 1708.02002v2, 2018.

[3] S. ZHANG, L. WEN, X. BIAN, et al. Single-shot refinement neural network for object detection. arXiv: 1711.06897, 2018.

[4] REDMON, S. DIVVALA, R. GIRSHICK, et al. You only look once: Unified, real-time object detection. IEEE Conference on Computer Vision and Pattern Recognition (CVPR), 2016.

[5] J. REDMON, A. FARHADI. YOLO9000: Better, faster, stronger. IEEE Conference on Computer Vision and Pattern Recognition (CVPR), 2017.

[6] J. REDMON, A. FARHADI. YOLOv3: An incremental improvement. arXiv: 1804.02767, 2018.

应用篇

运用人工智能技术，由计算机自动进行医学影像分析，可以辅助医生做出诊断，大大降低误诊的概率。第 6 章和第 7 章将分别介绍基于深度学习的肋骨骨折和肺结节辅助检测方法。

无人驾驶系统是一个复杂的智能控制系统，它集合了机械控制、路径规划、智能感知等模块，最终利用车内计算机系统实现自动驾驶操作。车道线检测是无人驾驶系统中感知模块的重要组成部分，第 8 章将详细介绍利用视觉算法解决车道线检测问题的方法。

随着人工智能技术的快速发展，智能安防领域得到了越来越多的重视。交通视频分析作为安防领域的重要内容，一直备受关注。第 9 章将介绍基于深度学习的视频结构化分析方法。

路面坑槽是高速公路常见的"病害"之一，会严重影响路面的行驶质量、通行效率和通行安全。第 10 章将探讨道路坑洞检测系统的工作流程。

第6章　肋骨骨折检测

肋骨骨折是一种常见的胸部损伤，主要分为移位性骨折、非移位性骨折和陈旧性骨折。目前，通常通过胸部 CT（computed tomography，电子计算机断层扫描）对肋骨骨折进行诊断，如图 6.1 所示。由于胸部 CT 切片数量巨大，所以诊断工作耗时很长。同时，由于肋骨在 CT 切片中的走向是倾斜的，需要医生连续观察、评估，给确诊带来了一定的难度，尤其是对细微的非移位性肋骨骨折及同一个患者有多处肋骨骨折的情况，漏诊率可达 30%[1]。

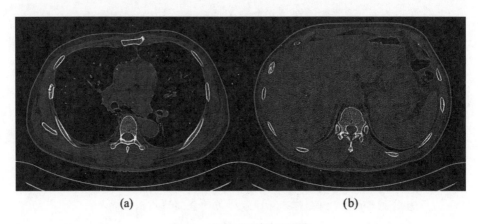

图 6.1　胸部 CT 横切面图像

基于此，本章给出了一种图像处理与卷积神经网络相结合的肋骨骨折检测方法。该方法将胸部 CT 图像中的肋骨区域提取并与基于三维卷积核的图像分类相结合，以达到提升目标检测精度的目的。与目前主流的基于卷积神经网络的目标检测方法相比，该方法有 30% 的精度提升。

6.1　国内外研究现状

针对肋骨骨折的辅助检测，主要通过对肋骨进行三维重建来帮助医生更好地从多个角度观察肋骨，从而达到降低漏检率的目的。

2010 年，国际商业机器公司（IBM）的 Jolivet 等研究人员提出了一种基于三次样条曲线的肋骨重建方法。该方法先用无线电不透明标记在胸部正侧位 X 光片中对肋骨上的对应点进行采样，然后以标记坐标作为三次样条曲线的控制点来绘制样条曲线。该方法相对于传统方法的优点是三维重建速度快，缺点是采样会漏掉重要信息，导致骨折检测精度不高[2]。

同年，德国柏林祖斯研究所（Zuse Institute Berlin）的 Dworzak 等人提出了一种基于统计学肋骨模型（statistical shape model，SSM）的胸部 X 光片三维重建方法。该方法通过主成分分析法归纳出肋骨模型 S 的一般公式：

$$S(b, T) = T(\bar{v} + \sum_{i=1}^{n} b_i p_i)$$

其中，$\bar{v}$ 代表基础模型，p_i 代表形状模式，b_i 代表形状模式的权值，$\sum_{i=1}^{n} b_i p_i$ 用于控制模型形状，T 代表模型位置、旋转、缩放等组合参数，通过计算 SSM 在二维平面上的投影与胸部 X 光片中肋骨之间距离为最小值时的参数，得到肋骨的位置和形态。该方法建模速度快，但受限于 X 光片的精度，对肋骨骨折检测的意义不大[3]。

2012 年，中国科学院深圳先进技术研究院胡庆茂教授团队提出了一种从胸部 CT 图像中自动分割肋骨的方法。该方法先通过给定亨氏距离阈值将肺部和骨骼分离，再通过计算梯度幅值得到肺部的轮廓，以帮助定位肋骨，然后以 CT 序列中的某幅图像为中心，找出该图像中的每块肋骨并记录对应肋骨的中心坐标，通过对 CT 序列进行前向和后向搜索，以对应肋骨的中心坐标为圆心，在给定半径的圆的范围内搜索相应肋骨在其他 CT 图像中的位置，最后将这些 CT 序列中的影像叠加，生成相应肋骨所对应的三维模型。虽然生成的肋骨三维模型可以帮助医生从多个角度观察肋骨、提高检测精度，但也存在三维重建效率低、微小骨折漏检率高的问题[4]。

除了三维重建方法，CT 曲面重建（curved plannar reformation，CPR）是近年研究的重点。CT 多层面重建（multiple plannar reformation，MPR）是最基本的三维重建成像方法。MPR 的图像序列是二维的，适用于任意平面的结构成像；CPR 则是在一个维度上选择特定的曲线路径，将该路径上的所有体素在同一平面上显示，可以一次评价曲度较大的结构（例如肋骨、脾动脉、胰管、冠状动脉等管状结构）的全部情况。参考资料 [5][6][7][8] 比较了以上两种方法的肋骨成像图。医生的反馈结果表明：CPR 比 MPR 的敏感度和准确度高、诊断时间短。

此外，2013 年，韩国科学院的 Kim 等人提出了一种基于支持向量机的肋骨骨折检测方法。该方法通过定量分析骨折部位的形变情况和局部纹理特征来判断是否有骨折发生。但是，受训练集小和过拟合的影响，该方法的误检率很高[9]。

6.2　解决方案

流行的基于卷积神经网络的目标检测方法（例如 YOLO v3、RefineDet），对细微特征（例如骨折位置）的检测效果一般。为此，本节给出了一种图像分割和卷积神经网络相结合的肋骨骨折检测方法。该方法最显著的特点是将医学影像分割和基于三维卷积核的卷积神经网络的图像分类方法相结合。相对于目前流行的基于卷积神经网络的目标检测方法，该方法在检测精度上有 10% 的提升。

该方法的基本流程，如图 6.2 所示。肋骨骨折检测的训练和测试过程大体相同，总体上可以分为肋骨区域提取和图像分类两个阶段。先通过计算 CT 值将肋骨轮廓从胸部 CT 图像中分离，然后将肋骨区域分割，最后利用基于卷积神经网络的图像分类方法判断分割区域中是否存在骨折。

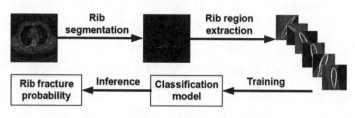

图 6.2　肋骨骨折检测方法的基本流程

6.3　预处理

如图 6.3 所示，在训练过程中，先依据 CT 值对整个集合中所有的胸部 CT 图像提取肋骨框架（如图 6.3(a) 和图 6.3(b) 所示），然后对每幅图片进行形态学膨胀操作（如图 6.3(b) 和图 6.3(c) 所示，其中结构元为圆形，半径为 1），以构建 2D 连通区域，最后依据连通区域的面积，剔除面积过小的连通区域，同时，依据连通区域的形态学特征，将胸腔冠状结构剔除，保证只有肋骨被保留。

形态学膨胀操作非常重要，因为它可以抚平有裂缝的肋骨。从如图 6.3(c) 所示的肋骨框架中分割出肋骨区域，如图 6.4(a) 所示，再对应到原始切片中，得到如图 6.4(b) 所示的待分类区域。

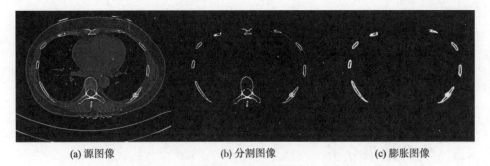

(a) 源图像　　　　　　　　(b) 分割图像　　　　　　　　(c) 膨胀图像

图 6.3　肋骨框架分割

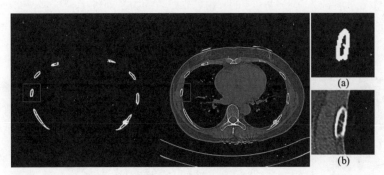

图 6.4　肋骨区域提取

6.4　肋骨骨折检测

传统的基于卷积神经网络的图像分类方法主要是针对二维输入图像进行设计的，虽然它对体积较大的物体取得了很好的分类效果，但对微小物体的 mAP 只有不到 40%。本节给出一种基于三维卷积核的图像分类方法，利用胸部 CT 序列的三维特征，选取一定数量的连续肋骨区域图像序列，将其送入图像分类网络，通过三维卷积核提取肋骨的三维特征，依据三维特征得到更好的分类结果。

如图 6.5 所示，分类网络主要由三组连续的卷积—池化操作组成。因为小尺寸的卷积核能够保留更多的细节特征，所以我们选取 $3 \times 3 \times 3$ 的卷积核。然后，经过一系列卷积池化操作，将特征图拉直。最后，通过全连接操作和 softmax 操作得到分类结果。实验证明：以 5 幅连续肋骨区域图像为一组，以 48 像素 × 48 像素作为输入图像的大小，能够得到最高的分类精度。

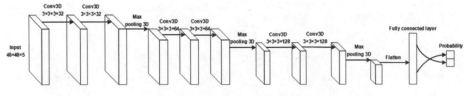

图 6.5　基于三维卷积核的肋骨骨折分类网络

6.5　实验结果分析

如图 6.6 所示，实验结果表明，6.4 节介绍的方法对细微骨折甚至多处骨折的情况都取得了很好的检测效果。在实验中，我们选取 120 个病例（每个病例都有 360 幅 CT 图像）作为样本。

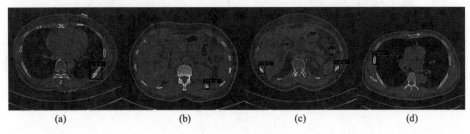

图 6.6　实验结果

首先，统计每个病例的检测时间。如图 6.7 所示：总的执行时间是 14.2 秒；耗时最长的是肋骨轮廓分割，占用了 48.6% 的执行时间；肋骨区域提取和骨折检测，都占用了 12% 的执行时间。每个病例有 360 幅 CT 图像，图像的平均处理时间是 39 毫秒。

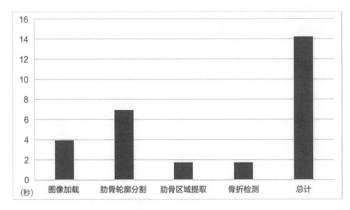

图 6.7　执行时间

随着训练样本数量的增加，准确率和召回率的变化情况，如图 6.8 所示。在从 80 个病例增加到 120 个病例的过程中，准确率和召回率也有了一定的提升，但受样本数量限制，无法判断当样本规模达到何值时准确率和召回率不再增大或者开始减小。

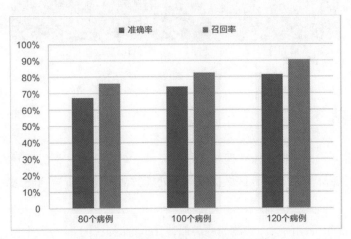

图 6.8　训练样本数量对检测结果的影响

接下来，分别统计采用 2D 卷积核和 3D 卷积核时的检测精度。实验证明：采用 3D 卷积核在检测精度上有 20%~30% 的提升。选取一个具有代表性的基于卷积神经网络的目标检测方法 YOLO v3 与本方法进行比较，如表 6.1 所示，本方法相对 YOLO v3 有 2.4 倍的提速。

表 6.1　本方法与 YOLO v3 方法的比较

方　　法	准 确 率	召 回 率	耗　　时
SCRFD	81.4%	90.4%	14.2 秒
YOLO v3	51.6%	46.3%	33.6 秒

最后，分析一下导致误检的原因。如图 6.9(a) 所示是将肩胛骨误检为肋骨骨折的情况，如图 6.9(b) 所示是与之类似的陈旧性骨折，显然，肩胛骨被归入了陈旧性骨折的情况。为了简单有效地降低误检率，需要增加训练样本的数量、丰富训练样本的种类，但是，训练样本往往是很难获取的。

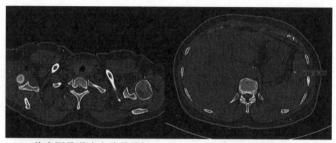

(a) 将肩胛骨误诊为肋骨骨折　　　　　(b) 陈旧性骨折

图 6.9　误检的情况

6.6　小结

本章给出了一种将图像处理与卷积神经网络结合的肋骨骨折检测方法，通过一系列肋骨轮廓分割和肋骨区域提取等预处理方法，将骨折检测问题转换成图像分类问题。

和 5.5.2 节介绍的息肉检测问题类似，骨折检测也属于针对微小物体的检测。但是，二者的区别在于：CT 图像中有大量的噪声，且骨折位置更加细微。所以，在本章中，我们先利用 DICOM 图像函数库提取 CT 值，将肋骨区域提取出来，再接入分类网络。实验结果表明，本章采取的方法比端到端的目标检测方法的精度和效率更高。这也说明，将传统的图像处理方法和深度学习结合，在某些情况下检测效果更好。

参考资料

[1]　M. DONNELLEY, G. KNOWLES. Computer aided long bone fracture detection. Eighth International Symposium on Signal Processing and ITS Applications, IEEE Xplore, 2005: 175-178.

[2]　E. JOLIVET, B. SANDOZ, S. LAPORTE, et al. Fast 3D reconstruction of the rib cage from biplanar radiographs. Medical & Biological Engineering & Computing, 2010, 48(8): 821-828.

[3]　J. DWORZAK, H. LAMECKER, B. J. VON, et al. 3D reconstruction of the human rib cage from 2D projection images using a statistical shape model. International Journal of Computer Assisted Radiology & Surgery, 2010, 5(2): 111-124.

[4]　L. ZHANG, X. LI, Q. HU. Automatic rib segmentation in chest CT volume data. International Conference on Biomedical Engineering and Biotechnology, IEEE, 2012: 750-753.

[5]　G. BIER, C. SCHABEL, A. OTHMAN, et al. Enhanced reading time efficiency by use of automatically unfolded CT rib reformations in acute trauma. European Journal of Radiology, 2015, 84(11): 2173-2180.

[6]　P. DANKERL, H. SEUSS, S. ELLMANN, et al. Evaluation of rib fractures on a single-in-plane image reformation of the rib cage in CT examinations. Academic Radiology, 2017, 24(2): 153-159.

[7]　P. A. GLEMSER, M. PFLEIDERER, A. HEGER, et al. New bone post-processing tools in forensic imaging: A multi-reader feasibility study to evaluate detection time and diagnostic accuracy in rib fracture assessment. International Journal of Legal Medicine, 2016, 131(2): 1-8.

[8]　H. RINGL, M. LAZAR, M. TÖPKER, et al. The ribs unfolded - a CT visualization algorithm for fast detection of rib fractures: Effect on sensitivity and specificity in trauma patients. European Radiology, 2015, 25(7): 1865-1874.

[9]　K. JAEIL, K. SUNGJUN, K. Y. JAE, et al. Quantitative measurement method for possible rib fractures in chest radiographs. Healthcare Informatics Research, 2013, 19(3): 196-204.

第 7 章　肺结节检测

　　随着经济的发展，以及人口老龄化、环境污染的加剧，肺癌已经成为全球发病率和死亡率最高的癌症之一[1]。肺癌没有明显的早期症状。虽然肺癌的早期切除可以有效提高患者的生存率，但多数自然就诊的患者发现肺癌时已属中晚期，错过了最佳治疗时机。因此，肺癌的预防和早期发现成为癌症控制的重点之一。

　　我国的多项研究表明，通过低剂量 CT 进行肺癌筛查，有助于肺癌的早期发现并提高肺癌检出率，应在健康体检人群中积极开展[2]。然而，在实际应用中，肺癌的筛查和预防面临很大的挑战。影像科医生的首要任务是反复逐层浏览三维 CT 图像，寻找肺结节区域，然后对发现的肺结节区域进行分析，判断它是否癌变并确定它的癌变程度。

　　肺结节是指 CT 图像上的一种表现为小的、局灶性的、类圆形的、密度较高的阴影，是可疑肺部癌变组织的一种影像学特征，其直径一般只有 3～30 毫米，在三维肺部 CT 图像中只占极小的面积。因此，检测肺结节对影像科医生来说是一项十分耗时且低效的工作。我国作为人口大国，医疗资源与肺癌早期筛查需求之间存在极度不平衡问题，大量社区医院、乡村医院患者的 CT 图像往往需要二级医院甚至三级医院的影像科医生来阅读分析，这也给影像科医生带来了极大的负担。因此，医疗机构迫切需要自动化的手段来高效地对这些肺部 CT 图像进行分析，从而辅助医生在早期筛查和诊断肺癌。

　　基于上述背景，我们在分析从肺部 CT 图像中自动检测肺结节的相关研究工作的基础上，给出了一套基于深度学习的全自动、高精度的肺结节自动检测解决方案。

7.1　国内外研究现状

　　一个肺结节自动检测算法通常分为两部分：一是肺结节可疑位置推荐算法；二是假阳性肺结节抑制算法。下面分别介绍这两个方面的研究进展。

1.　肺结节可疑位置推荐算法

肺结节可疑位置推荐算法在整个肺结节检测算法中非常关键，它决定了一个肺结节检测算法后续步骤的检测性能的上限。肺结节种类繁多，有实性的、半实性的、钙化的及贴近胸膜的等。一个优秀的肺结节可疑位置推荐算法，应该能从CT 图像中找出各种类型的结节，辅助医生进行肺癌的早期筛查。

然而，近年来，大部分的研究工作通常只关注某一种肺结节的可疑位置推荐。Murphy 等人提出了一种实性肺结节的可疑位置推荐算法[3]，首先计算肺部 CT 图像中各体素的形状指数和曲率，然后对这两个指标阈值化，以寻找可能属于实性肺结节的种子点，最后根据这些种子点来分割肺结节并推荐可疑位置。Jocobs 等人实现了一个半实性肺结节的可疑位置推荐算法[4]，直接通过区间阈值对 CT 图像阈值化，并对阈值化图像进行形态学操作，求出连通区域，从而推荐可疑肺结节的位置。由于有些贴在胸膜上的大型肺结节与胸膜组织的区分度较低，Setio 等人提出了专门针对大型肺结节的可疑位置推荐算法[5]，使用多级形态学操作提取大型肺结节。随后，在 Setio 等人[6]、Dou 等人[7] 的工作中，为了检测各种类型的肺结节，综合使用上述三种肺结节可疑位置推荐算法的结果，并把这三种算法中推荐的间距小于 5 毫米的可疑位置合并，使用目前 CT 图像数量最多、肺结节类型最全的肺结节检测数据集 LUNA16（lung nodule analysis 2016）进行实验，取得了较好的推荐效果——肺结节召回率 94.4%，平均每幅 CT 图像上有 622 个假阳性推荐位置。

目前，统一的多类型肺结节检测算法还没有得到广泛研究。Tan 等人将肺结节分为三类，分别是独立的、贴近血管的和贴近胸膜的，并针对不同类型的肺结节设计了不同的图像特征滤波器集合，在 LUNA16 数据集上取得了 92.9% 的肺结节召回率，平均每幅 CT 图像上有 333.0 个假阳性推荐位置[8]。与此同时，Dou 等人设计了一个浅层三维全卷积神经网络，并结合一种在线样本过滤算法，实现了端到端的多类型肺结节可疑位置推荐，在 LUNA16 数据集上把肺结节召回率进一步提升到 97.1%，并把平均每幅 CT 图像上假阳性推荐位置的数量减少到 219.1 个[9]。

2.　假阳性肺结节抑制算法

假阳性肺结节抑制算法决定了整个肺结节检测算法的检测效果。Murphy 等人、Messay 等人[10]、Jacobs 等人、Setio 等人设计了肺结节在 CT 图像上的一些手工图像特征，并使用传统的机器学习方法来抑制假阳性肺结节（这些工作只关注单一类型的肺结节）。

Murphy 等人提出的算法基于两个级联的 kNN（k-nearest neighbor，k 最近邻）分类器，使用推荐位置连通区域的大小、紧密度、球状性等特征来表示该位置的图像特性。Jacobs 等人则在传统的强度、形状、纹理特征的基础上增加了上下文特征，组成了 128 维的特征来表示肺结节的图像特征，并使用一种两级分类器来抑制假阳性肺结节。Tan 等人的工作关注多种类型的肺结节，借鉴了与上述方法相似的思路，提取推荐位置的形状特征和区域特征并使用 SVM 进行分类。该算法在 LUNA16 数据集上进行了全类型肺结节检测效果的验证，能在平均每幅 CT 图像只容忍 1 个假阳性肺结节的情况下达到 75.2% 的召回率。

近年来，随着卷积神经网络在图像处理领域的广泛使用，一些研究者也开始在医疗图像领域利用卷积神经网络自动提取图像特征。例如，Setio 等人提出了一个基于二维多视角的卷积神经网络来抑制假阳性肺结节。该网络是一个多输入的并行结构，每个输入是候选图像块的一个视角的截面（这种多视角的结构使二维卷积神经网络能抽取更多、更丰富的空间信息），在 LUNA16 数据集上能在平均每幅 CT 图像容忍 1 个假阳性肺结节的情况下达到 89.2% 的召回率。此外，Dou 等人提出，可以利用三维卷积神经网络来完成这个任务。相对而言，三维卷积神经网络能更好地抽取 CT 图像中的三维空间信息。Dou 等人设计了一个有三个尺寸的输入的浅层三维卷积神经网络来抽取多尺寸肺结节的纹理特征，在 LUNA16 数据集上能在平均每幅 CT 图像容忍 1 个假阳性肺结节的情况下达到了 97.2% 的召回率。

7.2　总体框架

下面介绍肺结节自动检测方案的总体框架。

7.2.1　肺结节数据集

近年来，ImageNet、COCO 等自然图像处理数据集推动了基于深度学习的自然图像处理领域分类、检测、分割算法的发展。同样，在医疗图像分析领域，高质量的数据集是算法设计与算法性能验证的基础。

本章使用的数据集来自 LUNA16[11]，它是肺结节检测算法研究领域最大、最权威的数据集。该数据集基于美国癌症中心公开的 LIDC/IDRI 数据[12]。该数据集中的每幅 CT 图像都是由四位专业影像科医生分两阶段标注的。在去除层厚大于 2.5 毫米的 CT 图像后，我们保留了 888 幅三维肺部 CT 图像。在第一阶段，每位医生分别独立对肺部 CT 图像作出诊断，并将其中的病灶区域标注为非结节、直径大于 3 毫米的结节或直径小于 3 毫米的结节。在第二阶段，每位医生分别独立复审其他三位医生的标注，并给出自己的诊断，从而保证了标注结果的准确性和完整性。由于直径小于 3 毫米的肺结节不具备癌变的可能性，且在层厚较大的 CT 图像中较难发现，LUNA16 的举办方将 LIDC/IDRI 数据集中被三位以上医生标注的且直径大于 3 毫米的结节作为判断肺结节的标准（共 1186 个）。此外，标注方法没有采用传统的边界框及前面介绍过的 Mask R-CNN 中的像素级标注，而采用圆心和半径来标注每个肺结节的位置和大小。

7.2.2　肺结节检测难点

根据医疗机构提供的肺部 CT 图像数据，肺结节自动检测存在诸多难点，例如：肺结节在形态、大小、类型上具有较大差异，一幅 CT 图像矩阵的尺寸通常是 512×512×200（这三个值分别对应于图像的长、宽、数量），肺结节的最小直径为 3.25 毫米，最大直径为 32.27 毫米；部分非结节的肺间质与肺结节在 CT 图像形态上具有相似的特征（如血管、纤维灶等），导致很难使用一般的算法来区分肺结节与这些组织；大量患者肺部只有少量肺结节，因此肺结节位置的搜索空间很大，是一个困难的小目标检测任务。

我们综合考虑了肺结节检测任务的难点，以及现有肺结节检测算法的不足，设计了一套基于三维深度残差卷积神经网络的肺结节检测算法。下面将介绍该算法的框架结构，以及三维卷积神经网络和神经网络的优化算法。

7.2.3　算法框架

算法框架如图 7.1 所示，检测步骤主要分为两步：第一步，肺结节可疑位置推荐；第二步，假阳性肺结节抑制。

三维CT图像　　　　　肺结节概率分割图　　　　　肺结节检测结果

图 7.1　算法框架

1. 肺结节可疑位置推荐

由 7.2.2 节所述的肺结节检测难点可知，肺结节的位置搜索空间很大，且背景所占的空间比肺结节所占的空间大很多，因此，需要通过肺结节可疑位置推荐步骤快速筛查整个 CT 图像，在保证较高的肺结节召回率的同时，通过推荐较少的可疑肺结节位置缩小检测算法的搜索空间。

在这里，首先设计一个三维深度残差全卷积神经网络及相应的优化算法来分割肺结节，生成肺结节概率分割图，然后逐体素初步预测其属于肺结节的概率，最后基于肺结节的概率分割图，设计一个自适应阈值的可疑肺结节层次定位算法来推荐可疑肺结节的位置。

2. 假阳性肺结节抑制

肺结节在大小、类型、形态上有较大的差异，且一些非结节的肺间质与肺结节有相似的影像特征，因此，在前面推荐的可疑肺结节中会存在较多的假阳性结果。这时，需要通过假阳性肺结节抑制算法剔除这些假阳性肺结节，从而提高肺结节检测算法的检测精度。

我们设计的假阳性肺结节抑制算法基于一个三维深度残差卷积网络，可以多尺寸地从 CT 图像中捕获三维纹理特征，从而检测出多尺寸、多类型、多形态的肺结节，并剔除容易混淆的假阳性背景，实现肺结节自动检测。

7.3　肺结节可疑位置推荐算法

下面给出一个基于三维深度残差全卷积神经网络的算法来推荐肺结节的可疑位置。该算法首先对 CT 图像进行预处理，归一化其体素间隔和动态范围，以削弱不同设备采集的 CT 图像之间的差异性。然后，设计了一个 30 层的三维深度残差全卷积神经网络来进行肺结节的分割，生成肺结节的三维分割概率图（概率越大的体素，属于肺结节的可能性就越大）。最后，该算法根据肺结节的三维分割图，自适应地以多个阈值计算可疑肺结节的中心位置，从而达到推荐肺结节可疑位置的目的。

7.3.1　CT 图像的预处理

由于不同的医疗机构使用的低剂量 CT 设备不同，所以，CT 图像的体素间隔及动态范围有较大的不同。这些不同会导致 CT 图像的空间特征和纹理特征不一致，给肺结节检测算法带来麻烦。例如，一些小于 3 毫米的肺结节会在体素间隔（两个相邻体素在世界坐标系中的坐标之差）较小的 CT 图像中表现得比较大，这将欺骗后续的检测器。

幸运的是，我们已经知道每幅 CT 图像的体素间隔 $S = [s_x, s_y, s_z]$，CT 图像矩阵体素值的单位为亨氏单位（Hu），由其物理意义表示某位置的物质密度。本算法将根据这些先验信息，首先对 CT 图像进行简单的预处理——体素间隔归一化和体素值归一化。

1.　体素间隔归一化

体素间隔归一化为三维线性差值，使所有 CT 图像具有相同的体素间隔，从而保证不同设备采集的 CT 图像的体素包含相同的空间信息。此外，CT 图像是由断层扫描得到的，Z 轴方向的分辨率通常较低。因此，我们可以结合对 LUNA16 数据集中肺部 CT 图像各轴向的体素间隔分布的统计结果，取归一化体素间隔 $S^u = [0.75, 0.75, 1.25]$（单位为毫米）；Z 轴方向依旧保持与其他轴向相比较低的分辨率，在不影响检测精度的同时，减少了后续肺结节检测步骤的计算量。

2.　体素值归一化

不同设备采集的 CT 图像的动态范围差异，主要是由设备宽容度不同造成的 CT 图像的最大值和最小值有较大差距所致。体素值本身有其物理意义，表示该位置的物质密度。体素值小于 −1000Hu 的位置是空气，大于 400Hu 的位置是骨骼。如式 7.1 所示，体素值归一化就是将肺结节在 $[i, j, k]$ 位置的体素值 m_{ijk} 的范围从 $(-1000, 400)$ 归一化到 $(0, 1)$，以便神经网络从中抽取有效的图像特征。

$$m_{ijk} = \frac{m_{ijk} + 1000}{1400} \qquad\qquad (式 7.1)$$

7.3.2　肺结节分割算法

肺部 CT 图像是由一系列通过断层扫描得到的二维图像组成的。从整体看，其本质是三维数据。为了更好地利用肺部 CT 图像的三维空间纹理信息，我们使用一个三维深度残差全卷积神经网络算法来分割肺结节，生成肺结节的分割概率图。该网络充分利用了三维卷积神经网络和深度残差网络的优势（三维卷积神经网络能高效抽取三维图像的纹理特征，残差学习能使深层神经网络更易优化），并针对该肺结节分割任务设计了相应的训练方式。

1.　残差学习

我们将何凯明等人提出的二维残差卷积单元拓展成三维的形式，并证明了它在肺结节检测任务中的有效性。如图 7.2(a) 所示，三维残差卷积单元一般由残差通路和恒等通路组成，对这两个通路输出的三维图像特征进行逐体素求和。残差通路包含两组三维卷积层和三维激活层，恒等通路包含一个恒等映射。但是，当输入和输出的图像特征通道数不同或分辨率不同时，恒等通路的输出无法与残差通路的输出进行逐体素求和。因此，如图 7.2(b) 所示，我们使用三维的 $1 \times 1 \times 1$ 卷积层来调整输入的图像特征的通道数和分辨率，使其与输出一致。

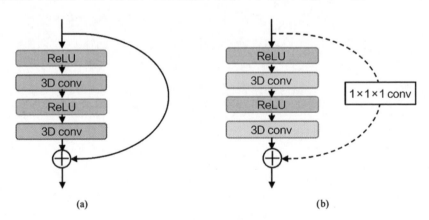

图 7.2　三维残差卷积单元

2.　网络结构

我们设计的三维深度残差全卷积神经网络的结构，如图 7.3 所示。其中，"conv"指三维卷积层，如"$5 \times 5 \times 3$ conv, 16"指卷积核大小为 $5 \times 5 \times 3$ 的 16 通道三维卷积层；"max-pooling"指三维最大池化层；"upsampling"指三维上

采样操作；"concatenate"指通道维级联操作；实线箭头表示恒等映射；虚线箭头
表示前面所述的调整通道或图像特征分辨率的 $1 \times 1 \times 1$ 卷积层。

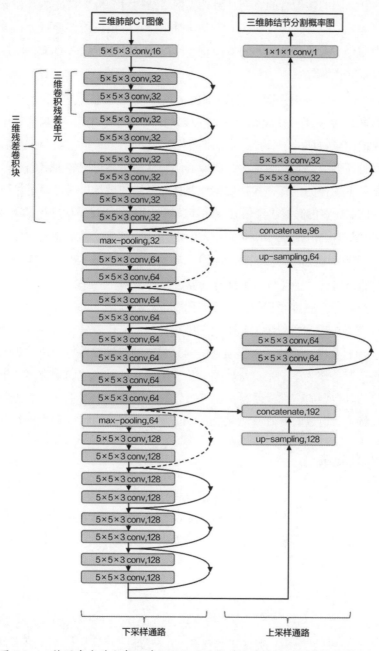

图 7.3　三维深度残差全卷积神经网络的结构（肺节结可疑位置推荐算法）

整个卷积神经网络是一个全卷积结构，包含 30 个三维卷积层，不包含全连接层，充分利用了卷积操作权值共享的优势，保证了从输入的 CT 图像到输出的肺结节概率分割图的逐像素的空间一致性。网络结构可分为下采样通路和上采样通路两部分：下采样通路负责从 CT 图像中抽取多尺寸的三维图像特征；上采样通路则负责综合下采样通路抽取的多尺寸图像特征，生成与输入的 CT 图像分辨率相同的肺结节分割图。

下采样通路是一个图像特征提取通路，包含 3 个三维残差卷积块，每个残差卷积块包含 4 个三维残差卷积单元。在残差卷积块之间周期性地插入三维最大池化层，完成图像特征的下采样，从而捕获多尺寸的图像特征，同时，使后层神经元的感受野翻倍，"看"到更大的图像区域，从而提高对图像理解的整体性。随着图像特征下采样的进行，根据二维残差神经网络的设计思路，通过卷积层的通道数翻倍抽取更多的高层语义信息。此外，如 7.3.1 节所述，在进行了体素间隔归一化的 CT 图像中，各轴向的体素间隔不同，X 轴、Y 轴、Z 轴上的单位实际距离所占体素个数的比为 $5:5:3$。因此，在三维卷积层中采用 $5 \times 5 \times 3$ 的卷积核。

上采样通路是一个图像特征融合通路，也包含两个三维残差卷积块。每个残差卷积块包含一个三维卷积残差单元，用于综合处理从下采样通路中抽取的多尺寸图像特征。在残差卷积块之间采用三维线性差值操作对融合后的低分辨率的图像特征进行上采样，并与下采样通路中同分辨率的三维残差卷积块的输出图像特征级联在一起，作为下一个三维残差卷积块的输入，从而达到融合多分辨率图像特征的目的。顶层的三维残差卷积块与一个 $1 \times 1 \times 1$ 的三维卷积层相连，以便将输出图像特征通道数调整为 1，通过 sigmoid 层激活并得到肺结节的概率分割图。

7.3.3　优化方法

在深度学习领域，经常采用交叉信息熵作为图像分割问题的目标损失函数，并使用小批量随机梯度下降（mini-batch stochastic gradient descent）的方法进行优化。一个肺部 CT 图像样本的交叉信息熵损失 L 为该样本中所有体素交叉信息熵的平均值，如式 7.2 所示。

$$L = -\frac{1}{N} \sum_i \sum_j \sum_k \left[y_{ijk}^t \times \log y_{ijk}^p + \left(1 - y_{ijk}^t\right) \times \log\left(1 - y_{ijk}^p\right) \right] \quad \text{（式 7.2）}$$

其中，y_{ijk} 表示该 CT 图像样本中体素坐标为 $[i, j, k]$ 的体素属于结节的概率。y_{ijk}^t 表示真实标注的概率，在标注圆内为 1，在标注圆外为 0。y_{ijk}^p 表示分割方法预测的概率。N 为该 CT 图像中体素的个数。

　　三维全卷积神经网络对计算资源的需求非常大，无法使用小批量随机梯度下降算法直接将整幅 CT 图像作为肺结节分割网络的输入进行优化。因此，我们将从 CT 图像中截取的图像块作为神经网络的输入。其实，在整个肺部 CT 图像矩阵中，只有几十到几万个体素呈阳性，与整个 CT 图像矩阵上千万个体素相比，阳性体素的数量是极少的。若在 CT 图像中随机截取的图像块作为每轮优化迭代的小批量样本数据，将出现结节样本和背景样本极度不均的问题（这会导致整个模型倾向于预测体素为阴性，从而极大地影响肺结节的召回率）。因此，我们分别在肺结节标注的区域截取图像块作为结节样本数据，在背景中截取图像块作为背景样本数据，并对结节样本进行数据增广，包括：在结节半径范围内进行平移；沿矢状面、冠状面进行镜像翻转；在横断面做 0°、90°、180°、270° 的旋转。这样做可以使得每轮迭代的小批量样本数据中结节样本和背景样本的数量相等，在一定程度上缓解训练时阳性体素和阴性体素数量极为不均的问题。

　　然而，由于结节样本中仍存在大量阴性体素，尤其对于直径只有 3 毫米的小结节而言，一个结节样本中 97% 的体素为阴性体素，如果直接使用交叉信息熵作为目标函数（如式 7.2 所示），那么阳性体素贡献的目标函数损失仍将被大量简单的背景体素淹没，样本的目标损失将非常小，而这意味着损失函数的梯度将非常小，无法使用随机梯度下降的方式进行优化。因此，我们提出了一个能对分割像素自适应加权的交叉信息熵损失函数。按照式 7.3，分别计算阳性体素和阴性体素的权值，阳性样本的权值为阳性像素个数的倒数，阴性样本的权值为阴性样本个数的倒数的 3 倍。所以，一个样本中所有阳性体素和所有阴性体素的权值会自适应地调整，使得该样本中所有阳性体素与所有阴性体素对目标损失函数的总贡献的比为 $1:3$。

$$w_{ijk} = \begin{cases} 1/\sum_u \sum_v \sum_w y_{uvw}^t & y_{ijk}^t = 1 \\ 3/\sum_u \sum_v \sum_w (1 - y_{uvw}^t) & y_{ijk}^t = 0 \end{cases} \qquad (式 7.3)$$

　　通过式 7.3 计算的权值，如式 7.4 所示，用带权值的交叉信息熵替换原有的交叉信息熵，即可得到自适应加权的交叉信息熵损失函数 L_{adapt}。这种损失函数能在一定程度上解决样本中阳性体素和阴性体素数量极度不均衡的问题，并得到较好的肺结节分割效果。

$$L_{\text{adapt}} = -\tfrac{1}{4} \sum_i \sum_j \sum_k w_{ijk} \times [y_{ijk}^t \times \log y_{ijk}^p + (1 - y_{ijk}^t) \times \log(1 - y_{ijk}^p)] \quad (式 7.4)$$

其中，$\tfrac{1}{4}$ 为归一化因子。

7.3.4　推断方法

由于计算资源的限制，我们无法将整个 CT 图像序列作为三维深度残差全卷积神经网络的输入。因此，在推断过程中，我们首先采用三维滑窗的方式来裁切三维图像块，然后分别用训练好的三维深度残差全卷积神经网络模型进行预测，最后合并将其添成整幅 CT 图像的三维肺结节分割图。其中，滑窗的步长为三维图像块的尺寸的一半。具体地，根据滑窗步长遍历整个 CT 图像，获取三维图像块，推断每个三维图像块的肺结节分割图并将其添加到整个 CT 图像的肺结节分割概率矩阵中，同时使用一个计数矩阵来记录每个体素被推断的次数，最后使用该计数矩阵进行归一化，得到整个 CT 图像的肺结节分割概率图。

如图 7.4 上半部分所示，上述基于普通三维滑窗的逐块预测肺结节分割图的算法，将导致肺结节分割图带有明显的马赛克式的拼接痕迹。在三维卷积神经网络的推断过程中，图像块边缘体素的感受野超出了输入图像块的范围，因此，这些边缘体素能感知的真实有效的图像特征信息较少，不能得到准确的预测结果。基于这个问题，我们对上述算法进行了改进，提出了基于三维高斯加权滑窗的肺结节分割图推断算法。该算法使用三维高斯核函数对每个三维图像块的预测结果进行加权平均，使得每个三维图像块对靠近中心区域的体素的预测结果的置信度高、对边缘体素的预测结果的置信度低。经过高斯滑窗处理的分割效果图，如图 7.4 下半部分所示，在肺结节分割图中清晰地将肺结节可疑区域标注为高概率，且肺结节可疑区域与背景区域的界线非常明显。

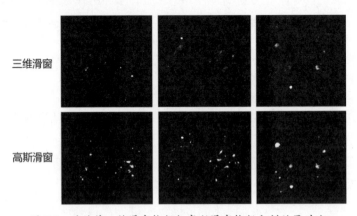

图 7.4　肺结节三维滑窗推断与高斯滑窗推断分割效果对比

7.4　可疑肺结节定位算法

在 7.3 节中，我们设计了一个三维深度残差全卷积神经网络，生成了三维肺结节分割概率图。在本节中，我们将基于该分割概率图来定位可疑肺结节区域，推荐可疑肺结节的中心位置。该问题本质上是从一幅概率图中将高概率的聚集区域提取出来并计算该区域的中心位置，可采用基于连通分量标记（connected component labelling，CCL）的方法解决，步骤如下。

① Thresholding：选取二值化阈值，对概率图进行二值化。

② Dilation：对二值化图像进行形态学腐蚀操作，去除一些细小的连接。

③ Labeling：扫描经过二值化处理的图像，根据体素之间的连通性将连通的体素标记成同一组。

④ RegionProp：计算每个被标记成同一组像素的区域的特性，如中心位置、包围盒等。

在肺结节检测问题中，连通分量标记方法依赖二值化阈值的选取。阈值的好坏会直接影响该肺结节推荐步骤的召回率。阈值过小，将导致相邻的肺结节被标记成同一组，肺结节与其周边被预测成高概率的肺间质（如血管、纤维灶等）也可能被标记成同一组，使得推荐的中心位置不准确；阈值过大，有些难以检测的肺结节（如直径较小的肺结节等）的预测概率将低于阈值，从而造成遗漏。这些因素都会使整个可疑位置推荐算法的召回率降低。此外，对于不同的 CT 图像，甚至同一 CT 图像上的不同区域，在一些情况下也需要设置不同的二值化阈值，如对小结节较多的 CT 图像需要设置较小的阈值，对贴近胸膜或者肺间质较多的 CT 图像需要设置较大的阈值。

因此，我们给出了一种自适应阈值的可疑肺结节层次定位算法。该算法对一般的连通分量标记方法进行了改进，能自适应、分区域地分析肺结节分割图的图像信息，从而层次化地设置阈值，具体地：设置一个较小的二值化阈值，通过连通分量标记得到一组较大的连通域，保存其中心位置；对这些连通域，截取局部图像块，分别计算图像块中属于连通域体素的概率平均值（作为该图像块新的二值化阈值），并分别在局部做连通分量标记，得到一组较小的连通域，保存其中心位置；在这些较小的局部区域做连通区域分析。迭代这个过程，直至区域被分割得足够小。随着图像块变小，阈值将自适应地变大，从而得到更准确的推荐位置。最后，该算法将融合在世界坐标系中空间距离小于 3 毫米的推荐位置。如果有两个相邻的推荐位置，将保留预测概率值较大的那个，以去除在同一区域的多个层次上的重复的推荐结果。这种层次化地由整体到局部并能自适应地根据局部特征设置阈值的方式，能在多个阈值下得到可疑肺结节的中心位置，使可疑肺结节推荐步骤具有较高的召回率。那些直径较小的肺结节（概率值较低），将在算法前几轮迭代二值化阈值较小的时候被找到。那些贴近肺间质的肺结节，将在算法前几轮迭代中由于合并的连通域过大而在后续阈值对该局部区域自适应地设置较大的值时被分割，从而得到精确的肺结节中心位置。

7.5　实验结果与分析（1）

7.5.1　实验结果

三维残差全卷积神经网络对肺结节的概率分割图，如图 7.5 所示，被红色圆圈标注出来的就是肺结节。可以看出，肺结节区域均被预测成高概率，且肺结节区域与背景区域的概率界线明显。因此，我们提出的算法有良好的分割效果。这得益于该算法充分利用了深层卷积神经网络的表达能力及三维卷积操作对三维图像特征的抽取能力，有针对性地对训练样本进行了采样和增广，并通过设计自适应加权的优化算法在一定程度上减轻了阳性体素和阴性体素数量极不均衡的问题。我们提出的肺结节可疑位置推荐算法，在 LUNA16 数据集上达到了 98.7% 的召回率，平均每幅 CT 图像上有 154.6 个假阳性推荐位置。

图 7.5　三维残差全卷积神经网络对肺结节的概率分割图

7.5.2　改进点效果分析

我们对肺结节可疑位置推荐算法中（除卷积神经网络基础架构外）的一些改进点的效果进行分析，包括自适应加权交叉信息熵算法、高斯滑窗推断和自适应阈值的层次定位算法。如表 7.1 所示，"-"表示在本章给出的肺结节可疑位置算法的基础上不使用"-"后改进点的算法，具体对比实验将在后面详述。

表 7.1　肺结节可疑位置推荐算法中改进点的效果对比

算　　法	召回率	假阳性肺结节/CT 图像
本方法	98.7%	154.6 个
-自适应加权交叉信息熵	35.6%	4.8 个
-高斯滑窗推断	97.6%	201.1 个
-自适应阈值的层次定位	97.8%	126.5 个

1. 自适应加权交叉信息熵算法

我们对比了使用普通的交叉信息熵算法和自适应加权交叉信息熵算法来优化肺结节分割网络的效果。

使用普通交叉信息熵优化算法的网络将大部分整幅 CT 图像预测成了背景，即使在训练样本中对结节样本进行了增广，从体素的角度看，阴性体素的数量也远多于阳性体素。若不使用自适应加权交叉信息熵算法来平衡阴性体素和阳性体素的数量，则阳性体素在优化过程中贡献的损失将被阴性体素淹没，整个网络会倾向于将 CT 图像中的体素预测成背景。进一步地，如表 7.1 所示，在不使用自适应加权交叉信息熵算法的情况下，肺结节的召回率非常低。

2. 高斯滑窗推断算法

我们对比了使用三维滑窗推断与高斯滑窗推断的肺结节分割效果，高斯滑窗推断中的高斯加权明显改善了三维滑窗推断导致的马赛克式的拼接效果。

同时，我们对比了在整个肺结节可疑位置推荐算法中使用高斯滑窗推断和三维滑窗推断的效果。如表 7.1 所示，使用三维滑窗推断将导致假阳性肺结节召回率下降。在三维滑窗推断中，图像块边缘处的体素的感受野大大超出图像块区域，卷积操作因引入了大量噪声而无法准确预测肺结节，这些都会导致对位于图像块边缘的肺结节的预测概率较低。

3. 自适应阈值的层次定位算法

我们对比了自适应阈值的层次定位算法和单一阈值基于连通区域标记的算法。如表 7.1 所示，因为自适应阈值的层次定位算法能由粗到细地在不同的层次上推荐肺结节，所以有更高的召回率。

7.6　假阳性肺结节抑制算法

假阳性肺结节抑制本质上属于计算机视觉领域的二分类问题。我们的任务是根据推荐的候选肺结节位置周边的图像特征来判断某个位置是否为肺结节，并得出该位置可能是肺结节的概率。然而，该任务存在诸多挑战。例如，由于肺结节在形态、大小等方面有较大的差异，所以肺结节和肺间质容易混淆。另外，该任务是一个正负样本极不均衡的二分类任务，在推荐的可疑肺结节位置中，负样本数量经常是正样本数量的上百倍。

我们设计了一个基于三维深度残差卷积神经网络的算法来抑制假阳性肺结节。该算法首先以推荐的可疑肺结节的位置为中心，在经过预处理的 CT 图像上截取图像块，然后通过一个三维深度残差卷积神经网络来抽取图像块的局部特征，判断该位置是否为肺结节。在该网络中，我们设计了一个空间池化裁切层来捕获多尺寸的图像纹理信息，以很好地检测多尺寸、多形态的肺结节。此外，针对假阳性肺结节抑制任务中样本数量不均衡的问题，采用了训练时动态困难样本选择及推断时动态样本增广的策略，在进一步提高肺结节检测性能的同时增强了算法的鲁棒性。

7.6.1　假阳性肺结节抑制网络

1. 网络结构

我们设计的三维深度残差全卷积神经网络，如图 7.6(a) 所示，其最大的特点是提出了 "spc"，即后面将要讨论的空间池化裁切层。图 7.6(b) 是对应的未采用 "spc" 的网络；"conv" 指三维卷积层，如 "5×5×3 conv, 16" 指卷积核大小为 5×5×3 的 16 通道三维卷积层；"fc" 指全连接层，如 "fc, 250" 指具有 250 个神经元的全连接层；"max-pooling" 指三维最大池化层；实线箭头表示恒等映射；虚线箭头表示调整通道或图像特征分辨率的 1×1×1 卷积层。

该网络是一个 27 层的三维卷积神经网络。因为三维卷积操作比普通的二维卷积操作能更好地在 CT 图像中抽取三维图像特征，且深层网络的表达能力较强，所以，该网络能很好地抑制假阳性肺结节。该网络可分为卷积通路和全连接通路两部分。其中，卷积通路负责从推荐的候选结节区域中抽取三维图像特征，全连接通路负责根据抽取的图像特征判断该位置是否为肺结节。

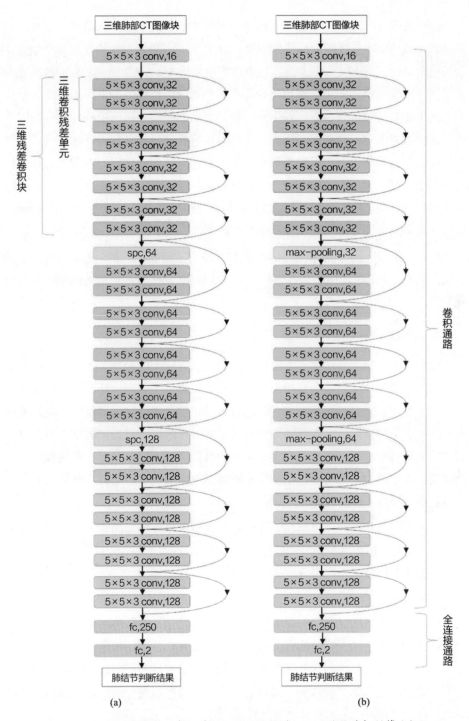

图 7.6　三维深度残差全卷积神经网络的结构（假阳性肺结节抑制算法）

卷积通路与三维深度残差全卷积神经网络结构中的下采样通路具有相似的网络结构，且均负责三维图像特征的抽取，包含 3 个三维残差卷积块，每个残差卷积块包含 4 个三维残差卷积单元。三维卷积层采用 $5 \times 5 \times 3$ 的卷积核，残差卷积块之间也周期性地插入了空间池化裁切层（负责图像特征的下采样）。除了紧接着空间池化裁切层的卷积层，假阳性抑制网络的卷积层的权值矩阵均与分割网络中下采样通路的卷积层相同，因此，可以直接将权值矩阵复制（迁移）过来，作为假阳性抑制网络中卷积层的预训练参数。紧接着空间池化层的卷积层的详细权值迁移方法将在后面详细介绍。全连接通路是一个基于多层感知机的二分类网络，包含两个全连接层，每个全连接层都包含 256 个神经元。最后，使用 softmax 层得到该图像块是否为肺结节的二分类概率。

ReLU 层、dropout 层被作为除输出层外所有三维卷积层和全连接层的激活函数层。ReLU 层能够使网络高效地拟合非线性函数，dropout 层则增强了网络的泛化能力。

2. 空间池化裁切层

如前所述，肺结节在大小、形状和类型方面有较大的差异。此外，肺结节周围的肺间质组织环境是极为复杂的。这些都大大提高了假阳性抑制问题的难度。Dou 等人指出，神经网络能感知的目标区域的范围严重影响了肺结节预测的准确性——对较小的肺结节，需要感知相对较小的目标区域；对较大的肺结节，需要感知较大的目标区域。因此，在多个尺寸的目标区域上抽取多层次的图像特征尤为重要。近年来，对用神经网络的方法在医学图像中抽取多个目标区域尺寸上的图像特征已经有了较多的研究，方法通常有以下两种。

- 设计一个并行的网络结构。该网络结构包含多种尺寸的输入，在最后将输出通过全连接的方式[13][14]组合起来。
- 训练多个具有不同尺寸的输入的网络，最后对不同网络的预测结果进行加权融合。

然而，这些方法仍然存在诸多缺陷。第一，无论是并行的网络结构还是多个网络融合的方式，子网络结构之间的计算都无法共享，而这带来了冗余计算。第二，这些方法需要精细地选择网络的输入尺寸，精细地调整结果融合的加权。我们提出的空间池化裁切层代替了通常卷积神经网络中的池化层，使神经网络能自动地在多个目标尺寸上抽取多个层次的特征图。

如图 7.7 所示，三维空间池化裁切层包含池化操作和裁切操作。池化操作是一个三维的最大池化，负责特征图的下采样，使后层的神经元能够关注较大尺寸的目标区域上的特征图，通过裁切操作获得特征图的中心区域，使输出的特征图的大小为原特征图的一半。该操作使后层神经元更关注较小的中心区域的特征图，而中心区域往往是肺结节所处的位置。池化操作与裁切操作输出的图像特征具有相同的大小，因此，我们将池化操作与裁切操作的输出连接起来作为整个空间池化裁切层的输出。新的空间池化裁切层的通道数是普通池化层的 2 倍，这也与卷积神经网络中特征图尺寸减半、特征图通道数倍增的设计思路相符。与先前的并行网络结构和融合多个网络的预测结果的方法相比，空间池化裁切层不仅使单个网络在多尺寸的目标区域上抽取特征图，还共享了所有卷积层和连接层的计算，抽取多尺寸的特征只增加了少量的计算工作，因此，整个肺结节检测算法变得更为高效。

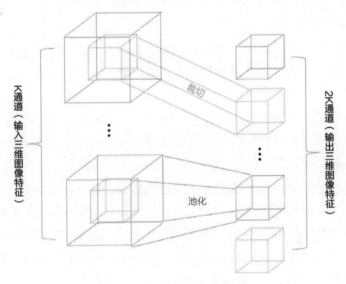

图 7.7　三维空间池化裁切层

新的空间池化裁切层的通道数是普通池化层的 2 倍，紧接着的卷积层的权值矩阵的输入通道维数倍增，所以无法直接迁移分割网络中同位置的卷积层的权值。因此，我们设计了如下权值迁移方法。

设卷积层的权值矩阵为 $\boldsymbol{W} \in \mathbb{R}^{C_i^s \times C_o \times X \times Y \times Z}$，其中，$C_i^s$ 为输入特征图的通道数，C_o 为输出特征图的通道数（即卷积核数），X、Y、Z 分别为特征图的长、宽、高。于是，设 $\boldsymbol{W}^s \in \mathbb{R}^{C_i^s \times C_o \times X \times Y \times Z}$ 为分割网络中紧接着池化层的卷积

层的权值矩阵，$\boldsymbol{W}^f \in \mathbb{R}^{C_i^f \times C_o \times X \times Y \times Z}$ 为假阳性抑制网络中紧接着空间池化裁切层的卷积层的权值矩阵。由于空间池化裁切层的通道数是常见池化层的 2 倍，即 $C_i^f = 2 \times C_i^s$，所以，权值矩阵迁移如式 7.5 所示，池化通道的权值矩阵的参数将同时被复制到裁切通道中，权值的大小随着权值数目的倍增而减半。

$$\boldsymbol{W}^f\big(C_i^f, C_o, X, Y, Z\big) = \begin{cases} \frac{\boldsymbol{W}^s\left(C_i^f, C_o, X, Y, Z\right)}{2}, & C_i^f \leqslant C_i^s \\ \frac{\boldsymbol{W}^s\left(C_i^f - C_i^s, C_o, X, Y, Z\right)}{2}, & C_i^f > C_i^s \end{cases} \qquad (式\ 7.5)$$

7.6.2　优化策略

在假阳性肺结节抑制任务中，候选样本中的一些样本是易于分类的（称为简单样本）。与此同时，一些候选样本是难以分类的。例如，一些样本由于尺寸较小或具有不规则的形态而较难被分类，一些肺间质背景样本由于与肺结节有相似的形态特征也较难被分类。所以，正确地对这些困难样本进行分类，对整个假阳性抑制算法的性能至关重要。

部分困难样本和简单样本的轴向面、矢状面和冠状面，如图 7.8 所示。在肺结节可疑位置推荐算法推荐的候选样本中，困难样本的数量远少于简单样本的数量，是极不均衡的，这是由本节开头所述的目标物体与背景样本不均衡的问题造成的。然而，二者又有本质上的不同，背景肺间质中存在一些容易与肺结节混淆的样本，一些呈规则球形的样本又很容易被检测出来，因此，使用简单的数据增广来平衡肺结节样本和背景样本无法很好地解决这个问题。

于是，我们提出了一种动态困难样本选择策略。这个策略基于带动量的小批量随机梯度下降的优化算法。小批量随机梯度下降算法先根据小批量样本的平均目标损失求权值矩阵的梯度，再沿着梯度下降的方向更新权值矩阵，从而达到优化的效果。在采用普通的小批量随机梯度下降算法来优化假阳性肺结节抑制网络时，由于小批量样本中充斥着简单样本，所以，平均损失函数的值在权值矩阵沿着梯度下降的方向进行几次更新后会变得很小，梯度的值也会变得很小，网络模型的优化将会停止。然而，此时卷积神经网络仍未较好地拟合其中少量的困难样本。这些困难样本虽然有较高的目标损失，但是被小批量中其他简单样本的平均目标损失淹没了。为此，我们改进了传统的小批量随机梯度下降算法，通过动态选择困难样本来优化网络模型。在每轮优化迭代中，首先对 n 个样本使用当前网络模型进行推断，然后对这 n 个样本的目标损失进行排序，选出其中 K 个目标损失最大的样本，并只用这 K 个样本来计算梯度和更新权值矩阵。

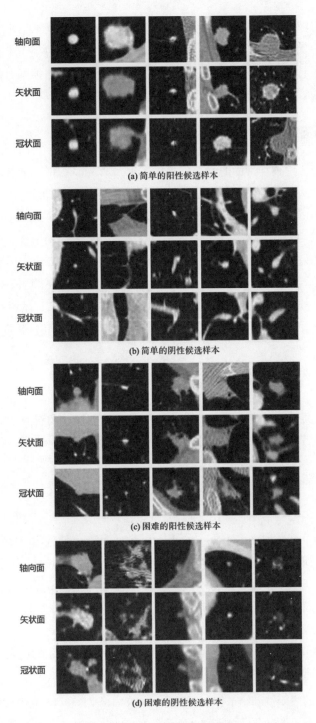

图 7.8　可疑肺结节候选样本图例

这种动态困难样本选择策略的网络模型更多地关注分类结果不太好的困难样本，使大部分简单的、分类结果很好的样本在优化的迭代过程中不再参与优化。因此，我们设计的动态困难样本选择策略，不仅能优化网络模型对困难样本的分类结果，还能缩短网络模型优化训练的时间。

7.6.3　推断策略

我们采用了一种在推断时动态增广的策略。首先，在将对推荐的可疑肺结节位置归一化后从 CT 图像中裁切出来的大小为 $48 \times 48 \times 32$ 的图像块作为测试样本（该尺寸与训练时使用的图像尺寸一致）。对每个测试样本 x，随机增广为 T 个测试样本 $x_0^e, \cdots, x_{T-1}^e$，增广方式与前述优化方法相同，包括平移、旋转和镜像。接着，用训练好的网络对这些增广的测试样本进行推断，得到多个该位置是否存在肺结节的预测概率 $p_0^e, \cdots, p_{T-1}^e$。最后，取这些预测概率的平均值 $\sum_{t=0}^{T-1} p_t^e / T$ 作为该位置测试样本 x 的最终预测概率 p。由于训练时对结节样本进行了大量的增广，所以，该方法能在一定程度上增强算法的鲁棒性并提升预测精度。

7.7　实验结果与分析（2）

肺结节可疑位置推荐算法决定了整个肺结节检测算法的召回率的上限。肺结节可疑位置推荐算法将影响整个肺结节检测算法的性能。

7.7.1　实验结果

为了便于与已有假阳性肺结节抑制算法进行对比，在本实验中，将 LUNA16 中的可疑肺结节推荐列表（nodule candidates list，NCL）作为假阳性肺结节抑制算法的输入，同时使用接受者操作特征自由响应（free-response receiver operating characteristic，FROC）曲线和 CPM 来衡量算法的效果。FROC 曲线可以衡量一个自由响应系统随阈值连续变化而产生的性能变化。FROC 曲线越高，说明系统的性能越好。CPM 为在容忍误检 $\frac{1}{8}$ 个、$\frac{1}{4}$ 个、$\frac{1}{2}$ 个、1 个、2 个、4 个、8 个假阳性肺结节时的肺结节平均召回率。容忍误检个数是由分类概率阈值控制的，在 FROC 曲线上也有体现。

我们设计的假阳性肺结节抑制算法在 LUNA16_V1 和 LUNA16_V2 两个推荐列表上的肺结节抑制效果，如图 7.9 所示。在 LUNA16_V1 上，随着容忍误检个数的增加，召回率从 80.2% 上升到 94.1%，CPM 为 0.892；在 LUNA16_V2 上，召回率从 79.8% 上升到 97.5%，CPM 为 0.911。

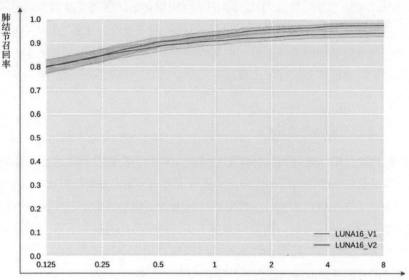

图 7.9 假阳性肺结节抑制算法的 FROC 曲线

7.7.2 改进点效果分析

我们对假阳性肺结节抑制算法中的一些改进点的效果进行分析，包括空间池化裁切层、动态困难样本选择策略和推断时动态增广策略。如表 7.2 所示，"-"表示在本章给提出的肺结节可疑位置算法的基础上不使用 "-" 后改进点的算法，具体对比实验将在后面详述。为了不失一般性，在对比实验中采用了 LUNA_V2 推荐的肺结节列表。

表 7.2 假阳性肺结节抑制算法中改进点的效果对比

算　　法	0.125	0.25	0.5	1	2	4	8	CPM
本方法	0.798	0.848	0.903	0.932	0.957	0.970	0.975	0.911
-空间池化裁切层	0.746	0.810	0.894	0.919	0.954	0.968	0.974	0.895
-动态困难样本选择策略	0.743	0.800	0.884	0.926	0.950	0.960	0.967	0.890
-推断时动态增广策略	0.715	0.799	0.874	0.926	0.957	0.970	0.975	0.888

1. 空间池化裁切层

我们设计了一个不带空间池化裁切层的三维深度卷积神经网络作为对比网络，如图 7.6(b) 所示。在该对比网络中，空间池化裁切层被替换为普通的最大池化层，其余部分与本节设计的假阳性肺结节抑制网络一致。从表 7.2 中可以看出，带空间池化裁切层的网络有较好的假阳性抑制性能。这是因为，多尺寸的空间池化裁切层能高效抽取多尺寸的三维纹理特征，而这会使假阳性抑制网络有较高的召回率。

2. 动态困难样本选择策略

我们分别使用普通的随机梯度下降优化策略和动态困难样本选择策略对假阳性肺结节抑制网络进行训练和优化，并进行了肺结节检测效果的对比。从表 7.2 中可以看出，动态困难样本选择策略有助于检测出更多的肺结节，尤其是在可以容忍较多的假阳性肺结节时，该策略能显著提升肺结节的召回率，这表明动态困难样本选择策略能使分类困难的样本在网络训练和优化中得到较多的关注，而这能使网络在进行推断时准确地区分这些困难样本。

3. 推断时动态增广策略

我们对比了优化后的假阳性抑制网络的一般推断结果和使用推断时动态增广策略后的推断结果。从表 7.2 中可以看出，在容忍较少的假阳性肺结节时，肺结节的召回率有显著的提升，推断时动态增广策略能使推荐的可疑肺结节样本的结果更加稳定。在训练网络中，我们对肺结节样本进行了增广，因此，该策略可以降低背景被误分类为肺结节的偶然性，从而使检出的假阳性肺结节的个数减少。

7.7.3　可疑位置推荐算法与假阳性抑制算法的整合

在 7.7.2 节中介绍了假阳性抑制算法在 LUNA 数据集上的实验结果。在本节中，我们将肺结节可疑位置推荐算法与假阳性肺结节抑制算法整合，对实验结果进行分析。如图 7.10 所示，在将召回率维持在 97.5% 的情况下，假阳性肺结节的个数减少到 8 个。

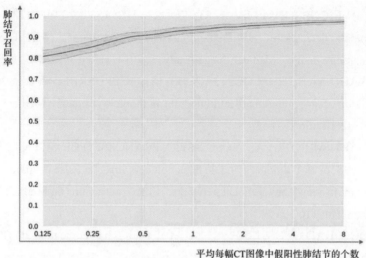

图 7.10 整合后的肺结节自动检测算法的 FROC 曲线

7.8 小结

本章给出了一种将目标检测和分类网络结合起来的肺结节 CT 图像自动检测算法。希望通过本章的介绍，读者能对卷积神经网络的设计有更深的理解，能根据需要定义网络并设计相应的优化算法。

参考资料

[1] ARNAUD ARINDRA ADIYOSO SETIO, ALBERTO TRAVERSO, THOMAS DE BEL, et al. Validation, comparison, and combination of algorithms for automatic detec - tion of pulmonary nodules in computed tomography images: The LUNA16 challenge. arXiv, 2016: 1612.08012.

[2] 王子兴, 王钰嫣, 唐威, 等. 低剂量 CT 肺癌筛查研究现状及主要问题分析. 中华肺部疾病杂志（电子版）, 2015, 8(6): 89—92.

[3] KEELIN MURPHY, BRAM VAN GINNEKEN, ARNOLD MR SCHILHAM, et al. A large-scale evaluation of automatic pulmonary nodule detection in chest ct using local image features and k-nearest-neighbour classification. Medical Image Analysis, 2009, 13(5): 757-770.

[4] COLIN JACOBS, EVA M VAN RIKXOORT, THORSTEN TWELLMANN, et al. Automatic detection of subsolid pulmonary nodules in thoracic com - puted tomography images. Medical Image Analysis, 2014, 18(2): 374-384.

[5] ARNAUD AA SETIO, COLIN JACOBS, JAAP GELDERBLOM, et al. Automatic detection of large pulmonary solid nodules in thoracic ct images. Medical Physics, 2015, 42(10): 5642-5653.

[6] ARNAUD ARINDRA ADIYOSO SETIO, FRANCESCO CIOMPI, GEERT LITJENS, et al. Pulmonary nodule detection in ct images: False positive reduction using multi-view convolutional networks. IEEE Transactions on Medical Imaging, 2016, 35(5): 1160-1169.

[7] QI DOU, HAO CHEN, LEQUAN YU, et al. Multi-level contextual 3D CNNs for false positive reduction in pulmonary nodule detection. IEEE Transactions on Biomedical Engineering, 2016.

[8] MAXINE TAN, RUDI DEKLERCK, BART JANSEN, et al. A novel computer-aided lung nodule detection system for ct images. Medical Physics, 2011, 38(10): 5630-5645.

[9] QI DOU, HAO CHEN, YUEMING JIN, et al. Automated pulmonary nodule detection via 3D convnets with online sample filtering and hybrid-loss residual learning. MICCAI, 2017.

[10] TEMESGUEN MESSAY, RUSSELL C HARDIE, STEVEN K ROGERS. A new computationally efficient cad system for pulmonary nodule detection in CT imagery. Medical Image Analysis, 2010, 14(3): 390-406.

[11] Lung nodule analysis 2016. https://luna16.grand-challenge.org.

[12] SAMUEL G ARMATO, GEOFFREY MCLENNAN, LUC BIDAUT, et al. The lung image database consortium (LIDC) and image database resource initiative (IDRI): A completed reference database of lung nodules on ct scans. Medical Physics, 2011, 38(2): 915-931.

[13] PIM MOESKOPS, MAX A VIERGEVER, Adriënne M Mendrik, et al. Automatic segmentation of MR brain images with a convolutional neural network. IEEE Transactions on Medical Imaging, 2016, 35(5): 1252-1261.

[14] KONSTANTINOS KAMNITSAS, CHRISTIAN LEDIG, VIRGINIA FJ NEWCOMBE, et al. Efficient multi-scale 3D CNN with fully connected CRF for accurate brain lesion segmentation. Medical Image Analysis, 2017, 36: 61-78.

第8章 车道线检测

　　无人驾驶系统是一个复杂的智能控制系统，包括机械控制、路径规划、智能感知等多个模块，最终利用车内计算机系统实现自动驾驶操作。车道线检测是无人驾驶系统感知模块的重要组成部分。利用视觉算法实现的车道线检测解决方案是一种常见的解决方案。该方案主要基于视觉算法，检测出图片中行车道路上的车道线标志。高速公路上的车道线检测是一项具有挑战性的任务，车道线标志种类繁多、车辆拥挤造成车道线标志被遮挡、车道线的腐蚀和磨损及天气等因素，都会给车道线检测任务带来挑战。

　　本章基于传统的车道线检测算法，结合深度学习技术，给出了一种使用深度神经网络代替传统算法中手动调节滤波算子的方法，对高速公路上的车道线进行Instance 级别的分割，得到每条车道线区域的像素信息，并使用最小二乘法对车道线进行参数回归，以反馈车道线参数方程。该方法使用的卷积神经网络采用Convolution 与 Deconvolution 对称的结构，对行车图片中的车道线区域进行语义分割。经过测试，本章使用的卷积神经网络车道线分割方法具有普遍性，能较好地适应各种高速公路行车场景，其算法在高速公路上的不同场景中都取得了较好的车道线检测效果。

8.1　国内外研究现状

　　为了防止因驾驶员疲劳、走神导致汽车偏离行驶路线而造成的交通事故，诸多研究人员提出了各式各样的技术解决方案来预测和检测车道偏离事件并对驾驶员发出警告。

　　车道偏离预警系统（lane departure warning system）是目前车辆中常用的一套辅助驾驶系统，它能够在车辆偏离行驶车道时发出警告，从而避免交通事故的发生。车道偏离预警系统利用工业相机等传感设备进行车道线检测，并在车辆偏离行驶路线时对驾驶员发出警告，甚至自动采取制动措施以确保车辆正常安全行驶。目前，车道偏离预警系统大多是基于视觉方案开发的，并在宝马、奔驰等高端汽车上得到了广泛应用。

Zhou 等人利用模型匹配方法，对车辆行驶前方的两条主要车道线进行检测，并确定其位置及曲率[1]。该方法使用逆透视映射（inverse perspective mapping，IPM）变换，将行车图片中的正视图投影为俯视图，以去除近大远小的透视效果，使车道线看上去趋于平行。逆透视变换可以将行车图像中的透视效果消除，将具有近大远小特点的行车正视图转换成俯视图，转换的矩阵一般可以通过相机内参和外参标定计算获得。不过，逆透视变换对比较平坦的路面有效（行车图片经过逆透视变换，车道线几乎处于平行状态），若道路有一定的坡度，那么经过逆透视变换，车道线可能会交汇，对后续寻找同一条车道线上的像素点产生一定的影响。因此，该方法具有一定的局限性。

Aly 提出了一种实时和鲁棒的方法来检测城市道路车道线标志[2]。该方法首先使用逆透视映射来避免近大远小的问题，然后使用高斯卷积滤波器对通过逆透视变换得到的俯视图进行滤波操作。该滤波器针对黑暗背景中的亮线及车道线宽度进行了调整，因此能很好地提取车道线、保留图像中超过阈值的部分并去掉噪声。接下来，使用简化的霍夫变换对滤波结果进行直线检测，并利用随机抽样一致性算法（random sample consensus，RANSAC）进行样条曲线拟合。最后，利用原始图片对车道线进行定位。该方法没有使用跟踪机制。

刘富强等人提出了一种基于三维道路模型的车道线检测算法[3]。该算法根据车道线颜色突变来检测车道线的边界，并使用卡尔曼滤波实现对车道线的跟踪。该算法鲁棒性强，在路况复杂、车辆较多时仍能取得很好的检测效果。但是，因为该算法较复杂，所以耗时较长。Borkar 等人提出了一种使用改进版随机霍夫变换对车道线进行检测的方案[4]，使计算效率得到了优化，内存开销也有所减少（效率比传统霍夫变换高）。Wang 等人为了避免车道线参数估计和最终的车道线参数方程拟合问题，提出了一种基于视觉和车辆定位系统的车道线检测算法[5]。该算法首先通过视觉提取车辆近端部分的特征点，然后利用提取出来的特征点更新定位系统的采样参数，实现了一种利用参数追踪的车道线检测方案。然而，这些算法都依赖车道线的特征点，且路面必须干净，因此在车辆或其他障碍物较多时容易失效。

Guo Keyou 等人提出了一种基于 RANSAC 的车道线检测算法[6]。该算法首先通过将图片转换为灰度图并增强灰度图的对比度来获取二值图，利用滤波器对图片本身进行平滑处理，然后通过 Canny 算子找出车道线的边缘，最后利用 RANSAC 算法识别图片中的车道线。该算法简单、高效，但只适用于一些简单的场景。对于复杂度较高的道路面，该算法的识别效果并不好。

Jyunguo Wang 采用一种自适应分离算法[7]，使用 Canny 算子获取道路边界特征，最后利用规则进行道路检测，在不同的场景和光照条件下都获得了较好的识别效果。尽管该算法较为稳定、识别效果好，但需要反复尝试，且检测规则不够明确。

Dezhi Gao 提出了一种使用改进 Sobel 算子的方法来检测车道线[8]。该方法采用一种双阈值方法获取二值化的图像来处理道路边界。针对不同的道路边界，该方法采用自适应霍夫变换并结合 SUSAN 算法实现了对车道线的提取。该方法鲁棒性强，计算速度快。

Kim 提出了一种车道线检测与跟踪算法[9]。该算法可以处理车道线腐蚀、弯曲和分叉等富有挑战性的场景。该算法首先使用梯度检测器和强度凸点检测器消除非车道标记，然后利用人工神经网络进行车道线检测，接着使用三次样条对检测到的车道线标志像素进行分组，并从这些车道线片段的组合中获取初始假设，最后使用 RANSAC 算法进行假设的筛选和拟合。

8.2　主要研究内容

目前，尽管车道线检测方法种类繁多，但大都是根据指定的行车场景，利用卷积滤波和霍夫变换实现的。这类方法大都需要根据所处理的图片手动调参（极富技巧性）且鲁棒性较差。本节根据深度学习技术在图像分割上的应用对这类方法进行改进，给出了一种基于卷积神经网络的 Instance 级别的车道线分割方法，利用最小二乘法进行二次曲线回归，得出车道线二次曲线参数方程并返回结果。

8.2.1　总体解决方案

本节的核心研究内容是：利用深度学习技术对高速公路上处于行车状态的车道上的标线进行检测，最终通过系统的方式展示车道线检测的流程与结果。

根据车道线检测的整体流程，整个系统大致可以划分为 6 个模块，分别是车道线标注模块、车道线标注结果筛选模块、图像数据预处理模块、车道线分割模型训练模块、车道线检测模块、结果显示模块。车道线标注模块负责车道线数据标注工作；车道线标注结果筛选模块负责筛选高质量的车道线标注数据；图像数据预处理模块负责将标注好的车道线的 ground truth 文件处理成神经网络模型需要的格式；车道线分割模型训练模块主要负责车道线分割模型的训练；车道线检测模块负责从分割出来的车道线图片中提取车道线并获得车道线的参数方程；结果显示模块主要负责输出车道线的分割检测结果、提供可供不同分割模型选择的 UI 接口。

8.2.2　各阶段概述

深度学习是由简单神经元组成的较深的多层感知机模型，它利用强大的非线性特性实现了高维非凸函数的数学逼近，数学描述能力极强。复杂的网络结构使它能够在海量的数据中学习并得到具有代表性的特征。

根据深度学习的技术特点，整个车道线检测过程大致可以划分为 3 个阶段，分别是数据准备阶段、模型训练阶段、车道线检测阶段，每个阶段又可以划分成若干模块，如图 8.1 所示。

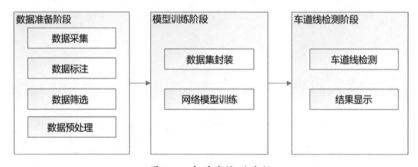

图 8.1　车道线检测过程

数据准备阶段负责深度学习训练的样本数据与标签数据的准备工作，主要包括数据的采集、标注、筛选及预处理。

数据采集主要包括采集高速公路行车图像数据，采集的方式为在指定规格的汽车上安装工业高清摄像头并在行驶过程中记录所有图像。由于数据的采集不涉及检测系统的软件处理部分，因此未将其纳入车道线检测系统。

数据标注主要包括标注行车图像中的车道线。车道线属于交通标线，是用来辅助机动车行驶的一种标线。常见的车道线有白色实线、白色虚线、黄色实线、黄色虚线等，如图 8.2 所示。车道线的标注内容主要为这几种类型的车道线。标注主要通过描点的方式实现：用户在行车图片上对车道线设置描点，绘制闭合多边形将车道线框选；选出所有车道线之后，按照指定格式保存。

图 8.2 常见车道线

数据筛选的主要内容为筛选高质量的标注数据，包括：解析标注系统结果文件；将标注结果解析并显示出来；按照指定标注要求对标注结果进行审查；删除不合格的图片；以合格图片列表的方式反馈结果。

筛选出合格的数据之后，需要对图片数据进行预处理操作，将图片数据处理为深度学习模型需要的格式类型。本节采取的预处理操作主要包括图片 RoI 的提取及 IPM 变换。

如图 8.3(a) 所示，行车图片中有一大半是天空、其他建筑物等。这部分图片不包含需要检测的车道线，因此可以进行裁剪，只提取我们感兴趣的区域，从而减小图片的尺寸，提高程序的执行效率。图 8.3(a) 为车辆在道路上行驶的正视图，图中的物体都具有近大远小的效果，车道线也是如此：近处的车道线较粗，像素占比高；远处的车道线较细，像素占比低，原本应该平行的车道线最终汇聚于一个点。IPM 变换是消除透视效果的一种有效方法。对图 8.3(a) 中的感兴趣区域进行 IPM 变换，得到的俯视图如图 8.3(b) 所示。经过 IPM 变换，车道线基本处于平行状态，这能够为后期的检测提供一些规则上的便利。此外，在进行 IPM 变换前，可以对感兴趣区域进行下采样，以降低图像分辨率，提高后期车道线检测算法的运行速度。

(a) RoI   (b) 俯视图

图 8.3 对感兴趣区域进行 IPM 变换

数据准备阶段流程图，如图 8.4 所示。

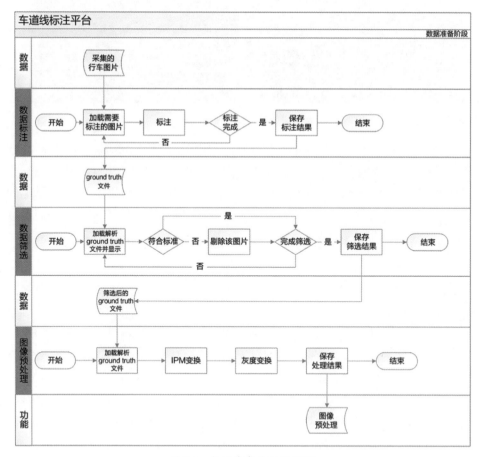

图 8.4 数据准备阶段流程图

模型训练阶段的核心内容是训练能够从图片中分割出车道线的深度神经网络

模型。车道线分割模型主要为卷积神经网络模型，使用 Caffe 作为深度学习框架。在训练时，首先将所有的样本图片和 ground truth 文件封装成 LMDB 格式，然后定义神经网络的结果及相关参数文件，最后利用 Caffe 进行车道线分割训练。训练的具体流程，如图 8.5 所示。

在车道线检测阶段，主要从车道线分割模型的分割结果中获取相应的车道线数据及参数方程。车道线检测阶段的工作流程，如图 8.6 所示。

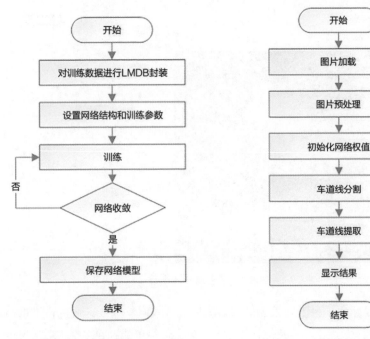

　图 8.5　车道线分割模型训练流程图　　　　图 8.6　车道线检测流程图

8.3　车道线检测系统的设计与实现

基于深度学习的车道线检测是一种以数据为驱动，使用有监督学习的方式训练一个图像分割模型，分割出图像中的车道线区域，通过拟合方式获取车道线参数方程的检测方法。该方法的核心是数据及网络模型的训练，数据的多少将影响深度学习模型在检测各式各样的环境时的鲁棒性，网络模型的设计将直接影响深度学习模型的检测效果与性能。本节将根据车道线检测系统的整体架构与总体流程，详细介绍检测过程中的所有模块和环节，并分析其中使用的算法。

8.3.1 车道线图像数据标注与筛选

　　数据标注模块主要负责完成标注行车图片中车道线区域的工作，并将这些区域按照指定的格式保存。车道线标注平台是根据车道线识别算法设计的，如图 8.7 所示。本节的车道线识别算法主要采用图像解析的方式，车道线标注平台主要负责标注路面上的车道线区域。

图 8.7　车道线标注平台

　　在车道线标注平台上，主要采用多边形的方式对车道线区域进行描点标注。每条车道线拥有唯一的 id 及类别属性，一条车道线可能存在多个多边形区域。车道线标注平台有两种状态，分别是标注状态和编辑状态。在标注状态下，标注人员可以通过单击鼠标左键启动车道线区域的标注，通过单击鼠标右键结束车道线区域的标注。每标注一个多边形，区域 id 会自动增加 1。若一条车道线上有多个区域，则在标注该车道线的第一个区域后，可以通过"Shift"键和 id 的组合，选中该车道线，然后继续标注该车道线的其他区域。一个车道线区域标注完，就可以进入编辑状态，对车道线区域多边形的各个点进行微调。车道线标注平台还提供了一些个性化的功能，例如图片的放大、缩小、移动、删除及操作的撤销、恢复等。在将一幅图片上所有的车道线都标注完后，可以将标注结果保存为 json 格式的文件。结果文件中记录了每条车道线的 id 和属性，以及每条车道线上各点的坐标。车道线标注示例，如图 8.8 所示。

图 8.8　车道线标注示例

8.3.2　车道线图片预处理

图片预处理模块的核心任务是对行车图片进行指定的预处理操作，将其处理成神经网络需要的格式。然而，图片预处理的方式会影响后续网络模型训练的速度和模型的准确率。本节中的车道线检测主要采用两种预处理方案，分别是"RoI提取+下采样方案"和"RoI提取+逆透视变换方案"。

1. RoI 提取

RoI 提取的主要目的是将一幅图片中的感兴趣区域提取出来，进行裁剪，使其成为一幅新图像。

如图 8.9 所示，在行车图片中，天空、车辆等非车道线物体占比较大，若直接将原图送入神经网络，车道线可解析区域比例偏小，不利于训练。提取 RoI 后，车道线区域像素占比增大，有利于提高车道线的解析效果。本节使用的行车图片的原始分辨率为 2048 像素 × 2048 像素，经过反复实验，最终确定从坐标 (0,1100) 处开始提取 2048 × 320 的 RoI 区域供神经网络进行训练。

本节直接采用 OpenCV 的 cvSetImageROI 接口对图像的 RoI 区域进行提取。从行车图片中提取的 RoI 区域，如图 8.10 所示。

图 8.9　行车图片

图 8.10　从行车图片中提取的 RoI 区域

2. 下采样

若对原图只提取 RoI 区域，直接将 RoI 区域交给神经网络进行训练，将导致 RoI 区域的尺寸过大、神经网络训练速度过慢。另外，这对神经网络的结构设计有一定影响。如果参与训练的图片尺寸过大，那么感受野（receptive field）区域也要尽量大（这样分析的效果才会好）。增加神经网络隐层的数量（即深度）或者增大卷积核，能够使神经网络产生足够大的感受野，但这对网络训练不利。增加网络的深度会导致训练时间成本增加，网络的训练难度也会增加。因此，提取 RoI 区域之后，需要进行一次下采样操作，将原始 RoI 区域按一定比例缩小。

由于训练数据的标签的特殊性（模型训练使用的标签数据里面保存的是车道线的类别信息，即第几条车道线），本节采用了最近邻插值的下采样方法。最近邻插值法可以通过目标图像坐标及下采样比例计算出原始图像中的映射坐标，并将原始图像映射坐标的颜色值赋给目标图像中的该坐标。如图 8.11 所示，该插值算法首先计算输出坐标到输入图像的映射坐标 u，然后用坐标 u 与其近邻的 4 个点 (n_1, n_2, n_3, n_4) 之间的距离进行计算，将离 u 最近的像素点的颜色值赋给坐标 u 所对应的颜色值。

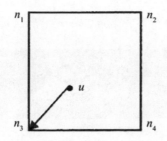

图 8.11　最近邻插值算法示意图

式 8.1 为最近邻插值法的具体计算公式。其中，$t(x', y')$ 为输出图像中坐标 (x', y') 处的颜色值，$s(x, y)$ 为输入图像中坐标 (x, y) 处的颜色值，(x, y) 为输出图像中坐标 (x', y') 到输入图像坐标系的映射坐标，$\mathrm{int}(x)$ 为取整运算。

$$t(x', y') = s(\mathrm{int}(x + 0.5), (y + 0.5)) \qquad (式\ 8.1)$$

最近邻下采样算法流程图，如图 8.12 所示。最近邻下采样算法需要对下采样结果图片中的像素坐标进行遍历，根据每个像素的坐标，利用式 8.1 计算其与原图像对应的坐标，然后提取原图像坐标的像素值，并将其赋给结果图片的当前坐标。遍历整幅结果图片后，保存结果图片。

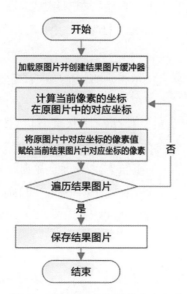

图 8.12　最近邻下采样算法流程图

采用最近邻插值算法进行下采样的结果，如图 8.13 所示。

图 8.13　采用最近邻插值算法进行下采样的结果

3. 逆透视变换

逆透视变换是基于视觉的车道线检测算法的一种常用的预处理算法。该算法可以通过车载工业相机的位置及朝向将行车图片从具有透视效果的正视图投影到鸟瞰图上，消除行车图片中近大远小的透视效果，对车道线的检测、跟踪都有很大的帮助。

传统的逆透视变换计算会使用相机的位置参数、朝向参数等，投影矩阵的计算较为复杂，且相机的位置等需要保持固定，若更换到另一辆汽车上，就要重新计算。本节采用一种简单的逆透视方法，即从原始正视图上采样 4 个指定的点，在鸟瞰图上大致估计这 4 个点的位置，直接计算映射矩阵。(x, y) 表示正视图中的坐标 P_s，(u, v) 表示俯视图中的坐标 P_d，M_{sd} 为映射矩阵，式 8.2 表达了从 P_s 映射到 P_d 的过程。现在有 4 个正视图中的坐标点和对应的 4 个俯视图中的坐标点，求映射矩阵 M_{sd}。我们直接使用 OpenCV 的 cvGetPerspectiveTransform 函数求解该矩阵。

$$P_d = M_{sd}P_s \tag{式 8.2}$$

在式 8.2 中，

$$P_s = \begin{bmatrix} x \\ y \\ 1 \end{bmatrix}, \qquad P_d = \begin{bmatrix} uk \\ vk \\ k \end{bmatrix} \tag{式 8.3}$$

为坐标点的齐次表示，k 为辅助参数。

$$M_{sd} = \begin{bmatrix} a & d & g \\ b & e & h \\ c & f & 1 \end{bmatrix}$$
(式 8.4)

本节采用的逆透视变换求解方法不需要使用任何相机参数，计算过程简单，实用性强。该算法只需不断调节正视图与鸟瞰图中对应点的位置，反复尝试，获取最佳点，即可求解映射矩阵。

逆透视变换效果图，如图 8.14 所示。

图 8.14　逆透视变换效果图

8.3.3　车道线分割模型训练

车道线分割模型训练模块主要采用深度学习框架 Caffe 进行车道线解析模型的训练。在读取训练文件时，Caffe 使用 LMDB、LevelDB 等标准的数据库格式进行数据交互。因此，要想训练模型，需要先创建相关格式的训练和测试样本集，再设计相关的网络结构。然而，网络训练不是一次就能成功的，需要反复调参。在调参过程中，网络的可视化工具能够很好地协助我们。

模型训练流程图，如图 8.15 所示。

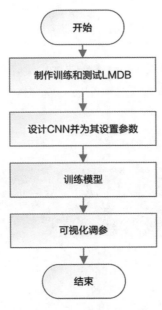

图 8.15　模型训练流程图

1. 样本集封装

我们使用 LMDB 格式进行样本集封装。

LMDB 是一种嵌入式存储引擎。Caffe 可以接受两种常用格式的数据交互，一种是 LMDB，另一种是 LevelDB，它们也都是键/值对（key/value pair）嵌入式数据库管理系统编程库。虽然 LMDB 的内存消耗是 LevelDB 的 1.1 倍，但 LMDB 的运行速度比 LevelDB 快 10%～15%。此外，LMDB 允许多个神经网络在训练时读取同一个 LMDB 数据库，为模型参数的调优提供了便利。因此，本节使用 LMDB 格式进行样本集的封装和存储。

训练集封装的具体算法流程，如图 8.16 所示。在封装时，需将 R、G、B 三个通道拆分，然后写入 LMDB。神经网络训练使用的标签为一个单通道的、大小与输入图片相同的数据结构。该数据结构中保存了图片所对应坐标的像素点是否为车道线、若是车道线则该车道线为第几条车道线的信息：若该像素为非车道线像素，则用 0 表示；图片上车道线的 id 从左至右依次增加，最多只考虑 7 条车道线；若该像素为车道线像素，且属于左起第一条车道线，则用 1 表示；依此类推。

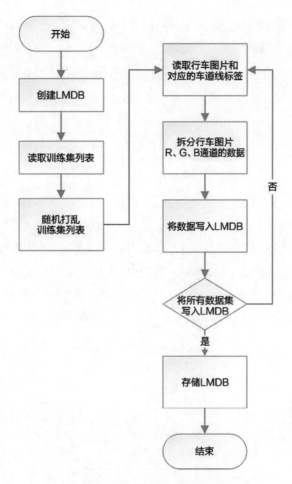

图 8.16　训练集封装算法流程图

2．车道线分割

本节主要使用深度卷积神经网络对车道线进行分析，提取车道线标志区域。基于卷积神经网络的图像分析任务是一种像素级的图像语义分割方法，能实现像素级的分类预测。语义分割主要解决语义和位置的对应关系问题。利用深度神经网络，可以很好地从局部到全局，训练出语义与位置的对应关系的特征。

本节的卷积神经网络结构，主要以 Fully Convolutional Networks 为思想基础，并进一步采用 Convolution 层和 DeConvolution 层进行了对称设计。

卷积神经网络的每一层都是一个大小为 $h \times w \times d$ 的三维数据。这个三维数据为 d 个特征图，每个特征图的长和宽分别为 w 和 h。网络的输入层就是需要分析的图片；网络的输出层就是语义分割的结果，虽然其大小与输入的图片相同，但有 C 个通道，每个通道代表一个类别。

卷积神经网络建立在平移不变性基础之上，网络的基本组成为卷积层、池化层和激活函数，通过反复在输入数据上进行这些基本操作实现网络的整体计算过程。

设 y_{ij} 为网络某一层上坐标 (i, j) 处的数据，输入层为 x，其计算方式为

$$y_{ij} = f_{ks}(\{x_{si+\delta i, sj+\delta j}\} 0 \leqslant \delta i, \delta j \leqslant k) \tag{式 8.5}$$

其中，k 为卷积核的大小，s 为步长或下采样因子，f_{ks} 表示卷积操作、池化操作或激活操作之一。

如图 8.17 所示，网络的设计主要按照对称原则进行，结构如下：输入层—卷积层—ReLU 层—卷积层—ReLU 层—卷积层—ReLU 层—dropout 层—反卷积层—ReLU 层—反卷积层—ReLU 层—反卷积层—ReLU 层—反卷积层—softmax × WithLoss 层。网络主要分为两部分，分别是 Encode 网络和 Decode 网络。

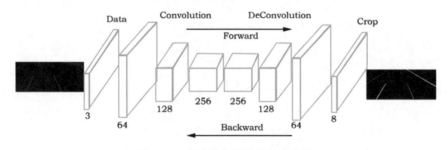

图 8.17　车道线分析模型网络结构

Encode 网络即前半部分的 Convolution 层。Convolution 操作能很好地将图像信息编码为描述能力很强的特征信息，同时可以减小输入图像的尺寸、降低后续的计算开销。在网络的前三层，设置了三个 Convolution 层对输入的路面信息进行编码，每个 Convolution 层后都有一个 ReLU 层对 Convolution 操作的结果信息进行一次非线性转换，以增强网络对特征的描述能力。

Decode 网络即后半部分的 DeConvolution 层。DeConvolution 层对已编码的特征信息进行解码。每进行一次 DeConvolution 操作，相当于对输入的特征信息进行一次解码，特征的尺寸将变大，这样就弥补了直接对输入特征进行上采样操作的缺陷。在网络进行三次 Decode 操作后，特征信息的尺寸会比原始输入图片的尺寸大，因此，需要在后面连接一个 Crop 层，对输出的图像特征进行剪裁（实现与原

始输入图片尺寸相同），并将其作为网络语义分割的结果。

在 Encode 网络和 Decode 网络之间是一个 dropout 层。dropout 是神经网络训练中用来防止过拟合的一种训练技巧。在神经网络的训练中，若训练样本数量过少，就容易出现过拟合现象，即网络只能很好地处理与训练样本类似的数据，而无法很好地处理其他样本数据。

dropout 的实现方法是：在网络的每一轮训练中，按照指定概率随机选择一些神经元节点，使与这些神经元节点连接的输入权值和输出权值在网络进行前向传播时失效，即不让它们参与前向传播计算。这些不参与计算的神经元节点并非在所有的训练轮中都不参与计算，只是在当前轮中不参与计算（在下一轮训练中仍可能参与计算），所以，这些神经元节点的权值是需要保留的。在网络的训练过程中，保持不参与计算的神经元节点的概率不变。本节采用的 dropout 概率为50%。

dropout 的思路可以理解为多个神经网络模型的平均效果，即把来自不同神经网络模型的预测结果按照一定的比例平均分配，形成一个多模型的组合，从而实现组合估计和组合预测。dropout 通过随机选择忽略隐层的节点。在每一轮训练中被随机忽略的隐层节点都不同，因此，每一轮训练的网络都不一样，每一轮训练都在训练一个"新"的模型。此外，在每一轮训练中：隐层中有效节点出现的概率是随机的，即在本轮训练中有效的节点在下一轮训练中可能失效；权值的更新也不只是根据与该节点连接的后置节点反向传递的残差信号进行更新，还要根据dropout 概率对上一层的残差平均更新每个节点，防止某些节点一直处于失效状态。以这种方式模拟多个神经网络同时训练的场景，可以获得神经网络的平均表达能力，增强网络的鲁棒性。

在视觉任务中，输入的特征往往是稠密的。dropout 能够从一组相关性较强的特征中分离出一组描述能力较强的特征，从而得到一个更具鲁棒性的分类器。此外，dropout 在一定程度上减少了程序的计算量。

在每一个 Convolution 层和 DeConvolution 层的后面，都有一个激活函数层。使用激活函数，主要是受到了人类大脑神经元的启发。在人类的大脑中，当一个神经元从另一个神经元获取信号时，神经元会通过考虑当前累积的输入信号来判断是否激活自身，或者将信号传递给下一个神经元。激活函数就模拟了神经元判断是否激活自身这个过程。

在神经网络中，激活函数通常是一些非线性函数。将非线性函数作为激活函数的主要目的是增强网络的非线性表达能力。非线性意味着当一个信号被一个神经元输出时，这个信号不是当前神经元输入信号的线性组合。如果在隐层中接入线性的激活函数，神经网络实际上就成了一个最简单的感知机模型，神经网络的层与层之间都是线性组合的（对一个线性函数的输出进行线性激活，输出依然是线性的），这样的网络的最终数学含义实际上是矩阵乘法。然而，现实中的问题大都是非线性的，矩阵乘法对大规模的分类或者语义分割等现实问题的描述能力远远不够，通常不会得到很好的效果。此外，激活函数必须是可微的（因为神经网络采用的是反向传播算法，每一层的权值参数都需要梯度）。

ReLU 是目前深度神经网络中比较常用的一种激活函数，其原理与神经元信号的激活原理近似。本节所有的 Convolution 层和 DeConvolution 层后面的激活函数层使用的都是 ReLU 函数。式 8.6 为 ReLU 函数的数学公式。

$$f(x) = \mathrm{ReLU}(x) = \max(0, x) \tag{式 8.6}$$

ReLU 函数相较于 sigmoid 函数更具稀疏性，能够降低反向传播中梯度消失的可能性。根据 ReLU 函数的公式可知，当 $x > 0$ 时，ReLU 函数计算的梯度是一个常量（sigmoid 函数计算的梯度值将随着 x 的增大而减小），因此在使用常量梯度时，网络的收敛速度比较快。ReLU 函数的另一个特性是稀疏性。当 $x < 0$ 时，ReLU 函数的输出值为 0，这样就使网络具有一定的稀疏性，网络参数间的依赖性降低，能够在一定程度上避免过拟合的发生。

虽然 ReLU 函数的稀疏性特点使得网络在处理过拟合问题上有一定的优势，但也带来了一些问题。当网络过于稀疏时，模型中的许多节点将不再起作用，模型的有效容量减少，导致模型无法学习到有效的特征。

本节选用 ReLU 作为激活函数的另一个原因是其计算量小。在使用 sigmoid、tanh 函数时，需要进行指数运算和除法运算，计算量相对较大；在使用反向传播来计算梯度时，计算量更大。ReLU 函数只需要进行比较、乘法、加法运算，计算量相对较小。使用 ReLU 作为非线性激活函数使深度神经网络的学习不需要预训练即可实现。在大规模数据的学习上，ReLU 比 sigmoid 等激活函数的运行速度和收敛速度快。sigmoid 函数的输出不具备稀疏性，若要训练出稀疏的网络（即许多神经元的值为 0），则需要使用与 L1、L2 类似的惩罚因子对网络进行正则化。

感受野是神经网络中一个比较重要的概念，它描述了两个特征图上神经元之间的关系。从卷积神经网络的角度看，一个特征图中某个神经元的感受野就是该特征图所对应的输入中对该神经元产生影响的范围，即输出特征图的某个节点所对应的输入图像的区域。对于解析任务，感受野的大小对解析的效果有重要的影响，感受野越大，解析的效果越好。常用的网络结构均采用 3×3 的卷积核，通过增加网络层数的方式使感受野尽可能大。例如，进行两层 3×3 的卷积操作得到的感受野的大小相当于进行一层 9×9 的卷积操作得到的感受野的大小。不过，网络层数越多，训练就越困难。

本节直接采用较大的卷积核进行卷积，在减少网络层数的同时维持了网络感受野的大小，从而保证了解析的效果。经过实验，本节所采用的网络结构对车道线的解析任务有很好的效果。网络中的 Convolution 层和 DeConvolution 层均采用 8×8 的卷积核，进行 Convolution 和 DeConvolution 操作时的步长均为 2，相当于在 Convolution/DeConvolution 层中引入了下/上采样，省去了网络中的池化层。

本节所设计的网络，目的是解析出每一条车道线。将一条车道线作为一个类别，人为设定每幅图片中最多有 7 条车道线，从左至右类别 id 递增，即左起第一条车道线为第一类，往右依次是第二类、第三类……若图片中的车道线多于 7 条，则多出的车道线不予考虑。网络的输出是一个 8 通道的、与原始输入图片大小相同的数据结构，每个通道代表一个类别的得分，0 通道为背景类别，其余 7 个通道为车道线类别。最终，根据图像的尺寸对输出结构进行扫描。在每个像素点所对应的通道中，值最大的那个像素点将被分配至相应的类别。

对于解析任务，网络的损失函数的选择对网络的解析效果也有很大的影响。Caffe 提供的损失函数包括欧氏距离损失函数、sigmoid 交叉熵损失函数、hinge 损失函数、多项式逻辑损失函数及 softmax 交叉熵损失函数。本节分别使用欧氏距离损失函数和 softmax 交叉熵损失函数进行车道线分割神经网络模型的训练，并对这两种损失函数的效果进行比较，发现 softmax 交叉熵损失函数的图像分割效果比欧氏距离损失函数略好一点，因此，最终选择 softmax 交叉熵损失函数作为网络的损失函数（欧氏距离损失函数在解决回归问题时效果可能更好）。

在本节中，卷积神经网络的训练主要采用 Caffe 深度学习框架。Caffe 深度学习框架的神经网络结构主要采用谷歌提出的 Protobuf 规范，在进行模型训练之前需要根据 Protobuf 提供的格式编写一个网络参数配置文件和一个网络结构配置文件。在网络参数配置文件中，需要指定网络结构配置文件的存储地址及相应的参数，例如初始学习率的大小、训练批（BatchSize）的取值、训练的轮数、是否使用 GPU 等。在网络结构配置文件中，需要指定训练数据和测试数据的储存地址及神经网络结构（即本节中的神经网络结构）。Caffe 会加载这两个文件并判断文件的格式是否符合规范，然后根据配置文件中的信息读取训练和测试数据集并对网络进行初始化，训练样本的个数为 BatchSize。网络的核心训练过程主要包括两部分，分别是前向传播和反向传播。前向传播主要根据输入的行车图片样本，通过神经网络逐层计算特征信号，并利用输出层的特征信号与样本的车道线标签来计算误差信号。反向传播主要根据最终的误差信号，反向逐层计算网络权值的梯度信息，并利用该梯度信息更新网络的权值，每次更新都按指定步长（即学习率）进行。在本节中，网络训练的初始学习率为 0.0001，每训练 3 万轮，学习率减小 $\frac{1}{10}$，一共训练 10 万轮。

Caffe 神经网络训练流程图，如图 8.18 所示。

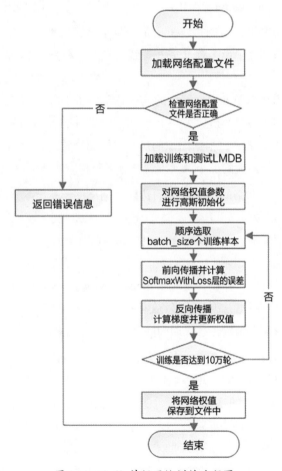

图 8.18　Caffe 神经网络训练流程图

车道线解析结果效果图，如图 8.19 和图 8.20 所示。

图 8.19 车道线解析结果效果图（1）

图 8.20 车道线解析结果效果图（2）

3. 网络可视化

网络可视化模块是一个结合 Caffe 对训练的网络进行可视化分析的工具。深度神经网络就像一个黑盒子，我们通常只能通过反复调节网络参数对任务进行调优。因此，深入网络内部并将网络可视化，对网络调优是非常有帮助的。

本节的网络可视化模块主要基于 Deep Visualization Toolbox 开发，沿用了 Deep Visualization Toolbox 的主体框架，并根据本节所用算法进行了相应的修改和配置，实现了网络各层特征图的可视化。该模块对本节的网络调优起到了重要的作用。

车道线分析网络的第三个卷积层的特征图可视化结果，如图 8.21 所示。

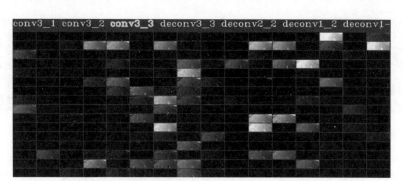

图 8.21　车道线分析网络的第三个卷积层的特征图可视化结果

8.3.4　车道线检测

车道线检测模块主要利用解析的分类结果对车道线进行参数拟合，获取用于得到车道线的参数方程。本节对车道线的描述采用的是二次曲线的方式，参数的拟合方法为最小二乘法。首先获取车道线解析结果，得到每条车道线的点集，然后根据点集的数量进行过滤，将数量过少的点集去除，最后对剩下的每条车道线的点集使用最小二乘法进行二次曲线的参数拟合，显示并输出。车道线检测流程图，如图 8.22 所示。

在图像中，车道线的形态一般为直线或者类抛物线，所以，使用二次曲线即可对车道线进行描述。卷积神经网络可以很好地对车道线进行分类，分类结果即可作为车道线二次曲线拟合的输入。但是，通过卷积神经网络进行车道线分割的结果可能不准确，即通过分割得到的车道线区域中的像素点属于第几条车道线的类别 id 可能不准确。因此，在进行车道线参数拟合计算之前，应对车道线分割结果点集进行过滤。

本节采用的过滤方法是简单的连通域匹配方法。卷积神经网络模型通过分割，得到 Instance 级别的车道线像素，我们可以从中找出所有的连通域。连通域的查找可以直接用 OpenCV 的 cvFindCountours 函数实现。在找出分割结果中的所有连通域后，对每个连通域中的像素进行遍历，查看其车道线 id（第几条车道线），并统计车道线 id 包含的像素点的数量。若同一个连通域中包含多个车道线 id，则需要将该连通域中的车道线 id 合并（合并至像素点数量最多的那个车道线 id）。点集过滤算法流程图，如图 8.23 所示。

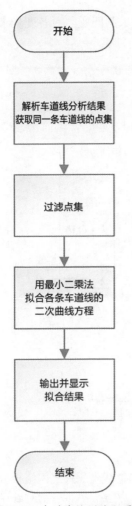

图 8.22　车道线检测流程图

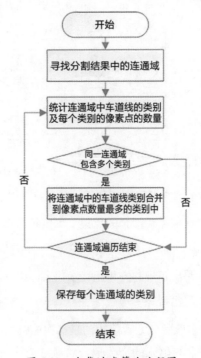

图 8.23　点集过滤算法流程图

本节的车道线参数方程拟合采用的是最小二乘法。该方法主要根据给定的 m 个已知坐标点，求出一条与真实曲线 $y = f(x)$ 近似的曲线 $y = p(x)$。

假设给定 m 个坐标点 $(i = 0,1,\cdots,m)$，经过这 m 个坐标点的近似多项式函数如下。

$$p_n(x) = \sum_{k=0}^{n} a_k x^k \in \Phi \qquad (式\ 8.7)$$

为求解该多项式函数，使

$$I = \sum_{i=0}^{m} [p_n(x_i) - y_i]^2 = \sum_{i=0}^{m} \left(\sum_{k=0}^{n} a_k x_i^{\,k} - y_i \right)^2 = \min \qquad (式\ 8.8)$$

$$I = \sum_{i=0}^{m} \left(\sum_{k=0}^{n} a_k x_i^{\,k} - y_i \right)^2 \qquad (式\ 8.9)$$

上述问题可以看成 $a_0, a_1, \cdots, a_n$ 的多元函数极值求解问题。对各变量求偏导数，得到

$$\frac{\partial I}{\partial a_j} = 2\sum_{i=0}^{m}(\sum_{k=0}^{n}a_k x_i{}^k - y_i)x_i{}^j = 0, \quad j = 0,1,\cdots,n \tag{式 8.10}$$

即

$$\sum_{k=0}^{n}(\sum_{i=0}^{m}x_i^{j+k})a_k = \sum_{i=0}^{m}x_i^j y_i, \quad j = 0,1,\cdots,n \tag{式 8.11}$$

式 8.11 是关于 $a_0, a_1, \cdots, a_n$ 的线性方程组，可以用矩阵表示为

$$\begin{bmatrix} m+1 & \sum_{i=0}^{m}x_i & \cdots & \sum_{i=0}^{m}x_i^n \\ \sum_{i=0}^{m}x_i & \sum_{i=0}^{m}x_i^2 & \cdots & \sum_{i=0}^{m}x_i^{n+1} \\ \vdots & \vdots & \ddots & \vdots \\ \sum_{i=0}^{m}x_i^n & \sum_{i=0}^{m}x_i^{n+1} & \cdots & \sum_{i=0}^{m}x_i^{2n} \end{bmatrix} \begin{bmatrix} a_0 \\ a_1 \\ \vdots \\ a_n \end{bmatrix} = \begin{bmatrix} \sum_{i=0}^{m}y_i \\ \sum_{i=0}^{m}x_i y_i \\ \vdots \\ \sum_{i=0}^{m}x_i^n y_i \end{bmatrix} \tag{式 8.12}$$

通过式 8.12 可解出 $a_k(k = 0,1,\cdots,n)$。

整个拟合过程大致如下。

① 获取需要拟合的点集，确定拟合多项式的次数 n。

② 列表计算 $\sum_{i=0}^{m}x_i{}^j$ 和 $\sum_{i=0}^{m}y_i$，其中 $j = 0,1,2,\cdots,2n$。

③ 写出正规的方程组，求出 $a_0, a_1, \cdots, a_n$。

④ 写出拟合多项式 $p_n(x) = \sum_{k=0}^{n}a_k x^k$。

车道线参数方程使用的是二次曲线，即 $n = 2$。车道线卷积神经网络模型的分析结果就是输入的需要拟合的点（为同一条车道线上的点）。我们可以利用这些点拟合出车道线的参数方程。

本节对式 8.12 这个线性方程组采用的求解方法是梯度下降法。首先对拟合的参数进行初始化，可以根据自己的经验进行初始化，也可以随机进行初始化；然后利用式 8.8 计算使用该拟合参数计算出来的值与真实值之间的误差，并利用式 8.10 计算该误差对于各拟合参数的偏导数；最后利用该偏导数对拟合参数进行更新。反复迭代，得到的结果就是式 8.12 线性方程组的近似解。

车道线参数拟合算法流程图，如图 8.24 所示。

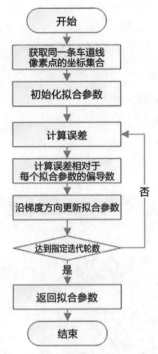

图 8.24 车道线参数拟合算法流程图

车道线参数方程拟合结果，如图 8.25 所示。

图 8.25 车道线参数方程拟合结果

8.3.5 车道线检测结果

车道线检测结果模块将整个车道线检测算法的流程进行了融合，包括图像预处理、车道线分割及车道线检测，如图 8.26 所示。整个算法流程包括：从文件夹中加载并检测图片；提取图片中的感兴趣区域；将感兴趣下采样到指定大小并传递给神经网络，进行车道线标志区域的分割，获取每条车道线的像素点集；过滤；通过每条车道线的像素点集，利用最小二乘法拟合车道线的二次曲线参数方程；在界面上显示车道线标志分割的结果。

图 8.26 车道线检测结果模块

8.4 车道线检测系统性能测试

在硬件配置方面，采用 Inter Exon E5-2620 V3 的 CPU、NVIDIA Tesla K40m 的 GPU、2 条 4GB DDR3 内存、容量为 1TB 的硬盘。车道线系统性能测试主要分为两个方面，一是车道线检测质量测试，二是车道线检测时间测试。

8.4.1 车道线检测质量测试

目前，对车道线检测质量并没有完善的评判标准。本节主要根据所使用的算法，基于卷积神经网络的图像分割法，制定了车道线检测质量评判标准。本节主要针对图像分割结果进行评判，统计从图像中分割出来的车道线像素的数量，通过计算分割的准确率和召回率判断车道线检测结果的质量。

本节的车道线分割是基于 Instance 级别的图像分割实现的，即卷积神经网络模型不仅能通过分割得到车道线像素区域和非车道线像素区域，还能分辨同一条车道线上的像素。所以，本节分别针对这两种情况进行测试。在 8.3 节中讲到，因为在进行图像分割模型训练之前需要进行图像的预处理，所以本节提供了两种解决方案，一种是 "RoI 提取+下采样"，另一种是 "RoI 提取+逆透视变换"。这两种解决方案都可用于图像分割，但是当路面上的车辆或障碍物较多时，逆透视变换容易将其拉伸，导致物体轮廓不清晰，从而对分割产生一定的影响。因此，本节主要采用 "RoI 提取+下采样" 的解决方案。在下面的测试中，使用二分类模型表示能够分割车道线像素区域和非车道线像素区域的神经网络模型，使用多分类模型表示能够分辨同一条车道线的像素的神经网络模型。

$$二分类准确率 = \frac{分割出的车道线像素总数}{分割出的像素总数} \qquad (式\ 8.13)$$

$$二分类召回率 = \frac{分割出的车道线像素总数}{标签中车道线的像素总数} \qquad (式\ 8.14)$$

$$多分类召回率 = \frac{\sum\left(\frac{分割出的每条车道线的像素数}{标签中每条车道线的像素数}\right)}{标签中的车道线数} \qquad (式\ 8.15)$$

使用同一结构的神经网络对感受野进行测试，网络结构具体如下：输入层—卷积层—ReLU 层—卷积层—ReLU 层—卷积层—ReLU 层—dropout 层—反卷积层—ReLU 层—反卷积层—ReLU 层—反卷积层—ReLU 层—反卷积层—SoftmaxWithLoss 层。分别使用大小为 2、4、8 的卷积核对模型进行二分类训练（网络中卷积层和反卷积层使用的卷积核相同），结果如表 8.1 所示。

表 8.1 不同的感受野对车道线分割模型的影响

卷积核大小	准 确 率	召 回 率
2	77.5%	66.2%
4	81.2%	77.8%
8	83.9%	80.3%

可以看出，当卷积核增大时，车道线分割结果的准确率和召回率随之提高。因此，可以大致得出：感受野的大小对网络的识别能力有很大的影响，神经网络的感受野增大，网络的识别能力随之增强。

在了解了感受野的大小对网络识别能力的影响后，使用卷积核大小为 8 的同一网络结构、尺寸为 384×384 的输入图像对车道线多分类分割模型进行训练。利用式 8.15 得到的召回率为 73.2%。

8.4.2　车道线检测时间测试

车道线检测时间测试主要针对车道线检测系统中图像预处理、车道线分割、车道线检测三个算法的整体运行时间进行测试。在整个车道线检测过程中，车道线分割算法占用了绝大部分的运行时间。车道线分割算法是使用卷积神经网络实现的，算法的运行时间完全取决于卷积神经网络的结构、卷积核的大小及输入图像的尺寸。

本节对图像预处理中 RoI 区域的下采样使用了三种尺寸，分别是 384×384、480×200、240×100，因此，卷积神经网络也有三种输入尺寸的网络模型。对这三种输入尺寸的网络模型，使用统一的卷积神经网络，卷积核大小取 8，进行车道线检测时间测试，结果如表 8.2 所示。

表 8.2　不同尺寸的输入图像在车道线分割模型中的运行时间

尺　　寸	车道线检测时间
384×384	101ms
480×200	76ms
240×100	28ms

可以看出，只有在输入尺寸为 240×100 时，车道线检测时间才能达到实时的要求，输入尺寸为 480×200 的模型基本可以满足实时的要求。

根据以上测试结果，我们给出一种车道线解决方案，即使用"原始图片 RoI 提取+下采样"的预处理方法，采用 240×100 的图像尺寸，使用卷积核为 8×8 的卷积神经网络，进行车道线的分割和识别，配合分割结果过滤和最小二乘拟合，获取车道线二次曲线参数方程。

8.5　小结

本章根据车道线检测系统的架构，详细介绍了每个模块的具体实现方式、模块实现所使用的相关算法，并对算法的流程进行了具体介绍。

根据车道线检测系统的工作流程，本章介绍了数据的标注和筛选方式，如何制定车道线标签数据的标注规则，车道线标注平台的功能和使用方式、筛选规则，对图像的预处理算法进行了说明，并介绍了图像预处理采用的所有算法（RoI

提取、下采样、逆透视变换）。本章对车道线检测系统的核心——车道线分割模型的训练进行了介绍，讨论了车道线分割的流程，对分割图像所使用的神经网络进行了详细介绍，并介绍了神经网络中激活函数、损失函数和 dropout 技术的使用，以及如何使用最小二乘法对车道线进行拟合和显示分割结果。本章最后介绍并分析了车道线检测质量测试和车道线检测时间测试的实验结果。

参考资料

[1] S. ZHOU, Y. JIANG, J. XI, et al. A novel lane detection based on geometrical model and gabor filter. In Intelligent Vehicles Symposium (IV), 2010 IEEE, 2010: 59-64.

[2] ALY, M. Real time detection of lane markers in urban streets. Proceedings of IEEE International Vehicles Symposium, 2008: 7-12.

[3] 刘富强，田敏，胡振程. 智能汽车中基于是觉的道路检测与跟踪算法. 同济大学学报（自然科学版），2007, 35: 1535-1537.

[4] A. BORKAR, M. HAYES, M. T. SMITH. Polar randomized hough transform for lane detection using loose constraints of parallel lines. Acoustics, Speech and Signal Processing (ICASSP), 2011 IEEE International Conference on IEEE, 2011.

[5] WANG, CHENHAO, ZHENCHENG HU, et al. A novel lane detection approach fusion by vehicle localization. Intelligent Control and Automation (WCICA), 2011 9th World Congress: 1218-1223. IEEE, 2011.

[6] KEYOU, GUO, LI NA, et al. Lane detection based on the random sample consensus. Information Technology, Computer Engineering and Management Sciences (ICM), 2011 International Conference 3: 38-41. IEEE, 2011.

[7] JYUNGUO WANG, CHENGJIAN LIN, SHYIMING CHEN. Applying fuzzy method to vision-based lane detection and departure warning system. Expert Systems with Applications, 2010, 37: 113-126.

[8] DEZHI GAO, WEI LI, JIANMIN DUAN, et al. A practical method of road detection for intelligent vehicle. Proceedings of the IEEE International Conference on Automation and Logistics, Beijing, 2009: 980-985.

[9] Z. KIM. Robust lane detection and tracking in challenging scenarios. IEEE Trans. Intell. Transp. Syst. , 2008, 9(1): 16-26.

第9章 交通视频分析

随着人工智能技术的快速发展，智能安防领域得到了越来越多的重视。交通视频分析（如图9.1所示）作为安防领域的重要内容，也一直备受关注。过去，由于技术不成熟，复杂场景的视频结构化分析一直很难实现。如今，深度学习的普遍应用使大规模复杂场景的视频分析成为可能。

图 9.1　交通视频分析

交通视频结构化分析涉及车辆和车牌检测、车牌识别、车辆品牌识别及目标跟踪等问题。本章结合目前深度学习在目标检测、文本识别、图像分类及目标跟踪领域的新技术，给出了一系列方法，以解决交通视频结构化分析过程中出现的图像识别问题。

针对交通视频结构化分析中的车辆检测和车牌检测，本章使用了基于深度卷积神经网络的单阶段快速目标检测算法。该算法结合现有的单阶段目标检测算法，用 IoU 损失取代传统的 L1 损失；针对车牌字符和颜色的识别，结合深度卷积神经网络、CTC 损失函数及交叉熵，使用单个神经网络同时完成车牌字符和颜色的识别；针对车辆颜色和属性的识别，使用深度卷积神经网络、focal 损失函数及交叉熵，在单个框架中完成车辆品牌和颜色的分类工作；针对多目标车辆跟踪，结合检测结果和卡尔曼滤波器，根据多个属性对车辆轨迹进行跟踪，获得了实时的跟踪效果。

经过实际环境的测试，本章提出的目标检测方法，在车辆检测和车牌检测上均取得了超过 90% 的精度，在车牌字符和颜色的识别上分别取得了 98.7% 和

99.5% 的精度，对车辆的品牌和颜色的识别也分别取得了 90% 和 96% 的精度。

9.1　国内外研究现状

　　交通视频结构化分析主要使用安装在道路上方的摄像头采集视频图像，并通过后端服务器对传回的视频流进行分析。当一辆车进入摄像头的监控区域时，算法需要发现并找到车辆，然后跟踪车辆的运动轨迹，通过截取的车牌图片识别车辆的车牌号、品牌类型等属性，并将其储存到数据服务器中。这个过程主要涉及车辆检测、车牌检测、车牌识别、车辆跟踪及车辆品牌识别等问题。车辆检测和车牌检测是典型的目标检测问题；车牌识别是典型的文本行识别问题；车辆跟踪是典型的目标跟踪问题；车辆品牌识别是典型的大类别图像分类问题。本书前面的章节已经对图像分类和目标检测进行了深入介绍，在本章中将重点介绍文本行识别和目标跟踪的相关研究。

1.　文本识别

　　文本识别是最为重要的模式识别应用技术，近年来取得了很大的发展。特别是深度学习在文字识别领域的应用，使得很多场景的识别精度已经达到了实用级的水准。传统的文本行图像识别分为两大类：切分识别框架[1] 和无切分识别框架[2]。

　　切分识别框架的识别过程如下：第一步，切分文本行，即使用图像区域分割算法将文字切分为单个小部件；第二步，组合路径，先使用几何关系模型对切分的小部件进行打分和合并，再使用单字分类器对合并得到的单字块进行识别和打分，对由单字组合而成的词使用语言模型进行打分；第三步，对组合得到的多个路径进行综合评分，找到最优的路径作为识别的输出结果。在这个过程中使用的几何模型、单字分类器和语言模型都需要预先进行训练。

　　无切分识别框架的识别过程如下：第一步，使用滑动窗技术提取文本行的特征；第二步，使用嵌入的 Baum-Welch 算法训练字符的 HMM 模型；第三步，使用 Viterbi 算法寻找最优的字符串作为输出结果，完成识别。

　　无切分策略的诱人之处在于，在训练过程中无须标记每个汉字在手写图像中的位置，从而大大节省了人力。尽管无切分识别策略和切分—识别集成策略的主要区别在于是否显式地进行字符切分，但它们在解码过程中采用了近似的思想。

随着深度学习应用的发展，无切分框架已经跻身文本行图像识别的主流。华中科技大学研究[3] 提出使用 CNN-RNN-CTC[4] 框架进行手写文本行图像的识别，取得了很高的精度。CNN-RNN-CTC 是经典的序列识别框架，首先输入图像，通过 CNN 提取特征，然后将提取的特征输入 RNN 进行时序关系建模，最后通过 CTC 对齐来计算损失函数。

2. 目标跟踪

目标跟踪是图像识别中最重要的任务之一。目标跟踪大致分为单目标跟踪和多目标跟踪。单目标跟踪主要是指在初始帧中选取一个目标，并在后续帧中跟踪这个目标的运动轨迹。多目标跟踪主要是指在连续的视频帧中，先用快速检测算法检测每帧中的所有目标，再使用多目标跟踪算法找到同一个目标的运动轨迹。

在深度学习出现之前，最主要的目标跟踪算法是以相关滤波[5]为代表的算法，例如 KCF[6]。

最早的单目标跟踪方法是由王乃岩提出的[7]。该方法在 DLT 中使用了深度学习。DLT 离线训练自动编码机器用于特征提取，在跟踪时使用编码器获得目标特征，然后在线训练一个分类器。虽然 DLT 使用了深度学习，但是其跟踪的准确度和速度都难以实现对多个目标的同时跟踪。

其实，速度慢是单目标跟踪最主要的问题，即使是主流的将相关滤波和深度特征结合的方法[8][9]，也不适用于多目标的跟踪。目前，多目标跟踪主要基于检测和相似度度量的方法，例如用于行人跟踪的 Sort[10]、Deep-Sort[11]。Deep-Sort 离线训练深度网络，生成行人相似度度量特征，跟踪过程为：使用检测器对行人进行检测；提取每个框的深度特征；使用卡尔曼滤波[12] 预测目标在当前帧的位置；结合深度特征与预测位置和检测位置的 IoU 给跟踪物体的相似度打分；使用二分图匹配对齐所跟踪的目标。虽然看上去简单，但是使用深度特征将导致计算量过大。因此，即使检测算法的计算速度很快，也无法达到实时多目标跟踪的效果。

9.2　主要研究内容

交通视频分析系统的功能主要包括车辆检测、车牌检测、车牌识别、车辆品牌识别及目标跟踪。

9.2.1 总体设计

系统的总体结构，如图 9.2 所示。系统包括五个模块：车辆检测、车牌检测、车牌识别、品牌颜色识别、目标跟踪。除了目标跟踪模块，其他模块都是基于深度学习实现的。在车辆检测、车牌检测、车牌识别及品牌颜色识别任务下面，是支持其功能的深度学习处理和推理框架。深度学习训练和推理框架主要负责完成深度学习模型的训练及推理任务，在训练过程中支持 GPU 计算，在推理过程中支持 GPU、AI 芯片调用。

图 9.2　总体结构

9.2.2 精度和性能要求

视频结构化分析过程经常是环环相扣的——为了从整体上提高精度，每个环节都很重要。系统主要对车辆进行精细化分析，车辆检测的精度将直接影响后面的车辆属性分析及跟踪等环节，因此，提高车辆的检测精度是关键环节。车牌检测是车牌识别的基础，只有准确、完整地检测车牌，才能保证车牌识别的精度。综合考虑以上需求，要求车辆检测和车牌检测的精度达到 90%，车牌识别的精度达到 90%，品牌分类的精度达到 90%。

在实际应用中，往往需要监控系统达到实时甚至更快的速度。以一路视频输入为例，刷新率为 25 帧/秒，所以系统至少要满足每秒处理 25 帧的基本需求。但是，商用系统为了节约成本，往往会使用一个系统同时监控多路摄像头（视频输入）。因此，算法要想满足系统对速度的要求，就要达到单块芯片每秒处理 50 帧的水平。这对每个算法都有具体要求：车辆检测算法应达到 200 帧/秒；车牌检测算法应达到 200 帧/秒；车牌识别算法应达到 500 帧/秒；品牌颜色识别算法应达到 200 帧/秒；目标跟踪算法应达到 500 帧/秒。

9.3　交通视频分析

本节从车辆检测和车牌检测、车牌识别、品牌颜色识别、目标跟踪等方面详细介绍各个算法的实现细节。

9.3.1　车辆检测和车牌检测

车辆检测和车牌检测是典型的目标检测问题，在本节中使用了相同的目标检测方法来实现。目标检测是图像识别领域的经典问题，随着深度学习的出现，图像中特定物体的检测精度逐渐达到了实用级的水平。在本节中，主要使用单阶段目标检测来实现车辆检测和车牌检测。

车辆检测和车牌检测的应用场景相对简单，同时需要较快的速度，因此，可以使用基于全卷积神经网络的单阶段快速检测算法。主干网络结构使用自定义的深度卷积神经网络，在训练过程中使用来自 Unitbox 的交并比损失（IoU loss）作为损失函数。

1.　交并比损失

我们以人脸识别任务为例分析交并比损失的计算要点。

如图 9.3 所示，在一个人脸检测示例中，选取最后一个 anchor 作为预测结果。红色点表示 anchor 的中心在图像中的对应位置。红色框表示真实的检测结果。黄色框表示网络的预测结果。真实结果为 $\tilde{x} = (\tilde{x}_1, \tilde{x}_t, \tilde{x}_r, \tilde{x}_b)$，其中 $\tilde{x}_1$、$\tilde{x}_t$、$\tilde{x}_r$、$\tilde{x}_b$ 分别表示真实框的左边界、上边界、右边界、下边界与 anchor 中心的距离。预测结果为 $x = (x_1, x_t, x_r, x_b)$，其中 x_1、x_t、x_r、x_b 分别表示预测框的左边界、上边界、右边界、下边界与 anchor 中心的距离。两个框的并集区域为 $U = (x_1 + x_r) \times (x_t + x_b) + (\tilde{x}_1 + \tilde{x}_r) \times (\tilde{x}_t + \tilde{x}_b) - I$，两个框的交集区域为 $I = (\max(x_1, \tilde{x}_1) + \min(x_r, \tilde{x}_r)) \times (\max(x_t, \tilde{x}_t) + \min(x_b, \tilde{x}_b))$。因此，交并比 $\text{IoU} = \frac{I}{U}$ 的范围为 $(0,1)$。当预测结果完全不准确时，$\text{IoU} = 0$；当预测结果和真实结果完全相符时，$\text{IoU} = 1$。损失函数的优化目标是使预测结果和真实结果完全一致，即 $\text{IoU} = 1$，因此，将 $-\log(\text{IoU})$ 的值作为损失函数：当预测结果不完全相符时，误差大于 0；当满足最优条件时，误差为 0。

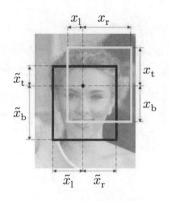

图 9.3　人脸检测示例

在配置神经网络结构时，只使用卷积层和池化层。在不断进行的卷积和池化操作的作用下，输入图像从原来的 $H \times W$ 变为 $h \times w$，输出为 $5N$ 个大小为 $h \times w$ 的特征图。N 表示预测响应的 anchor 的组数，$h \times w$ 表示最后一组预测的 anchor 的数目，每组中的 5 个特征图分别表示预测的 x_l、x_t、x_r、x_b 和置信度。

式 9.1 为前向传播时输出层激活函数的计算公式，网络中最后一个卷积层输出的特征图为 $C\{(c_1^1, c_1^2, c_1^3, c_1^4, c_1^5), (c_2^1, c_2^2, c_2^3, c_2^4, c_2^5), \cdots\}$，每组包含 5 个特征图，分别表示其所对应的 anchor 的 x_l、x_t、x_r、x_b 和置信度，最后的激活函数的输出为 $Y \in (0,1)$。

$$Y = \mathrm{sigmoid}(C) \tag{式 9.1}$$

交并比的损失函数计算主要分为三步：第一步，响应框进行正负样本区域的判断，即每组响应框根据正负样本选择的方法，判断对应的是正样本区域、负样本区域还是不学习区域；第二步，在同组响应框之间进行极大抑制，即正样本选择预测结果和真实结果 IoU 最大的框来计算损失，负样本选择置信度最小的框来计算损失，将未被选择的响应框的损失设置为 0；第三步，计算响应框所对应的损失，即选中需要计算损失的响应框，分别计算其对应的损失函数。

2. 正负样本的选择

针对目标检测问题，在训练中需要为每个响应的 anchor 选择正负样本。本节以目标区域和响应 anchor 的相交区域占 anchor 大小的比例作为选择依据。设置阈值，并将其作为分界线（该阈值主要用来筛选正样本）：如果相交区域占比大于阈值则是正样本区域，正样本的学习包括置信度和边框回归；如果介于 0 和阈值之间则为忽略区域，对该区域不进行学习，所有损失函数的返回值都为 0；如果等于 0 则为负样本区域，对该区域只学习置信度，且置信度的标签为 0。

完成正负样本的选择后，需要平衡不同任务的损失和正负样本的比例。首先是平衡正负样本的比例。本节使用了所有的负样本和正样本进行学习，但负样本数经常远多于正样本数，这给正样本和负样本的损失函数增加了不同的权重。然后是平衡置信度和边界框回归任务的学习。最后给回归任务的损失函数增加了一个权重。

3. 两阶段训练法

在实际的训练过程中采用了两阶段训练法。第一阶段分为训练回归和分类两部分：训练回归就是预测目标的位置；分类就是对 anchor 的响应区域进行分类以判断有无目标，损失函数为交叉熵。在第二阶段，修改损失函数如式 9.2 所示，对于目标响应的 anchor，不再判断有无目标，而是计算预测回归得到的区域和实际区域的交并比。采用两阶段训练法可以提高训练的精度、跳过局部最优解。在实际应用中，两阶段训练法可以加速收敛、提高精度、防止过拟合。

$$\text{Loss} = \begin{cases} -\log\left(\frac{p}{\text{IoU}}\right), & \text{如果 } p < \text{IoU} \\ -\log\left(\frac{\text{IoU}}{p}\right), & \text{如果 } p > \text{IoU} \end{cases} \tag{式 9.2}$$

在实验过程中发现，使用两阶段训练法可以提高训练过程的稳定性。其实这很容易理解。对正样本来说，置信度主要用于预测真实标签框和预测框的交并比。在训练初期，网络预测框不稳定，所以交并比变化的幅度比较大，而这会导致置信度预测值和真实值之间的差距较大，出现损失函数的跳变，增加了训练过程中的不稳定性。如果使用两阶段训练法，就不存在这个问题了。在第一阶段，正样本的预测值的目标是判断该 anchor 是否对应于正样本，所以真实值是稳定的；在第二阶段，框的预测基本已经收敛了，预测框和真值框的 IoU 已经相对稳定了。

9.3.2 车牌识别功能设计详解

车牌识别主要负责对车牌号码和颜色进行识别，是一个典型的光学字符识别（optical character recognition，OCR）和图像分类问题。每个车牌的内容都是类似文本的图像，并且具有特定的字符和格式。目前，中国的车牌包含汉字 30 多个、数字 0~9、大写英文字母 24 个（不包含 I 和 O），字符数是 7 个或 8 个（新能源汽车），车牌的颜色主要有蓝、黄、白、黑、绿等。

下面介绍一种叫作"连接时序分类"的经典序列分类算法，并使用单个深度学习网络完成车牌字符和颜色的识别。

1. 连接时序分类算法

下面介绍时序分类中最重要的算法——连接时序分类（connectionist temporal classification，CTC）算法。在神经网络的训练中，输入序列在每个时刻都需要独立的训练标签，这意味着序列训练数据需要被分割并设置对应的标签。此外，因为网络的输出是局部分类的，所以需要对连续出现的标签额外进行建模（如果没有进行这样的处理，那么最终的标签是不可靠的）。由于输出的结果序列和标签不是一一对应的，所以需要通过后处理算法对输出结果进行标记。

只要序列的整体标签是正确的，连接时序分类算法就可以实现网络在任意时刻对标签的预测。这使得预先的输入和标签的对齐不再重要，输出概率也不需要通过额外的后处理建模来进行时序分类。

2. 输出标记建模

序列标记任务对应于标签空间 A。定义新的标签空间 $A' = A \cup \{\text{blank}\}$，这里的"blank"代表空白标签。在时序分类问题中，输入序列的长度大于标签的长度，因此可能存在某些时刻没有真实对应的标签或者输出标签为空的情况。

下面在空间 A' 中重新定义输出的概率。对于给定长度为 T 的输入序列 $\boldsymbol{x}$，用 y_k^t 表示 t 时刻在空间 A' 上的第 k 个标签的概率，用 A'^T 表示在空间 A' 上长度为 T 的输出标签序列的集合。假设每个时刻和其他时刻的输出概率相互独立，可以使用式 9.3 表示 $\boldsymbol{\pi} \in A'^T$ 在输入序列 $\boldsymbol{x}$ 下的条件概率。

$$p(\boldsymbol{\pi}|\boldsymbol{x}) = \prod_{t=1}^{T} y_{\pi_t}^t \qquad\qquad (\text{式 } 9.3)$$

为了区分空间 A 上的标签序列和空间 A' 上的输出标签序列 $\boldsymbol{\pi}$，将 $\boldsymbol{\pi}$ 命名为"路径"。定义一个函数 $F: A'^T \to A^{\leqslant T}$，其中 $A^{\leqslant T}$ 表示给定序列 $\boldsymbol{x}$ 在标签空间 A 上所有可能输出的标签序列集合。函数的具体操作如下：移除所有的连续重复标签；移除所有的 blank 标签，例如 $F(\text{a\_ab\_}) = F(\text{\_aa\_aab\_}) = \text{aab}$。显然，所有路径互异，但不同路径最后可以映射到相同的标签序列 $\boldsymbol{l}$ 上，所以 F 是多对一的映射关系。因此，标签序列 $\boldsymbol{l}$ 在输入序列 $\boldsymbol{x}$ 下的条件分布概率等于所有满足映射关系路径的条件概率的和，如式 9.4 所示。

$$p(\boldsymbol{l}|\boldsymbol{x}) = \sum_{\boldsymbol{\pi} = F^{-1}(\boldsymbol{x})} p(\boldsymbol{\pi}|\boldsymbol{x}) \qquad\qquad (\text{式 } 9.4)$$

将不同的路径映射到相同的标签，使得连接时序分类能够处理未经分割的时序分类问题（因为不需要关心是否能够预先知道每个标签具体出现的位置）。这也使得连接时序分类不适合用在需要固定每个标签出现位置的任务中。不过，在实际应用中，连接时序分类会趋向于使标签出现在真实位置附近。

3. 前向后向算法

我们已经定义了标签序列的条件分布概率 $p(l|\boldsymbol{x})$，下面给出能够有效计算这些概率的方法。从映射函数 F 的定义中可以知道，随着标签序列 l 和输入序列 $\boldsymbol{x}$ 的增加，满足映射关系的路径将呈指数级增加，因此，计算所有路径的概率是不现实的。

这里介绍一种使用动态规划来解决此问题的算法——前向后向算法（forward-backward algorithm），它与隐马尔可夫模型中的前向后向算法类似。这个算法的关键是：与标签序列 l 对应的所有路径的和，可以通过迭代计算这些路径的前缀（后向）的概率的和得到。

将标签序列 l 扩展为序列 l'，具体做法是：在标签序列 l 的首部及每个标签的后面插入 "blank"。如果 l 的长度为 U，那么 l' 的长度为 $2U + 1$。通过计算 l' 前缀的概率，即可计算路径前缀的概率的和。

对于标签序列 l，定义前向变量 $\alpha(t, u)$ 表示满足 $F(\boldsymbol{\pi}_{1\sim t}) = l_{1\sim\frac{u}{2}}$ 的所有路径的前缀概率之和。定义集合 $V(t, u) = \{\boldsymbol{\pi} \in A'^{T} : F(\boldsymbol{\pi}) = l_{1\sim\frac{u}{2}}, \boldsymbol{\pi}_t = l'_u\}$，因此，有式 9.5。

$$\alpha(t, u) = \sum_{\boldsymbol{\pi} \in V(t,u)} \prod_{t=1}^{t} y_{\pi_i}^{i} \tag{式 9.5}$$

由式 9.5 可以发现，t 时刻的前向变量可以通过 $t - 1$ 时刻的前向变量计算得到。此外，根据上面的形式，标签序列 l 的概率可以表示为以正常标签结尾和以 "blank" 结尾的两个前向变量的和，如式 9.6 所示。

$$p(l|\boldsymbol{x}) = \alpha(T, U') + \alpha(T, U' - 1) \tag{式 9.6}$$

所有的前向变量起始于 "blank" 或者标签序列的第一个标签 l_1，式 9.7 给出了前向变量的初始化过程。

$$\begin{cases} \alpha(1,1) = y_{\text{b}}^{1} \\ \alpha(1,2) = y_{l_1}^{1} \\ \alpha(1,u) = 0, \forall u > 2 \end{cases} \tag{式 9.7}$$

前向计算的示意图，如图 9.4 所示，其迭代过程可以表示为式 9.8。

$$\alpha(t,u) = y_{l_u'}^t \sum_{i=f(u)}^u \alpha(t-1,i) \tag{式 9.8}$$

其中

$$f(u) = \begin{cases} u-1, & \text{如果 } l_u' = \text{blank 或 } l_{u-2}' = l_u' \\ u-2, & \text{否则} \end{cases} \tag{式 9.9}$$

$$\alpha(t,u) = 0, \forall u < U' - 2(T-t) - 1 \tag{式 9.10}$$

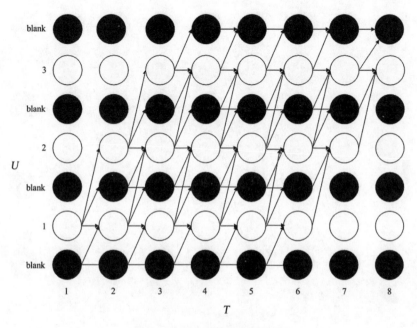

图 9.4 前向变量的计算过程

因为路径 $\boldsymbol{\pi}$ 剩余的后缀长度大于等于 $\boldsymbol{l}$ 剩余的后缀长度，所以，后缀满足 $F(\boldsymbol{\pi}_{t\sim T}) = \boldsymbol{l}_{\frac{u}{2}\sim U}$。

定义后向变量 $\beta(t,u)$ 作为路径从 $t+1$ 开始的所有后缀的概率之和，前向变量和后向变量表示了完整的路径 $\boldsymbol{l}$。定义 $W(t,u) = \{\boldsymbol{\pi} \in A'^{T-t} : F(\hat{\boldsymbol{\pi}} + \boldsymbol{\pi}) = \boldsymbol{l} \ \forall \ \hat{\boldsymbol{\pi}} \in V(t,u)\}$，则后向变量可以用式 9.11 表示。

$$\beta(t,u) = \sum_{\boldsymbol{\pi} \in W(t,u)} \prod_{i=1}^{T-t} y_{\pi_i}^{t+i} \tag{式 9.11}$$

后向变量的初始化和迭代方式的示意图，如图 9.5 所示，计算公式为式 9.12 和式 9.13。

$$\begin{cases} \beta(T, U') = \beta(T, U' - 1) = 1 \\ \beta(T, u) = 0, \qquad \forall u < U' \end{cases} \tag{式 9.12}$$

$$\beta(T, u) = \sum_{i=u}^{g(u)} \beta(t+1, i) \, y_{l'_i}^{t+1} \tag{式 9.13}$$

其中

$$g(u) = \begin{cases} u + 1, & \text{如果 } l'_u = \text{blank 或 } l'_{u-2} = l'_u \\ u + 2, & \text{否则} \end{cases} \tag{式 9.14}$$

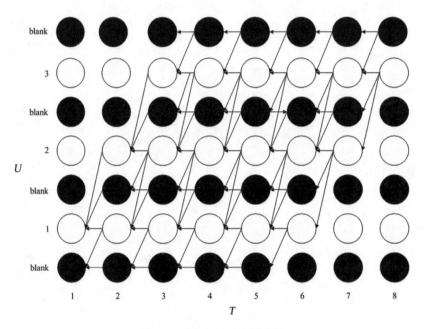

图 9.5　后向变量的计算过程

注意利用以下特性：

$$\beta(T, u) = 0, \forall u < 2t \tag{式 9.15}$$

4. 损失函数

下面介绍损失函数的计算过程。

给定训练集合 S，定义负对数损失函数 $L(S)$，如式 9.16 所示。

$$L(S) = -\ln \prod_{(x,z) \in S} p(\boldsymbol{z}|\boldsymbol{x}) = -\sum_{(x,z) \in S} \ln p(\boldsymbol{z}|\boldsymbol{x}) \tag{式 9.16}$$

$\boldsymbol{z}$ 为序列 $\boldsymbol{x}$ 的标签串。这里的损失函数是可导的。

下面先使用链式法则计算损失函数对于权值的导数，然后使用梯度下降法进行训练。

对于单个训练数据 x，损失函数如式 9.17 所示。

$$L(x, z) = \ln p(z|x) \tag{式 9.17}$$

对应式 9.16 的总体损失，可以表示成式 9.18。

$$L(S) = \sum_{(x,z) \in S} L(x, z) \tag{式 9.18}$$

计算相对于权值的导数，如式 9.19 所示。

$$\frac{\partial L(s)}{\partial w} = \sum_{(x,z) \in S} \frac{\partial L(x,z)}{\partial w} \tag{式 9.19}$$

令 $l = z$ 并定义集合 $X(t, u) = \{\pi \in A'^T : F(\pi) = z, \pi_t = Z'_u\}$，综合式 9.5 和式 9.11，可以得到式 9.20。请注意，这里 l 与 z 的含义并不完全相同，l 可以是任何预测的标签序列，而 z 是指数据集里标注的真值序列。

$$\alpha(t, u)\beta(t, u) = \sum_{\pi \in X(t,u)} \prod_{t=1}^{T} y_{\pi_t}^t \tag{式 9.20}$$

化简得式 9.21。

$$\alpha(t, u)\beta(t, u) = \sum_{\pi \in X(t,u)} p(\pi|x) \tag{式 9.21}$$

计算在时刻 t 所有经过 z'_u 位置的路径的概率和，然后累加时刻 t 的所有路径的概率，得到 $p(z|x)$，如式 9.22 所示。

$$p(z|x) = \sum_{u=1}^{|z'|} \alpha(t, u)\beta(t, u) \tag{式 9.22}$$

这样可以得到单个样本的损失，如式 9.23 所示。

$$L(x, z) = -\ln \sum_{u=1}^{|z'|} \alpha(t, u)\beta(t, u) \tag{式 9.23}$$

接下来，计算损失函数对网络输出节点的导数。给出时刻 t 第 k 个节点的输出导数，如式 9.24 所示。

$$\frac{\partial L(x,z)}{\partial y_k^t} = \frac{\partial (-\ln p(x,z))}{\partial y_k^t} = -\frac{1}{p(z|x)} \frac{\partial p(z|x)}{\partial y_k^t} \tag{式 9.24}$$

$p(z|x)$ 对于输出 y_k^t 的导数，只需要考虑时刻 t 经过标签 k 的路径（因为在其他时刻不再有影响）。此外，因为标签序列中可能有重复的标签，所以在同一时刻相同的标签可能会多次出现。定义集合 $B(z, k) = \{u : zu' = k\}$，表示时刻 t 标签 k 出现在 z'。由式 9.20 整理得到式 9.25 ~ 式 9.27。

$$\frac{\partial \alpha(t,u)\beta(t,u)}{\partial y_k^t} = \begin{cases} \frac{\partial \alpha(t,u)\beta(t,u)}{\partial y_k^t}, & \text{如果 } k \text{ 在 } z' \text{中} \\ 0, & \text{否则} \end{cases} \tag{式 9.25}$$

$$\frac{\partial p(x,z)}{\partial y_k^t} = \frac{1}{y_k^t}\sum_{z\in B(z,k)}\alpha(t,u)\beta(t,u)$$ （式 9.26）

$$\frac{\partial L(x,z)}{\partial y_k^t} = -\frac{1}{p(z|x)}\frac{1}{y_k^t}\sum_{z\in B(z,k)}\alpha(t,u)\beta(t,u)$$ （式 9.27）

损失函数对于网络时刻 t 输出层第 k 个节点的导数，可以表示成式 9.28。

$$\frac{\partial L(x,z)}{\partial a_k^t} = -\sum_{k'=1}\frac{\partial L(x,z)}{\partial y_{k'}^t}\frac{\partial y_{k'}^t}{\partial a_k^t}$$ （式 9.28）

考虑到

$$y_k^t = \frac{e_k^t}{\sum_{k'=1}^{K}e^{a_{k'}^t}}$$ （式 9.29）

式 9.28 右起第二项可以表示为式 9.30。

$$\frac{\partial y_{k'}^t}{\partial a_k^t} = y_{k'}^t\delta_{kk'} - y_{k'}^t y_k^t \begin{cases} \delta_{kk'} = 1, & \text{当 } k = k' \\ \delta_{kk'} = 0, & \text{否则} \end{cases}$$ （式 9.30）

化简得到式 9.31。

$$\frac{\partial L(x,z)}{\partial a_k^t} = y_k^t - \frac{1}{p(z|x)}\sum_{z\in B(z,k)}\alpha(t,u)\beta(t,u)$$ （式 9.31）

最终得到了损失函数对网络输出的导数。接下来，就可以很容易地使用链式求导法则计算损失函数对网络的权值的导数了。

CTC 计算损失的大致过程，如图 9.6 所示。第一步是前向计算，即使用动态规划法计算标签的前缀概率；第二步是后向计算，即使用动态规划法计算标签后缀的概率；第三步是计算损失，即根据前向计算和后向计算的结果，使用损失函数计算输出的损失（在训练时，在网络配置中增加 CTC 损失函数的网络层即可）。

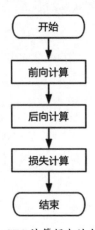

图 9.6　CTC 计算损失的大致过程

5. 解码算法

在使用网络进行推理的过程中，给定未知标签的输入图像 x，选择一个最有可能的标签序列 l^*：

$$l^* = \arg \max_l p(l|x) \qquad\qquad (式\ 9.32)$$

本节使用的最大路径解码算法基于最大路径所对应的标签概率最大这一假设：

$$l^* \approx F(\pi^*) \qquad\qquad (式\ 9.33)$$

其中

$$F(\pi^*) = \arg \max_{\pi} p(\pi|x) \qquad\qquad (式\ 9.34)$$

由于最大解码算法只是简单地重复计算每个时刻最大概率的标签，因此 π^* 中的标签只对应于每个时刻的最大激活输出。由式 9.4 可知，在某些情况下会存在 $l \neq F-1(\pi^*)p(l|x) > p(\pi^*|x)$ 的情况，所以，最大解码算法并非总能找到最优的标签序列 l^*。

6. 结果评价

车牌识别的评价指标主要包括字符正确率和车牌正确率。字符正确率主要是指每个车牌的识别字符串和真实结果之间的编辑距离的平均值。车牌正确率是指全部正确的车牌占总车牌数目的比例。

7. 车牌识别网络结构

车牌识别网络是一个包含颜色识别的车牌识别框架，如图 9.7 所示。

由于车牌识别任务相对简单，所以，考虑到实际运行速度，结合 AI 芯片优化问题，本节放弃使用 OCR 文本行识别最常使用的 CNN-RNN-CTC 框架，只使用 CNN-CTC 框架，同时与颜色分类任务共享卷积层。网络使用固定高度的车牌图像作为输入，通过 CNN 层得到特征向量序列。这些特征序列最后进入字符识别和颜色分类的输出层。字符识别输出层的节点数等于字符的类别数，激活函数为 softmax，最后使用 CTC 计算损失。在通过卷积特征进行车牌颜色识别之前，要经过一个全局池化层，池化的方式是在每个时刻选择最大值，组成一个特征向量，最后进入输出层。颜色分类输出层的节点数是颜色的类别数，损失函数为交叉熵函数。在训练网络时，同时优化 CTC 损失和交叉熵损失。由于两个损失针对的是两个不同的任务，所以，需要平衡两个损失函数的比例，保证两个目标能够同时得到优化。

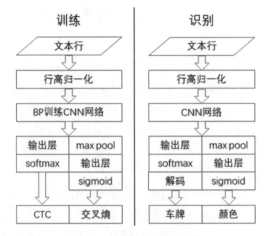

图 9.7　车牌识别网络结构

9.3.3　车辆品牌及颜色的识别

车辆属性识别主要包括对车辆的颜色和品牌的识别，这里主要介绍对车辆品牌的识别。车辆品牌的识别主要包括识别车辆的品牌和年款，例如"奥迪 A6，2012 年款"。车辆的品牌和年款很多，目标训练数据集中各类型的车辆样本超过了 600 种，包括大巴车、卡车及轿车等。

车牌属性识别虽然是经典的物体分类问题，但是它和 ImageNet 中 1000 个类别的主要不同是它的数据分布非常不均衡。很多不常见车辆的样本数极少，而常见车辆的样本数很多，因此，在设计算法时，不仅要考虑样本不均衡的问题，还要兼顾颜色识别问题。

我们采用聚焦损失（focal loss）的方法来处理正负样本不均衡的问题。在目标检测训练中，不仅正负样本比例不均衡，难易样本的比例也相差很大，因此，经常需要采取一些策略进行平衡。该方法通过在训练过程中动态调节损失函数，保证正负样本及难易样本的均衡。

1. 聚焦损失函数

虽然图像分类问题在深度学习出现之后基本得到了解决，但大类别和不均衡类别的分类问题仍然是一个难点。车辆的品牌识别就是一个典型的大类别分类问题。同时，每个类别的样本数极度不均衡——车辆的类别超过 600 种，且每个类别的样本数极度不均衡，某些款型的车辆只有数十个样本。为了处理这种大类别不均衡的问题，本节引入了聚焦损失函数，它主要针对正负样本的不均衡问题，以传统的交叉熵为基础进行了改进（参见 5.2.1 节）。

2. 用于识别车辆品牌和颜色的网络

车辆的品牌分类和颜色分类属于两个不同的任务。本节用同一个基础网络来完成这两个任务。

如图 9.8 所示，基础网络的最后一层分别进入两个输出层，这两个输出层分别对应于品牌分类任务和颜色分类任务。两个网络同时进行训练，颜色分类任务使用普通的交叉熵函数，品牌分类任务使用聚焦损失函数。由于两个任务的难易程度不同，车牌识别任务较难，所以，为了保证两个任务都能达到较高的精度，在训练时需要采取一些策略来平衡两个任务的损失函数防止网络向一个任务倾斜。

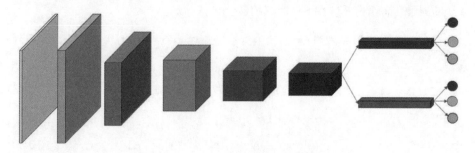

图 9.8　用于识别车辆品牌和颜色的网络

9.3.4　目标跟踪设计详解

目标跟踪算法主要用于对车辆的轨迹进行跟踪，并在连续的视频帧中识别出同一辆车。在实际应用中，目标跟踪是多种方法的结合，而不是简单地靠某个目标跟踪算法实现的。针对车辆跟踪任务，除了要结合跟踪算法，还要考虑车牌、颜色及款型等特征。本节使用的基于卡尔曼算法的多目标轨迹跟踪，给出了车辆运动的最佳轨迹，可以通过车辆的位置、颜色、品牌、车牌等属性将前后帧中的同一辆车对齐。

1. 卡尔曼滤波器

本节使用卡尔曼滤波器（Kalman filtering）进行单目标的轨迹预测，并输出车辆运动的最佳轨迹。

卡尔曼滤波器是一种利用线性系统状态方程，通过系统的输入和输出来观测数据，对系统状态进行最优估计的算法。由于观测数据可能会受到系统噪声的干扰，也可以将最优估计看作滤波过程。

$x(k)$ 是系统在 k 时刻的状态，$u(k)$ 是 k 时刻对系统的控制量，A 和 B 是系统的参数；$z(k)$ 是 k 时刻的测量值，H 是测量系统的参数；$w(k)$ 和 $v(k)$ 分别表示系统过程和测量到的噪声，Q 和 R 分别是噪声 w 和 v 的方差。

利用系统的过程模型，得到系统下一状态的预测值 $x(k|k-1)$：

$$x(k|k-1) = Ax(k) + Bu(k) \qquad \text{(式 9.35)}$$

更新系统的状态方差：

$$p(k|k-1) = Ap(k-1)A' \qquad \text{(式 9.36)}$$

现在，我们已经根据系统的当前状态预测出了下一状态。接下来，需要结合系统的测量状态给出系统在下一时刻的最后状态 $x(k)$：

$$x(k) = x(k|k-1) + Kg(k)(z(k) - Hx(k|k-1)) \qquad \text{(式 9.37)}$$

其中

$$Kg(k) = \frac{p(k|k-1)H'}{Hp(k|k-1)H'+R} \qquad \text{(式 9.38)}$$

更新系统在 k 时刻 $x(k)$ 状态的方差：

$$p(k) = \big(1 - Kg(k)\big)p(k|k-1) \qquad \text{(式 9.39)}$$

在实际使用中，通过系统的观察值进行迭代，就可以持续输出系统的最后状态序列。

卡尔曼滤波器的工作流程，如图 9.9 所示。首先初始化卡尔曼滤波器的内部状态值，使用式 9.35 预测下一状态的值，然后使用式 9.36 更新状态值的方差，再输入下一状态的观测值，用观测值和预测值得到下一时刻的最优状态值，最后修正状态方差。在进行初始化时，需要设置初始状态值和初始状态方差，以及观测值方差和过程方差。初始状态值可以设置为 0 或者其他值。初始状态方差往往被设置为一个很大的值，以表示当前系统预测值的可信度较低，这样，最优的输出结果会倾向于测量值。观测值方差一般是实际观测值的估计方法。过程方差通常被默认设置为一个较小的值。

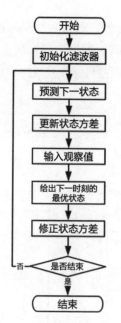

图 9.9 卡尔曼滤波器的工作流程

2. 车辆跟踪

本节使用的目标跟踪算法框架就是一个结合了检测和预测多目标跟踪的算法框架。多目标跟踪算法主要是指对每帧视频都进行检测并得到物体的位置信息，进而得到同一物体在不同帧中的位置。之所以采用多目标跟踪算法，主要原因有两个：第一，在实际应用中会对每帧视频进行目标检测；第二，目前的单目标跟踪算法在实际的多目标环境中计算量比较大。本节采用的多目标跟踪算法，兼顾对其他属性的整合及目标主要针对运动轨迹简单的车辆的实际情况，使用了一种简单、高效的跟踪框架。

车辆跟踪框架流程图，如图 9.10 所示。以第 t 帧为例（前 $t-1$ 帧的视频已经跟踪完成），对该视频帧进行检测。首先，使用车牌识别和属性识别功能得到每辆车的车牌号码和属性。跟踪器使用卡尔曼滤波器对物体的运动轨迹进行预测，得到当前帧的预测位置。然后，计算检测到的物体和跟踪目标框之间的 IoU 的值，使用二分图的最优权值匹配进行对齐。在这里，使用匈牙利算法将匹配得分最高的目标对齐（匹配得分主要来自车牌号码、车辆的品牌和颜色等）。在进行相似度匹配时，车牌的得分为编辑距离，属性的得分为 0 或 1，位置的得分为IoU。此外，要为每个得分赋予不同的权值（具体的权值通过不断选择和测试得到）。对齐之后，对跟踪目标进行更新：如果匹配检测目标，则进行更新，否则，生命周期缩短；如果变为 0，则表示目标消失。最后，对检测到的没有对齐的目标进行初始化并将其作为跟踪目标放入跟踪器，返回跟踪器中的所有目标。

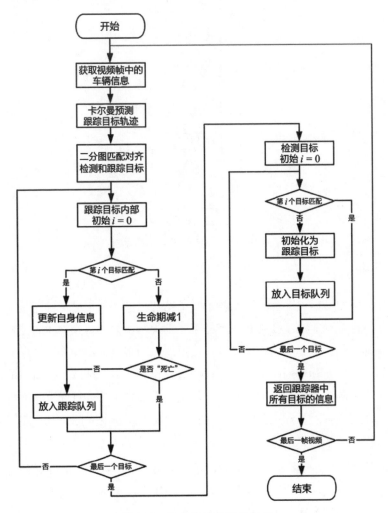

图 9.10　车辆跟踪框架流程图

9.4　系统测试

　　本节主要介绍车辆检测、车牌检测、车牌识别、品牌和颜色识别、目标跟踪等算法的训练和测试过程。

9.4.1　车辆检测

1.　实验数据

本节实验采用的数据来自内部标注的交通卡口车辆数据集，如表 9.1 所示，分别给出了训练数据、验证数据及测试数据的数量。每幅图片包含单个或者多个车辆的正面，标注的属性主要是车的边框（bounding box）。在该数据集中，有效图片共 5331 幅，在训练时按照 80% 的训练数据、10% 的验证数据及 10% 的测试数据随机进行划分。

表 9.1　车辆检测数据

数 据 集	训 练 集	验 证 集	测 试 集	总　　数
数量（幅）	4271	530	530	5331

2.　网络结构设置

本节使用全卷积神经网络结合 IoU 损失函数来训练车牌检测模型。基础网络分别使用了 VGG16 的前 13 层和自定义的基础结构，如图 9.11 所示，网络的输出入为 192×192 的图像，anchor 分别设置为 1 和 2。当 anchor = 1 时，响应的检测框为 144 个；当 anchor = 2 时，响应的检测框为 288 个。

VGG16	SelfDefine
192×192	192×192
conv3-64-s2	conv3-16-s2
conv3-64	conv3-16
maxpool	
conv3-128	conv3-32-s2
conv3-128	conv3-32
maxpool	maxpool
conv3-256	conv3-64
conv3-256	conv3-64
conv3-256	conv3-64
maxpool	maxpool
conv3-512	conv3-128
conv3-512	conv3-128
conv3-512	

图 9.11　基础网络结构

3. 数据增广

在经典的机器学习任务中，数据扰动是提升训练效果和模型泛化能力的有力手段。面对实际应用场景，训练数据经常不能覆盖所有的情况，而数据扰动可以通过已有样本构造出更多的样本，从而有效防止模型在训练时产生过拟合，提高模型在测试数据上的精度和泛化能力。针对训练数据的缺陷和不足，数据扰动是必须要做的。因此，结合目标检测问题的特点，本节使用一些特定的方法对训练数据进行了增广。

目标检测算法对物体的形状、大小及上下文比较敏感。如果这些因素发生了变化，那么检测结果往往会受到影响。为了克服目标大小不同的问题，本节构造了复杂的数据集，通过已有样本生成不同大小的样本。根据本节的数据和实际的测试效果发现，车辆在图片中所占的比例是可以通过算法调整的，算法在不同应用场景中的效果得到了提高。

本节使用了一种包含目标区域的随机裁切方法进行训练数据的增广，数据处理步骤如下：第一步，计算目标四周到图片边框的距离；第二步，随机截取包含目标的区域并生成训练数据；第三步，将数据随机水平翻转。完成这三步后，将产生大量的新数据（这些数据是在训练中实时生成的）。通过实验发现，这些处理工作显著提高了模型的泛化能力——虽然训练数据不足，但仍然在测试数据上表现优异。

4. 参数设置及训练过程

在第一阶段的训练中：BatchSize $= 32$，要通过随机梯度下降法优化网络的权值；学习率为 $5e - 5$，初始冲量由 0.3 逐步增加到 0.7；权值衰减系数为 $1e - 4$，正样本和负样本的权重损失分别为 0.4 和 0.3；回归任务的权值为 1；迭代 160 轮后停止训练。

在第二阶段的训练中：BatchSize $= 16$；学习率降至 $2e - 5$，冲量由 0.3 逐步增加到 0.5；权值衰减系数仍为 $1e - 4$；将正样本和负样本的权重损失分别调整为 0.2 和 0.3；将回归任务的权重调整为 0.75；使用验证集停止训练。

车辆检测的训练过程的变化曲线，如图 9.12 所示。系列 1 是正样本置信度损失函数的变化曲线；系列 2 是负样本置信度损失函数的变化曲线；系列 3 是预测框和真实框之间的 IoU 的变化曲线；系列 4 是验证集上的召回率的变化曲线（IoU > 0.8）；系列 5 是验证集上的精度的变化曲线（IoU > 0.8）；系列 6 是验证集上预测框和真实框 IoU 的变化曲线。

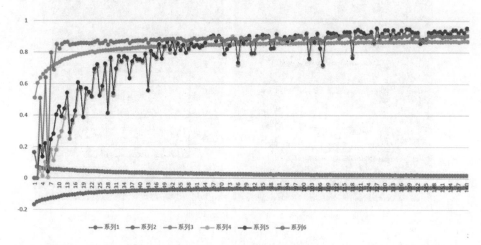

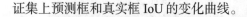

图 9.12 车辆检测的训练过程

5. 测试及结果分析

本节设置了两组实验，对不同的响应 anchor 数目进行了比较。第一组实验使用一组响应的 anchor，第二组实验使用两组响应的 anchor。表 9.2 给出了车辆检测算法在测试集上的表现及车辆检测的精度，可以发现：anchor 组数为 2 的 VGG16 在测试集上的表现最好，在 IoU = 0.8 时，精度和召回率都超过了 90%；使用单阶段训练的自定义小网络 SelfDefine* 的表现最差。可以得出结论：本节使用的目标检测方法和训练方法在车辆检测任务上是有效的。

表 9.2 车辆检测算法的测试结果（IoU > 0.8）

响 应 框	网　　络	精　　度	召 回 率
$N = 1$	VGG16	92.2%	90.4%
	SelfDefine	91.0%	89.0%
	SelfDefine*	89.6%	87.8%
$N = 2$	VGG16	93.1%	91.1%
	SelfDefine	91.9%	89.7%
	SelfDefine*	90.3%	88.5%

车辆检测结果，如图 9.13 所示。

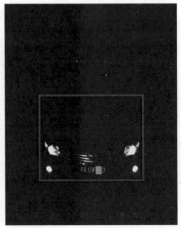

图 9.13　车辆检测结果

表 9.3 给出了不同的车辆检测模型在 Geforce GTX1080Ti 上执行时花费的时间。当 BatchSize＝1 时，检测一幅图片的时间大约为 4ms。

表 9.3　不同的车辆检测模型执行时花费的时间

计算设备	网　　络	时　　间
GPU	VGG16	约 6ms
	SelfDefine	约 4ms

9.4.2　车牌检测

1. 实验数据

本节实验采用的数据来自内部标注的车牌数据集，如表 9.4 所示，分别给出了训练数据、验证数据及测试数据的数量。每幅图片包含单个或者多个车辆的正面，标注的属性主要是车牌的边框。有效图片共 19475 幅，在训练时按照 80% 的训练数据、10% 的验证数据、10% 的测试数据随机进行划分。

表 9.4　车牌检测数据

数 据 集	训 练 集	验 证 集	测 试 集	总　　数
数量（幅）	15581	1947	1947	19475

2. 网络设置

车牌检测使用的网络架构和车辆检测基本相同。本节的车牌检测是在车辆检测的基础上进行的，即在车辆区域进行车牌检测。因此，虽然车牌的尺寸比较小，但仍将输入图像设置为 256×256。本节同样使用了 VGG16 的前 13 层和自定义的网络（基本的网络结构，如图 9.10 所示）。

3. 数据增广

在 9.4.1 节介绍车辆检测算法时已经提到了数据增广，在车牌检测训练中仍然需要进行数据增广。车牌检测是在车辆检测的基础上进行的，训练数据先用车牌检测算法进行车辆检测，在车辆检测的基础上，在车辆检测结果周围随机进行车辆位置的截取，生成大量的训练数据。数据处理步骤如下：第一步，使用算法检测车辆的位置；第二步，在车辆的周围随机截取并生成训练数据，截取的图片可以不包含完整的车辆，可以包含一些车辆以外的背景，但必须包含完整的车牌；第三步，将截取的图片随机水平翻转。完成这三步处理后，将产生大量的新数据。这些数据都是在训练中实时生成的，因此不同于离线数据，只能做很少的数据扰动。

4. 参数设置和训练过程

在车牌检测的训练过程中，需要进行类似车辆检测那样的正负样本选择。车牌在整幅图像中的占比较小，因此希望有更多的正样本，故将所有正样本的阈值设置为 0.7。此外，在两个阶段的训练中，超参数的设置也不一样。在训练的第一阶段：BatchSize $= 32$；随机梯度下降的学习率为 $1e - 4$，冲量从 0.3 逐步增加到 0.7；权值衰减率为 $1e - 4$；正样本和负样本的损失权值分别为 0.75 和 0.02；迭代 160 轮后停止；回归损失函数的权值为 1.0。在训练的第二阶段：BatchSize $= 16$，学习率设置为 $5e - 5$，冲量仍然从 0.3 逐步增加到 0.7，权值衰减率为 $1e - 4$；正样本和负样本的损失权值分别为 0.75 和 0.04；回归损失函数的权值仍为 1.0；当网络性能在验证集中不再提升时停止训练。

5. 测试及结果分析

本节设置了两组实验，对不同的响应 anchor 数目进行了比较。第一组实验使用一组响应的 anchor，第二组实验使用两组响应的 anchor。表 9.5 给出了车牌检测算法在测试集上的表现和车牌检测的精度，可以看出，车牌检测结果表现出了与车辆检测结果类似的趋势。

表 9.5　车牌检测算法的测试结果

响 应 框	网　　络	精　　度	召 回 率
N = 1	VGG16	91.7%	89.7%
	SelfDefine	90.1%	87.6%
	SelfDefine*	88.6%	86.0%
N = 2	VGG16	92.2%	90.2%
	SelfDefine	91.5%	89.1%
	SelfDefine*	89.7%	87.4%

车牌检测结果，如图 9.14 所示。

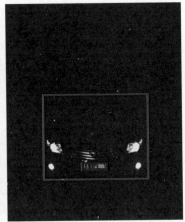

图 9.14　车牌检测结果

9.4.3　车牌识别

1. 实验数据

车牌识别的实验数据场景来自交通卡口，每幅图片包含单个或者多个车辆的正面，标注的属性主要是车牌的边界框、车牌的字符和颜色。如表 9.6 所示，有效图片共 24599 幅，在训练时按照 80% 的训练数据、10% 的验证数据、10% 的测试数据随机进行划分。表 9.7 给出了车牌标签的字符集，共 70 类，包括数字、大写字母、汉字。

表 9.6　车牌识别数据

数 据 集	训 练 集	验 证 集	测 试 集	总　　数
数量（幅）	19681	2459	2459	24599

表 9.7 车牌标签的字符集

字 符 集	内 容
数字	0、1、2、3、4、5、6、7、8、9
大写字母	A、B、C、D、E、F、G、H、J、K、L、M、N、P、Q、R、S、T、U、V、W、X、Y、Z
汉字	晋、京、冀、蒙、豫、鲁、辽、陕、皖、津、浙、苏、警、鄂、黑、湘、新、琼、赣、贵、粤、吉、川、甘、渝、使、沪、闽、宁、云、桂、学、挂、军

2. 网络结构设置

本节设置了包含 9 个、12 个、16 个隐层的全卷积网络作为模型的基础网络结构。输入的车牌数据应满足高度不超过 48 像素、宽度不超过 256 像素，输出特征图的高度为 1，宽度和输入的长度有关。

3. 数据增广

车牌识别在实际应用场景中需要很高的精度，因此需要更多和更复杂的数据才能满足要求。因为实际应用环境比较复杂，车牌的变形、光照的变化等问题普遍存在，而训练数据的场景往往比较简单，所以很难训练出能够满足实际应用场景的模型。为克服数据单一带来的问题，对训练数据进行扰动是十分有必要的。

本节在训练网络时进行了相对复杂的数据扰动，过程大致如下：第一步，在车牌标注框的周围随机裁切包含车牌的区域；第二步，使用透视变换随机对图像进行扭曲；第三步，使用高斯平滑对扭曲后的数据进行模糊；第四步，随机改变车牌的每个通道的值；第五步，随机调整车牌的高宽比和高度。经过一系列变化，能够产生大量新的复杂样本。

4. 参数设置和训练过程

因为车牌识别是一项混合任务，即同时识别车牌的数字和颜色，而车牌识别的难度远大于颜色识别，所以，本节设置了对比实验，用于验证一个网络同时完成多个任务是否会影响该网络在单个任务上的表现。

车牌颜色的识别很简单，因此不再单独进行实验。第一组实验只训练三个网络在车牌识别任务上的表现；第二组实验同时训练车牌识别和颜色识别，并将颜色识别任务的损失函数权值设置为 0.2。在训练的时候，使用了改进的梯度下降算法 adadelta。该算法能够自适应地调整学习率的大小，提高网络的收敛速度。$BatchSize = 32$，权重衰减率为 $1e-4$，使用验证集防止网络中出现过拟合。训练过程中损失函数 CTC 的损失和验证集上错误率的变化曲线，如图 9.15 所示。其中，系列 1 是 CONV9 的训练过程损失函数曲线，系列 2 是 CONV12 的训练过程损失函数曲线，系列 3 是 CONV16 的训练过程损失函数曲线。

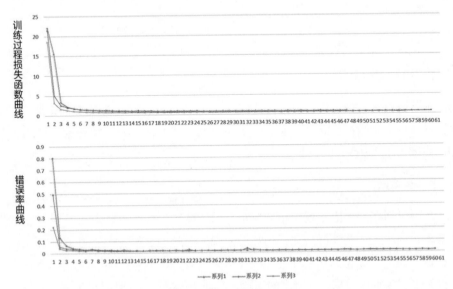

图 9.15 训练过程损失函数曲线和错误率曲线

5. 测试及结果分析

测试集上字符和车牌的识别准确率，如表 9.8 所示，其中车牌识别准确率是指车牌上的字符全部被正确识别的概率。可以发现，三个网络的识别精度都超过了 98%，其中 CONV16 的精度最高，达到了 98.67%，精度最低的 CONV9 也达到了 98.37%，只比 CONV16 低 0.3%。

表 9.8 测试集识别准确率

网络结构	颜色分类	准确率	
		字　符	车　牌
CONV9	WITH	98.37%	93.5%
	WITHOUT	98.30%	93.2%
CONV12	WITH	98.61%	93.9%
	WITHOUT	98.55%	95.7%
CONV16	WITH	98.67%	94.1%
	WITHOUT	98.68%	94.2%

表 9.9 给出了 CONV9 在 Geforce GTX1080Ti 上的运行时间。可以发现：当 BatchSize = 1 时，GPU 时间为 0.85ms；随着 BatchSize 值的增加，GPU 处理每幅图片的时间快速减少，当 BatchSize = 128 时，每幅图片的识别时间已经低于 0.05ms 了（是 BatchSize = 1 时的 $\frac{1}{17}$）。

表 9.9　CONV9 在 Geforce GTX1080Ti 上的运行时间

批 大 小	GTX1080Ti
BS = 1	约 0.85ms
BS = 16	约 1.30ms
BS = 64	约 3.55ms
BS = 128	约 6.7ms

9.4.4　车辆品牌识别

1. 实验数据

如表 9.10 所示，车辆品牌识别的试验数据集中共有 141908 幅图片，包含 635 个车辆类别。每幅图片均标注了车辆的颜色和款型，但没有标注车辆的位置。训练网络的输入是车辆的正面图，因此需要使用车辆检测算法进行进检测。将训练数据按照 10∶1∶1 的比例划分为训练集、验证集、测试集。

表 9.10　品牌识别数据集

数 据 集	训 练 集	验 证 集	测 试 集	总　数
数量（幅）	118258	11825	11825	141908

2. 网络设置

如图 9.16 所示，使用 ResNet18 和 VGG16 的卷积网络，以自动网络结构作为分类的基础网络，车辆品牌分类任务和颜色分类任务共享基础网络。输入图片的分辨率为 224 像素 × 224 像素，类别为 635 个。

3. 参数设置和训练过程

（1）数据预处理

由于只标注了整幅图片的车辆类型和颜色，所以，在训练之前，需要使用训练好的检测算法检测车辆的边框。为了增加训练样本的数量，在训练时要对检测到的车辆边框周围进行随机裁切和翻转。

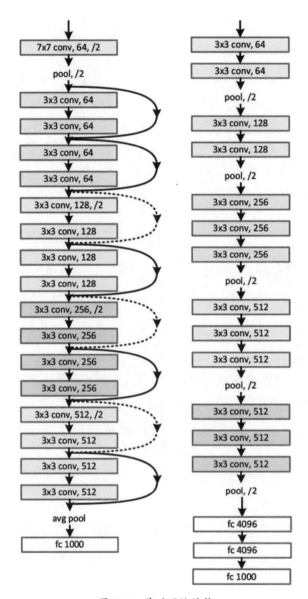

图 9.16　基础网络结构

（2）训练参数设置

设置 BatchSize = 32，学习率为 $1e-3$，冲量为 0.9，权值衰减率为 $1e-4$。使用验证集防止网络出现过拟合，当模型在验证集上的精度不再提高时停止训练。训练过程中验证集的精度变化曲线，如图 9.17 所示。

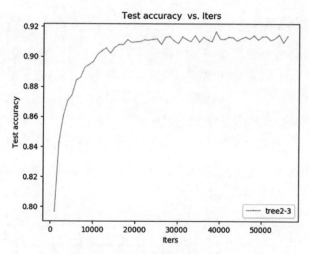

图 9.17　训练过程中验证集的精度变化曲线

4. 测试及结果分析

如表 9.11 所示，我们的算法在测试集上的品牌分类和颜色分类的精度分别达到了 90% 和 96%。当 BatchSize = 1 时，ResNet18 的识别时间为 30ms，VGG16 的平均识别时间为 22ms。

表 9.11　品牌识别算法的准确率

网络结构	准 确 率	
	品　　牌	颜　　色
ResNet18	90.4%	96.3%
VGG16	90.7%	95.9%

9.4.5　目标跟踪

1. 实验数据

本节使用一段已经标注了车辆数目的视频进行算法性能测试。取该视频中的 2499 帧作为测试集，每帧图片均标注了车辆的位置和类型。由于没有车牌信息，所以只使用车辆的轨迹和类型信息进行跟踪。表 9.12 给出了视频帧、目标框及目标的数量。

表 9.12　测试集的基本情况

视频帧的数量	目标框的数量	目标的数量
2499 帧	83983 个	4228 个

2. 实验过程及结果

在实验过程中，卡尔曼滤波器内部的状态量有 8 个，分别是中心坐标 x 和 y、目标框的 w 和 h、中心位置移动速度 dx 和 dy，目标框形状变化率 dw 和 dh。输入的观察量有 4 个，分别是中心坐标 x 和 y、目标框的 w 和 h。设初始化状态方差为 1000，观测方差为 25，过程方差为 0.1，每个目标的生命周期为 3（如果连续 3 帧的目标框丢失，就认为目标已经从当前的视频中消失）。

如表 9.13 所示，给出了跟踪测试的结果，包括视频帧的数量、跟踪器返回的目标的数量、返回结果的召回率。

表 9.13　跟踪测试的结果

视频帧的数量	返回目标的数量	召 回 率
2499 帧	5648 个	74.86%

9.5　小结

深度学习在图像识别领域取得的重大突破，为视频图像的分析带来了新的契机。本章使用深度学习算法对交通视频进行了分析，主要工作包括车辆检测和车牌检测功能模块及算法的开发、车牌字符和颜色识别功能模块及算法的开发、车辆品牌和颜色识别功能模块及算法的开发、目标跟踪功能的开发、用于深度学习模型训练和推理的框架的开发。

本章涉及的算法包括目标检测算法、图像识别算法、大规模不平衡图像分类算法、结合多个属性的目标跟踪算法。将深度卷积神经网络和 IoU 损失函数结合使用，可以代替常用的 L1 损失，在车辆和车牌的检测中提高收敛速度和检测精度。深度卷积神经网络整合了 CTC 损失和交叉熵损失的多任务框架，可用于车牌的识别（有效整合字符识别和颜色识别两个任务，减少计算花费的时间）。基于深度卷积神经网络的车辆品牌分类方法，在单个基础网络上实现了车辆品牌和颜色的分类。通过聚焦损失解决了车辆品牌类别不均衡的问题，有效提高了少样本类别的识别精度。基于卡尔曼滤波器的多目标车辆跟踪算法，结合多种属性进行打分，并通过二分图匹配将跟踪的目标对齐，实现了实时跟踪的效果。

参考资料

[1]　王秋锋. 脱机手写中文文本识别方法研究. 北京: 中国科学院研究生院, 2012.

[2] 苏统华. 脱机中文手写识别：从孤立汉字到真实文本. 哈尔滨: 哈尔滨工业大学, 2008.

[3] SHI, BAOGUANG, XIANG BAI, et al. An end-to-end trainable neural network for image-based sequence recognition and its application to scene text recognition. IEEE Transactions on Pattern Analysis and Machine Intelligence, 2017, 39(11): 2298-2304.

[4] GRAVES A. Supervised sequence labelling. Springer Berlin Heidelberg, 2012.

[5] BOLME, DAVID S., et al. Visual object tracking using adaptive correlation filters. Computer Vision and Pattern Recognition (CVPR), 2010 IEEE Conference on. IEEE: 209.

[6] HENRIQUES, JOÃO F., et al. High-speed tracking with kernelized correlation filters. IEEE Transactions on Pattern Analysis and Machine Intelligence, 2015, 37(3): 583-596.

[7] WANG, NAIYAN, DIT-YAN YEUNG. Learning a deep compact image representation for visual tracking. Advances in Neural Information Processing Systems, 2013.

[8] KALAL Z, MIKOLAJCZYK K, MATAS J. Tracking-learning-detection. IEEE Transactions on Pattern Analysis and Machine Intelligence, 2012, 34(7): 1409-1422.

[9] VALMADRE J, BERTINETTO L, HENRIQUES J F, et al. End-to-end representation learning for Correlation Filter based tracking. arXiv: 1704.06036, 2017.

[10] BEWLEY, ALEX, et al. Simple online and realtime tracking. Image Processing (ICIP), 2016 IEEE International Conference on IEEE, 2016.

[11] WOJKE, NICOLAI, ALEX BEWLEY, et al. Simple online and realtime tracking with a deep association metric. arXiv: 1703.07402, 2017.

[12] KALMAN, RUDOLPH EMIL. A new approach to linear filtering and prediction problems. Journal of Basic Engineering, 1960, 82(1): 35-45.

第10章 道路坑洞检测

路面坑槽是高速公路常见的"病害"之一，会严重影响路面的行驶质量、通行效率和通行安全。因为坑洞检测和修复工作要求在长里程下保持较短的坑洞检测周期，所以，仅靠耗时耗力的人工检测是难以开展的。随着深度学习技术的兴起，目标检测算法已较为成熟，能够大大提高工作效率。但是，由于高速公路路况较为复杂，以及图像受天气、环境的影响效果较为严重，所以，能够用于训练检测网络的图像样本数量非常少，而这将导致训练得到的检测网络效果不佳。

数据合成是指通过合成或者转换的方式从有限的数据中生成新的数据，它一直以来都是克服数据量不足问题的重要手段。但是，传统的数据增广方法大多采用简单的仿射变换，其增广效果有限且没有从根本上解决样本数量不足的问题。目前，生成对抗网络技术逐渐成熟，能够帮助我们合成与原数据分布相同但形态不同的"伪造"数据，基于生成对抗网络的数据合成方法已经应用到各领域中。

不过，同一数据合成方法在不同的应用场景中无法保证生成样本的质量。由于直接利用生成对抗网络生成道路坑洞图像存在道路状况较为复杂、训练样本数量较少、生成物体不明确等问题，所以最终生成的图像无法作为增广训练样本使用。

针对上述问题，为了保证生成图像的质量，有研究人员提出了在生成对抗网络的基础上使用图像融合技术的数据合成方法。该方法将数据合成分成两部分：第一部分是对主要的生成目标（即道路坑洞）单独运用生成对抗网络，得到相同数据分布的不同形态的坑洞；第二部分是应用泊松图像融合方法将新坑洞与普通道路图像融合，得到增广道路坑洞图像，从而扩充训练样本。

10.1 系统流程

在生成对抗网络的基础上使用图像融合技术的数据合成方法包含两部分，分别是生成对抗网络部分和图像融合部分，如图 10.1 所示。

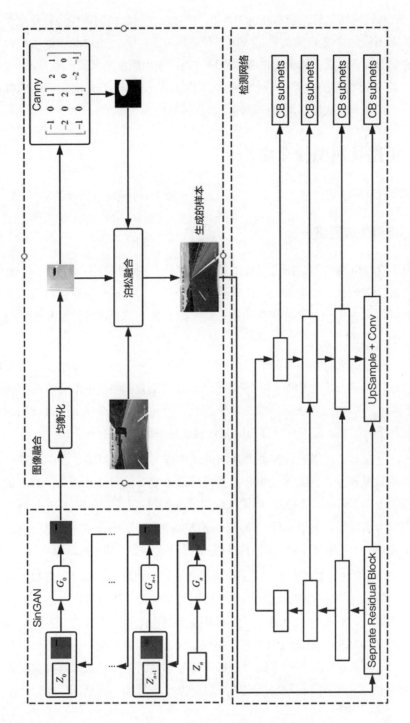

图 10.1　在生成对抗网络的基础上使用图像融合技术

在生成对抗网络部分，使用 SinGAN[1]。单独对少量的坑洞图像进行特征学习与生成。在图像融合部分：首先，采用一种非深度学习方式为坑洞图像生成对应的黑白遮罩图像；然后，基于泊松图像处理方法，应用黑白遮罩层，将 GAN 生成的坑洞图像与无坑洞的道路图像融合，得到增广数据，以扩充检测网络的训练集；最后，将合成的数据集放入检测网络，进行测试。

10.2　道路坑洞图像生成

本节将对坑洞生成网络、遮罩生成方法、图像融合等模块进行介绍。

10.2.1　坑洞生成网络

应用生成对抗网络进行图像生成的基本思路是：用一组噪声，通过多个反卷积生成一幅伪造图像，然后使用一个普通的分类网络，计算伪造数据与真实分布的差距，并以此为依据调整坑洞生成网络的参数，最终使生成的伪造数据较为接近真实分布。

然而，在对道路坑洞图像的学习过程中，由于道路上的物体复杂多变，所以生成对抗网络无法很好地学习整个图像的分布，甚至会忽略其中最为重要的坑洞部分。因此，可以单独对坑洞图像的特征进行学习与生成，在保证生成坑洞图像质量的前提下对坑洞道路图像与普通的无坑洞道路图像进行融合。

另外，生成对抗网络通常需要大量的训练集作为支撑。目前，我们能够获得的坑洞样本数量较少，因此无法很好地支撑普通生成对抗网络的训练。为了扩充道路坑洞图像样本集，对 DCGAN、CycleGAN 等网络进行了测试，可是最终生成的坑洞图像清晰度低、效果不佳。使用 SinGAN 进行坑洞图像生成可以解决这个问题，其优势在于能够在单幅图像上进行特征提取且生成图像的质量较高。

SinGAN 的特点是能在多个尺度上渐进式地执行生成任务，每个尺度以固定的比例进行缩放。这样的结构能够从不同的尺度对单幅图像提取特征信息。同时，对于坑洞图像，坑洞目标较为明确，没有其他无关物体的干扰，特征容易提取。最终，使用 SinGAN 生成的坑洞图像，不仅有较高的质量且在分布上与原坑洞契合度较高，这也满足了在小样本集上进行训练与生成的条件。截取的坑洞图像，如图 10.2(a) 所示；采用 SinGAN 生成的坑洞图像，如图 10.2(b) 所示。

(a) 截取的坑洞图像　　　(b) 采用SinGAN生成的坑洞图像

图 10.2　采用 SinGAN 生成坑洞图像

10.2.2　遮罩生成方法

为了实现坑洞图像和完整的道路图像的融合，需要获得坑洞所对应的遮罩图像。该图像以黑白两种颜色的像素标记了坑洞图像参与融合的部分。本章针对坑洞这种不规则形状，结合泊松图像融合原理，给出了一种遮罩生成方法，在保证融合效果的前提下适当降低提取精度，从而提高提取速度。

边缘提取算法的核心是卷积操作。为了提升卷积操作对图像特征的提取效果，可以采取一种图像均衡化算法来提升边缘检测的精确度。该算法在均衡化时还考虑到坑洞图像分布中存在少量像素占据最高和最低灰度的情况，并应用剪裁边缘像素的方式解决了这个问题。该算法应用如下公式进行变换：

$$S_k = \frac{(N_k - L_{\min}(\ ))}{L_{\min} L_{\max}}$$

其中，N_k 为输入像素值，S_k 为输出像素值，L 代表整个灰度区间。$L_{\min}$ 和 $L_{\max}$ 通过以下公式得到，N 为像素数量之和，β 为超参数（用于定义剪裁范围）。

$$\min_{L_{\min} \sum_{j=0}^{L_{\min}} \Sigma N_i \geqslant \beta}, \qquad \max_{L_{\max} \sum_{i=L_{\max}}^{L} \Sigma N_i \geqslant \beta}$$

输入为伪造（生成）的坑洞图像，输出为均衡化后的坑洞图像。算法的具体步骤如下。

① 生成一个包含 0 到 255 总共 256 个灰度等级的数组，然后对输入图像中的所有像素的所有通道进行统计，得到每个灰度级上存在像素所占总像素比例的直方分布图。

② 从灰度等级为 255 的一侧开始，由高到低依次累加灰度等级上的像素比例，当像素总量达到 0.1% 时，停止当前循环，得到输入图像灰度区间的最大值。

③ 从灰度等级为 0 的一侧开始，由低到高依次进行与上一步相似的累加操作，得到输入图像灰度区间的最小值。

④ 根据计算得到的最大值与最小值，应用上述公式将原图像中每个像素的三个通道映射至 [0,255] 内，并将溢出的像素值就近设置为 0 或者 255，完成灰度映射。

均衡化后的效果，如图 10.3(b) 所示。接下来，应用高斯平滑滤波为图像去噪，参照 Canny[2] 边缘检测方式，使用 soble 算子对整幅图像进行梯度提取，根据梯度方向在临域内的 4 个位置进行非极大值抑制，并应用双阈值算法再次细化图像边缘。

至此，我们得到了坑洞的大致轮廓，如图 10.3(c) 所示。为了获得能够用于泊松图像融合的遮罩图像，需要进一步将轮廓填充为黑白图。同时，由于在使用泊松图像处理方法时坑洞图像轮廓边缘的像素会受腐蚀操作的影响，轮廓边缘与坑洞过于契合将导致融合后的坑洞图像边缘不清晰，所以，在这里先根据提取的轮廓建立包围盒，再以包围盒为边界绘制一个与之相切的椭圆，最后对椭圆进行膨胀处理，使其覆盖坑洞周边的区域。最终生成的遮罩，如图 10.3(d) 所示。

(a) 生成的坑洞图像　　(b) 均衡化后的图像　　(c) 坑洞的大致轮廓　　(d) 生成的遮罩

图 10.3　遮罩的生成

10.2.3　图像融合

单纯应用生成对抗网络来学习道路图像特征，进而生成相同分布道路图像的意义并不大，原因在于：扩充数据集的主要目标是提升检测网络对坑洞的识别能力，而在这里，道路只是一个作为背景的次要因素；普通的道路图像虽然易于获取，但对生成对抗网络来说内容较为复杂，生成对抗网络难以学习其所有特征。因此，可以采用泊松图像融合的方法，将生成的坑洞图像与采集的普通道路图像合成，得到增广数据集。

泊松图像处理的总体思想是：应用泊松方程，通过拼合后图像的散度及其边缘像素的像素值反解出其各处的像素值，从而实现两幅图像的真正融合。

从这个过程中可以发现，主要影响融合后图像效果的因素是融合前图像的梯度与散度。对坑洞图像来说，我们希望融合后图像的感兴趣区域（也就是形成的坑洞）尽可能清晰，因此，在融合前也要对坑洞图像进行均衡化处理。同时，坑洞周围的路面图像信息会因边界梯度的平滑而与无破损的道路图像趋于一致。

此外，为了使坑洞与道路图像的透视关系大致相同，需要选择适当的融合位置。本章介绍的方法获取样本图像所使用的设备，拍摄位置基本固定，且得到的样本图像尺寸相同，因此，仅需将坑洞置于其初始图像的对应位置。应用泊松图像融合方法将坑洞图像与无破损道路图像融合的过程，如图 10.4 所示。

(a) 无破损道路图像　　(b) 坑洞图像　　(c) 遮罩图像

(d) 融合后的图像

图 10.4　图像融合的过程

10.2.4　基于增广训练集的目标检测

使用生成的道路坑洞图像样本扩充训练集之后，要在对应的坑洞检测网络上进行测试及应用（网络主要结构，如图 10.1 所示）。

检测网络总体基于 RetinaNet，对特征提取网络部分进行了调整。在 ResNet 中，依次对所有 bottleneck 分别进行 1×1 卷积、3×3 卷积、1×1 卷积和一个 shortcut 的叠加。在这里，对 ResNet 中的 3×3 卷积进行改进，将其分解为两个并行的 3×3 卷积，称为关联残差块（association residual block，ARB）。如图 10.5 所示，1×1 卷积的输出在左侧路径上经过一个 3×3 卷积，在右侧路径上与第一个 3×3 卷积的输出叠加，通过上采样调整大小后，经过第二个 3×3 卷积，将两个路径的输出叠加，得到整个模块的输出。网络的输入图像将经过 4 个 ARB 提取特征，输出特征图像的尺寸依次减小，形成一个金字塔结构。然后，使用全卷积网络重新对得到的多尺度特征进行上采样，再对每个尺度分别应用 subnets 获得最终的物体类别及边界框。

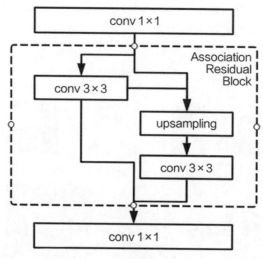

图 10.5　关联残差块的结构

由于该网络对中小型目标较为敏感，而本章介绍的方法合成的均为特定类型的中小型道路坑洞，所以，通过本章介绍的方法合成的道路坑洞图像的有效性在其上能够得到较好的验证。

10.3　实验与分析

本实验是在 64 位 Ubuntu 18.04 平台上进行的，机器内存为 16GB，配备一块显存为 8GB 的 GeForce GTX1080 GPU，2560 个 CUDA，以及一个双核四线程 Intel Core i3-6100 CPU，框架软件为 Python 3.6 和 PyTorch 1.0。

本实验所使用的道路坑洞图像样本均为高速公路上的坑洞图像。这些坑洞图像是通过安装在道路维护巡逻车顶部的摄像头抓拍或录制获得的，并通过手动筛选仅保留了白天晴天条件下的图像。本实验使用图像处理软件从道路坑洞图像中截取形态较为明确的小坑洞图像 30 幅用于 SinGAN 网络的训练，另有 100 幅无破损的普通公路图像用于图像融合。

　　我们先对本章介绍的方法中影响最终增广数据质量的因素进行详细的说明，再将本章介绍的方法与近年来被广泛使用的各类生成方法和融合方法的效果与用时进行对比，最后将增广数据放入检测网络训练集，对比精度，以证明本章介绍的方法的有效性。

10.3.1　影响因素

　　在本章介绍的方法的所有参数中，遮罩生成方法的阈值对最终得到的增广数据的质量影响较大。不同阈值对融合图像的影响，如图 10.6 所示。

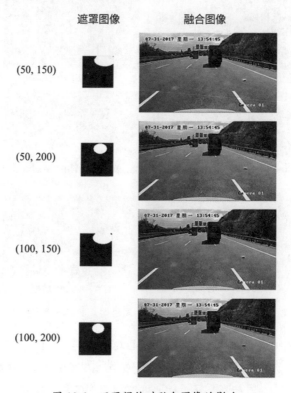

图 10.6　不同阈值对融合图像的影响

　　当高阈值与低阈值的设定不合适时，会导致提取的边缘不够精确，根据边缘生成的遮罩图像将包含坑洞以外的内容，而这些无关内容会影响最终融合图像的质量。如图 10.6 所示，当阈值为 (50, 150)、(50, 200)、(100, 150) 时，遮罩与坑洞的贴合程度较低，最终的融合图像中出现了较为明显的白色边缘，而阈值为 (100, 200) 时，融合图像的效果较好。

通过实验可以发现：对大多数坑洞，(100, 200) 的阈值能够得到较为合适的遮罩图像；对其余少部分坑洞，则需要根据实际情况对阈值进行调整。

10.3.2 数据增广方法对比

下面将本章介绍的方法与直接应用 SinGAN 进行数据增广的方法进行对比，展示通过这两种方法得到的增广数据的质量及用时。使用不同方法生成的增广数据的质量，如图 10.7 所示。

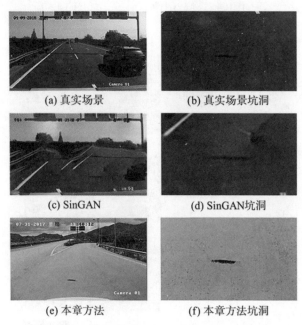

(a) 真实场景   (b) 真实场景坑洞

(c) SinGAN   (d) SinGAN坑洞

(e) 本章方法   (f) 本章方法坑洞

图 10.7　使用不同方法生成的增广数据的质量

使用 SinGAN 对道路坑洞图像直接进行增广，得到的图像质量不佳，场景内物体排布与真实场景不符，坑洞清晰度低，如图 10.7(c) 和图 10.7(d) 所示。而使用本章方法得到的场景与真实场景相似，坑洞清晰度高，能够作为增广数据用于训练，如图 10.7(e) 和图 10.7(f) 所示。

本实验同时引入峰值信噪比（PSNR）方法，旨在更加客观地给出增广坑洞数据与原始坑洞数据之间信息量的差距。分别对通过这两种方法得到的增广数据在相同的位置截取 80 像素×80 像素的坑洞图像，使用 PSNR 方法以真实坑洞图像为参照进行计算和评价，结果如表 10.1 所示。

表 10.1　PSNR 计算结果

数　据　集	PSNR 值
SinGAN	27.4762
本章方法	**36.4818**

PSNR 值用于表示目标图像与原始图像的相似程度。可以看出，通过 SinGAN 和本章方法得到的坑洞图像与原始坑洞图像的 PSNR 值都比较大，说明增广图像与原始图像的信息量有较大差距。同时，应用本章方法得到的增广图像的 PSNR 值略小于应用 SinGAN，说明应用本章方法得到的坑洞图像与原始坑洞图像相似度更高。

应用本章方法与应用 SinGAN 进行数据增广的用时，如图 10.8 所示。应用本章方法，生成对抗网络用时 159.4ms，遮罩生成用时 328.4ms，图像融合用时 4.38ms，总用时 532.2ms；应用 SinGAN，生成对抗网络用时 481.8ms，总用时 481.8ms。可以看出，尽管本章方法的总用时略长于 SinGAN，但得到的增广数据质量较高。

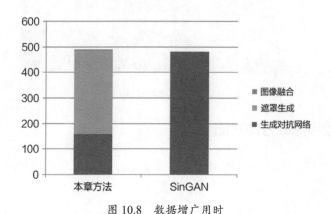

图 10.8　数据增广用时

另外，可以使用 CUTGAN[3] 尝试对坑洞场景图像和坑洞图像进行生成，以获得道路坑洞的增广数据集，生成结果如图 10.9 所示。图 10.9(a) 是对场景坑洞直接进行生成所得到的实验结果，原图像为普通的道路坑洞图像，目标图像则是包含坑洞的道路图像。可以看出，CUTGAN 生成的图像只是对原图像进行左右对调，忽略了对坑洞的生成。图 10.9(b) 则是对单独截取的坑洞图像进行了生成。本实验网络并没有生成具有形状的坑洞图像，因此无法用于增广数据集。

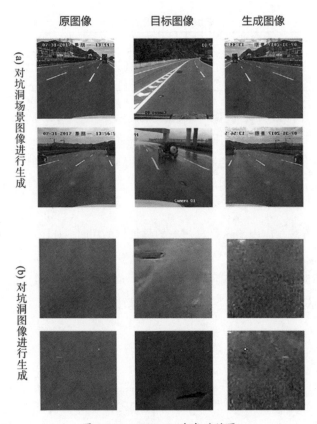

图 10.9　CUTGAN 生成的结果

10.3.3　边缘提取方法对比

下面对本章采用的图像均衡化算法是否能使边缘提取精度得到提升进行验证，具体的实验结果如图 10.10 所示。

可以看出，本章采用的图像均衡化算法对坑洞边缘的识别效果有所提升，且在对比度较小、坑洞图像较模糊的情况下，提升较为明显（如图 10.10 第 3 行所示）。直接应用边缘提取算法无法得到有效的坑洞边缘，均衡化后只能得到一个较为贴合的轮廓。

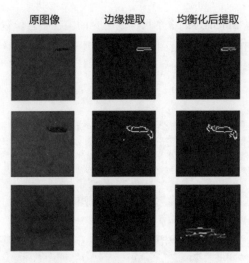

原图像　　　　边缘提取　　　均衡化后提取

图 10.10　边缘提取效果对比

10.3.4　图像融合方法对比

下面我们应用不同的图像融合方法进行坑洞图像与无破损道路图像的融合，并对融合图像的质量及用时进行对比。

图像融合方法有以下几种。

- 拉普拉斯图像融合：通过构建高斯金字塔与拉普拉斯金字塔从低层对图像进行重建，从而达到融合的目的。

- 泊松图像融合（本章使用的方法）。

- 基于生成对抗网络的高斯—泊松图像融合：网络结构称为 GP-GAN。该方法应用 GAN 约束融合图像的颜色，应用梯度约束融合图像的形态。

- 基于 SinGAN 的图像融合：利用 SinGAN 的图像重建能力，在其金字塔结构的某一尺度插入拼接的输入图像，经过后面网络层的细节处理，得到最终的融合图像。在本章的实验中，我们在 1、2、3 尺度上输入拼接图像，其中 1 尺度融合结果较好。

使用以上方法，采用相同的输入，得到的融合图像如图 10.11 所示。使用拉普拉斯图像融合方法得到的结果，颜色与形态均不正确，如图 10.11(a) 所示。尽管基于生成对抗网络的高斯—泊松图像融合方法能够保证融合后图像结构的正确与清晰，但对于本次的输入，得到的结果颜色质量不佳且与原始背景有较大出入，如图 10.11(c) 所示。SinGAN 的 3 个尺度的融合图像在融合位置均没有得到清晰的坑洞，如图 10.11(d) 所示。泊松图像融合方法能够同时保证融合图像颜色与形态的完整，且融合边缘平滑、图像质量高，如图 10.11(b) 所示。因此，在坑洞图像与道路图像的融合上，泊松图像融合方法的质量更高，得到的结果图像更合理。

(a) 拉普拉斯图像融合　　　　　　(b) 泊松图像融合

(c) 基于生成对抗网络的　　　　(d) 基于 SinGAN 的图像融合
　　高斯—泊松图像融合　　　　　　(scale = 1)

图 10.11　使用不同图像融合方法得到的融合图像

使用能量梯度函数（energy of gradient，EoG）分别对通过上述 4 种图像融合方法得到的增广数据进行清晰度方面的客观无参考评价，结果如表 10.2 所示。

表 10.2　能量梯度函数的评价结果

数 据 集	值（E+08）
拉普拉斯图像融合	0.5301
泊松图像融合	**3.5500**
基于生成对抗网络的高斯—泊松图像融合	2.3727
基于 SinGAN 的图像融合	1.3935

从上述计算结果中可以看出：使用泊松图像融合方法得到的增广图像的能量梯度函数值最高，因此融合图像的清晰度最高（质量最好）。此外，使用拉普拉斯融合方法用时 3.91 秒，使用基于生成对抗网络的高斯—泊松融合方法用时 10.98 秒，使用基于 SinGAN 的图像融合方法用时 2.47 秒，使用泊松图像融合方法用时仅 0.003 秒。

可见，基于生成对抗网络的高斯—泊松图像融合方法所需时间最长，泊松图像融合方法与其他方法相比效率较高且耗时较短。

10.3.5　目标检测

使用本章介绍的方法合成的道路坑洞图像是否能够用于检测网络的训练并提升精度？我们使用两个数据集 A 和 B，数据集 A 包含真实的道路坑洞图像 900 幅，数据集 B 在数据集 A 的基础上添加了 100 幅通过本章方法合成的道路坑洞图像，测试集则包含对应类型的中小型道路坑洞图像。以 COCO 目标检测评价指标中的平均精度（AP）和平均召回率（average recall，AR）作为衡量检测网络精度的标准，公式如下。

$$AP = \frac{TP}{TP + FP}, \qquad AR = \frac{TP}{TP + FN}$$

其中，TP 代表被正确识别的正样本，FP 代表被错误识别的正样本，FN 代表被错误识别的负样本。样本识别正确与否，取决于其 IoU，计算公式如下。

$$IoU = \frac{Overlap}{Union}$$

其中，Overlap 表示预测框与真实值的交集，Union 表示预测框与真实值的并集。

本实验使用的评价指标，如表 10.3 所示。

表 10.3　评价指标

指　　标	计算方法
AP	IoU = 0.50 : 0.05 : 0.95
AP_{50}	IoU = 0.50
AP_{75}	IoU = 0.75
AP_S	目标区域小于 322 的图像的 AP
AR	遵循上述公式
AR_S	目标区域小于 322 的图像的 AR
AR_M	目标区域在 322 与 962 之间图像的 AR

对数据集计算 AP 和 AR，结果如表 10.4 所示。可以看出，加入伪造数据并进行训练后，检测网络对中型坑洞目标的平均精度和平均召回率均得到了提升，在 AP_{75} 且 IoU = 0.75 的条件下提升最大。

表 10.4　各数据集的训练结果

数 据 集	AP	AP_{50}	AP_{75}	AP_S	AP_M	AR	AR_S	AR_M
数据集 A	0.560	0.900	0610	0.577	0.552	0.565	0.650	0.600
数据集 B	**0.580**	**0.949**	**0.805**	**0.604**	**0.557**	**0.578**	**0.675**	**0.629**

实验数据证明，通过本章介绍的方法合成的中小型坑洞伪造图像确实能在一定程度上提高检测网络的精度，是有效的增广数据。

10.4 小结

本章介绍了一种综合运用生成对抗网络和图像融合的道路坑洞图像生成方法，旨在生成清晰度较高的伪造道路坑洞图像，从而扩充用于检测网络的训练集，提升检测网络的精度。首先，在生成对抗网络方面，根据 SinGAN 的特性，直接在单幅坑洞图像上训练和构建模型，在样本数量较少的条件下学习其特征，从而得到形态不同的伪造坑洞图像。然后，通过遮罩生成方法应用泊松图像融合，将坑洞与无破损的道路图像融合，得到清晰度较高、坑洞形态较明确的道路坑洞图像。最后，通过实验证明，采用本章介绍的方法生成的伪造数据确实能够提高检测网络的精度。

本章介绍的方法在融合坑洞时，对于坑洞和道路图像的透视关系，可以采取一定的校准方式在原始图像角度不同的情况下进行融合，从而获得更多样式的伪造数据，进一步扩充检测网络的训练集。此外，在生成图像数据的过程中，本章直接使用了真实的无破损道路图像，读者可以尝试对生成对抗网络结合三维建模方式进行深入研究，以生成更多的道路图像数据。

参考资料

[1] T. R. SHAHAM, T. DEKEL, T. MICHAELI. SinGAN: Learning a Generative Model from a Single Natural Image. IEEE International Conference on Computer Vision (ICCV), 2019.

[2] J. F. CANNY. A computational approach to edge detection. Readings in Computer Vision, 1987: 184-203.

[3] T. PARK, A. A. EFROS, R. ZHANG, et al. Contrastive learning for unpaired image-to-image translation. European Conference on Computer Vision (ECCV), 2020: 319-345.